9º ANO

DESENHO GEOMÉTRICO

Ideias e imagens

Sonia Maria Gonçalves Jorge

Licenciada em Desenho e Plástica pela Universidade Estadual Paulista "Júlio de Mesquita Filho" (Unesp-SP), em Educação Artística pela Faculdade de Belas Artes de São Paulo e em Pedagogia pela Universidade do Sagrado Coração (Bauru-SP).

Editora Saraiva

Editora Saraiva

Direção Presidência: Mario Ghio Júnior
Direção de Conteúdo e Operações: Wilson Troque
Direção editorial: Luiz Tonolli e Lidiane Vivaldini Olo
Gestão de projeto editorial: Mirian Senra
Gestão de área: Julio Cesar Augustus de Paula Santos
Coordenação: Marcela Maris
Edição: Enrico Briese Casentini, Kátia Takahashi e Thais Bueno de Moura
Planejamento e controle de produção: Patrícia Eiras e Adjane Queiroz
Revisão: Hélia de Jesus Gonsaga (ger.), Kátia Scaff Marques (coord.), Rosângela Muricy (coord.), Aline Cristina Vieira, Ana Maria Herrera, Ana Paula C. Malfa, Arali Gomes, Brenda T. M. Morais, Carlos Eduardo Sigrist, Cesar G. Sacramento, Daniela Lima, Diego Carbone, Gabriela M. Andrade, Heloísa Schiavo, Hires Heglan, Kátia S. Lopes Godoi, Lilian M. Kumai, Luciana B. Azevedo, Luiz Gustavo M. Bazana, Luís M. Boa Nova, Marília Lima, Maura Loria, Patricia Cordeiro, Paula T. de Jesus, Raquel A. Taveira, Ricardo Miyake, Sandra Fernandez, Vanessa P. Santos; Amanda T. Silva e Bárbara de M. Genereze (estagiárias)
Arte: Daniela Amaral (ger.), André Gomes Vitale (coord.) e Renato Neves (edição de arte)
Diagramação: WYM DESIGN
Iconografia e tratamento de imagem: Sílvio Kligin (ger.), Roberto Silva (coord.), Tempo Composto Ltda. (pesquisa iconográfica); Cesar Wolf e Fernanda Crevin (tratamento)
Licenciamento de conteúdos de terceiros: Thiago Fontana (coord.), Flavia Zambon (licenciamento de textos); Erika Ramires, Luciana Pedrosa Bierbauer, Luciana Cardoso Sousa e Claudia Rodrigues (analistas adm.)
Ilustrações: Adilson Secco, Adolar, Luiz Rubio, Mauro Nakata e Raitan Ohi
Cartografia: Eric Fuzii (coord.), Alexandre Bueno (edit. arte)
Design: Gláucia Koller (ger.), Luis Vassallo (proj. gráfico e capa) e Erik Taketa (pós-produção).
Foto de capa: Stephen Strathdee/E+/Getty Images

Avenida das Nações Unidas, 7221, 1º andar, Setor A – Espaço 2 – Pinheiros – SP – CEP 05425-902
SAC 0800 011 7875
www.editorasaraiva.com.br

Dados Internacionais de Catalogação na Publicação (CIP)

Jorge, Sonia
Desenho geométrico 9º ano / Sonia Jorge. - 6. ed. - São Paulo : Saraiva, 2019.

Suplementado pelo manual do professor.
Bibliografia.
ISBN: 978-85-472-3701-1 (aluno)
ISBN: 978-85-472-3702-8 (professor)

1. Desenho geométrico (Ensino fundamental). II. Título.

2019-0138 CDD: 372.7

Julia do Nascimento - Bibliotecária - CRB-8/010142

2019
Código da obra CL 800949
CAE 649685 (AL) / 649686 (PR)
6ª edição
1ª impressão
De acordo com a BNCC.

Impressão e acabamento: Corprint

Uma publicação SOMOS EDUCAÇÃO

Caro estudante,

Com este livro, completa-se a viagem pelos caminhos do conhecimento em Desenho Geométrico nesta fase de sua vida estudantil. A partir do Ensino Médio, você poderá aprender mais, pois o Desenho Geométrico não para por aqui.

Como sempre, nossa proposta é ajudá-lo a aprender e incentivá-lo a fazer experiências, reflexões, deduções, descobertas, enfim, a tecer sua teia de saberes.

Neste ano, você vai conhecer mais sobre lugares geométricos e ampliar os horizontes em relação aos conceitos de tangência, proporcionalidade, semelhança e equivalência. Vale ser curioso; há muito o que descobrir. Vale se dedicar; o benefício será todo seu.

Tenha um excelente ano de trabalho e divirta-se com as atividades, porque, mais que tudo, o saber é uma fonte de prazer.

Felicidades!

Sonia Jorge

Conheça seu livro

Você foi convidado a viajar pelo mundo do Desenho Geométrico tendo este livro como guia. Saiba o que ele oferece para você.

Abertura de capítulo
Imagens acompanhadas de um breve texto trazem ideias, situações e aplicações práticas do tema do capítulo.

Compreendendo ideias
Essa seção é um convite para observar, experimentar, analisar, comparar, deduzir, enfim, para fazer suas próprias descobertas e compreender as ideias que fundamentam as propriedades geométricas.

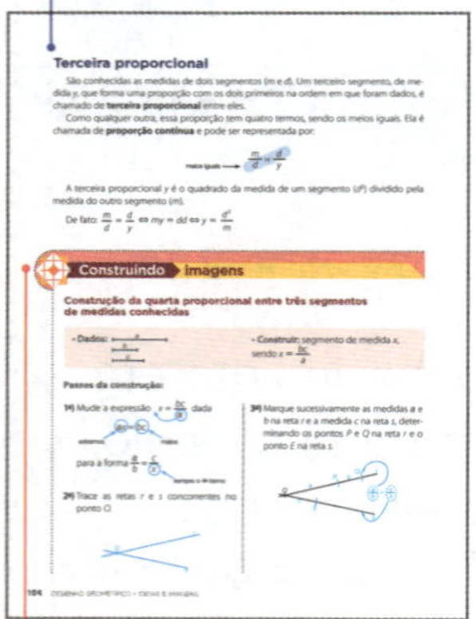

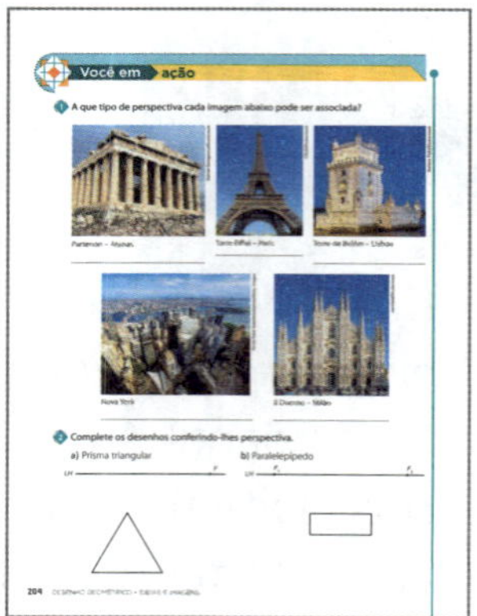

Construindo imagens
Você quer recordar como se desenha? Aqui você encontra o passo a passo de algumas construções. Use o campo "Para você construir" para desenhar, acompanhando a explicação do professor.

Você em ação
É fazendo que se aprende. Portanto, empenhe-se na resolução dos exercícios e dos problemas. Eles vão ajudá-lo a fixar e aprofundar o conteúdo, incorporando conhecimentos. Não deixe de fazer as atividades de revisão do final do livro.

Olhando ao redor
Relaciona as aplicações do Desenho Geométrico à vida cotidiana, abordando questões ambientais, de cidadania, trabalho, arte, cultura, etc. Como esse estudo pretende ser uma fonte de prazer, divirta-se com as atividades e socialize seus conhecimentos.

De olho na mídia
Notícias de jornais, revistas e internet originam propostas de atividades que o levam a pensar além do conteúdo do capítulo.

Você sabia?
Ampliando o tema, esse boxe traz curiosidades e outras informações.

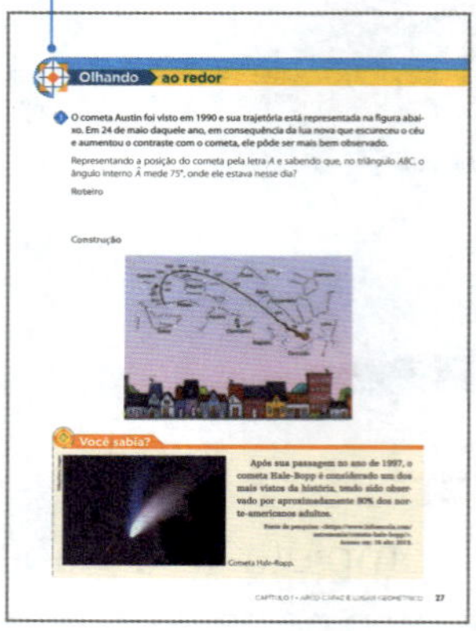

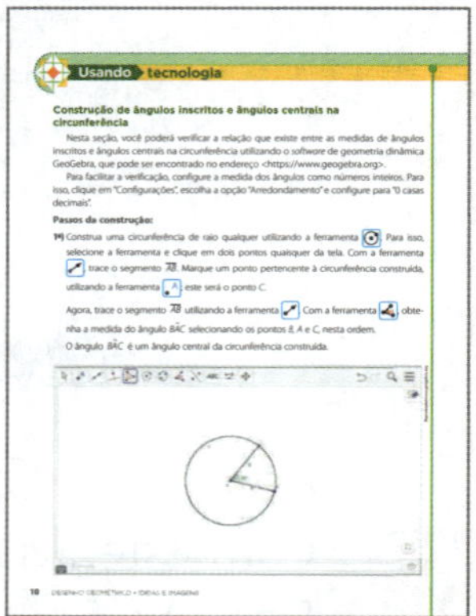

Usando tecnologia
Propõe a utilização de ferramentas tecnológicas, como o *software* de Geometria dinâmica GeoGebra, em construções geométricas.

Glossário
Organiza os símbolos para que você encontre o significado deles com facilidade.

Atividades para revisão
Traz atividades que revisam os conceitos estudados.

Desafio
Apresenta atividades ou jogos que devem ser trabalhados em grupos.

Sumário

Flickr RF/Getty Images

CAPÍTULO 1

Reprodução/Museu de Arte da Filadélfia, EUA.

CAPÍTULO 2

Marcin Szymczak/Shutterstock

CAPÍTULO 3

Computer Earth/Shutterstock

CAPÍTULO 4

David Herraez Calzada/Shutterstock

CAPÍTULO 5

Getty Images/iStockphoto

Cultura RF/Getty Images

TTstudio/Shutterstock

Mmaxer/Shutterstock

CAPÍTULO 1

Arco capaz e lugar geométrico

Um explorador encontrou uma caverna em uma expedição na floresta e resolveu voltar ao local onde começou a expedição utilizando um transferidor para se localizar. Ele usou o seguinte artifício: quando estava na entrada da caverna, mediu o ângulo em que via as duas montanhas mais altas da região. Assim, seguindo a linha que conservava esse ângulo de visão, podia ir da caverna à montanha onde estava acampado. Essa linha é um lugar geométrico chamado de **arco capaz** e, como o explorador, vamos aprender a traçá-lo.

Flickr RF/Getty Images

Compreendendo ideias

Relembrando alguns conceitos

Dois pontos distintos, M e P, de uma circunferência determinam:

- uma reta secante à circunferência (s ou $\overleftrightarrow{MP}$);
- uma corda da circunferência ($\overline{MP}$);
- dois arcos da circunferência ($\overset{\frown}{PAM}$ e $\overset{\frown}{MBP}$).

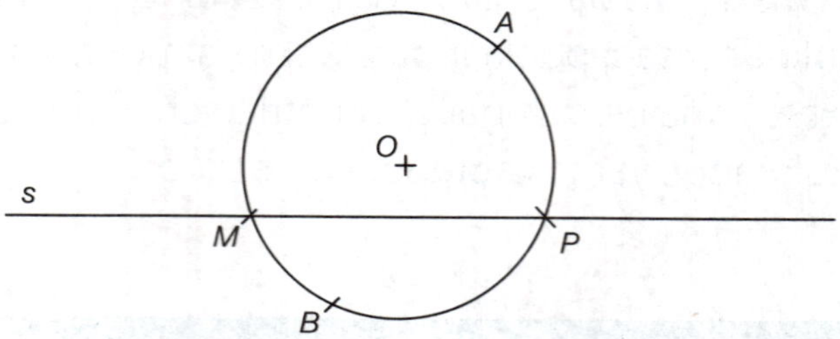

Uma reta t e uma circunferência de centro O e raio de medida r são tangentes quando têm um único ponto comum.

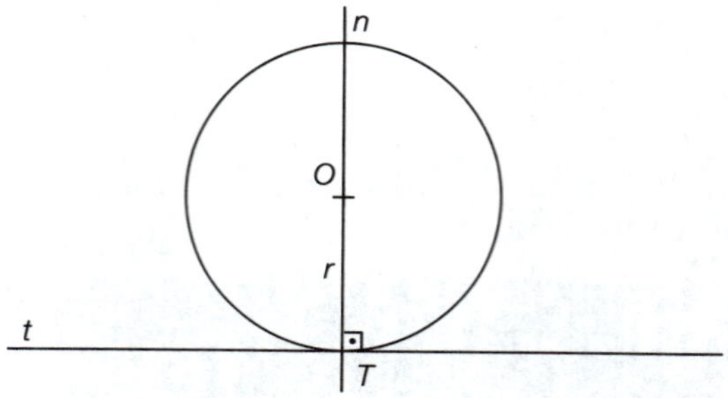

Na figura:

- o ponto T (comum à reta t e à circunferência) é o ponto de tangência;
- o raio $\overline{OT}$ é perpendicular à reta tangente t;
- a reta n que contém esse raio é chamada de reta normal.

Ângulo central

Ângulo central em uma circunferência é aquele cujo vértice é o centro da circunferência.

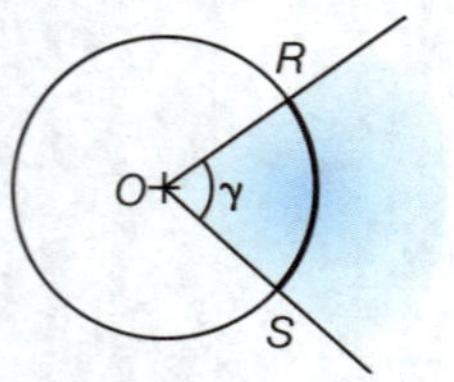

Na figura:

- $R\hat{O}S$ é um ângulo central;
- $\overset{\frown}{RS}$ é o arco correspondente ao ângulo central $R\hat{O}S$.

Se a medida do ângulo $R\hat{O}S$ é γ, a medida angular do arco correspondente ($\overset{\frown}{RS}$) também é γ.

Ângulo inscrito

Ângulo inscrito em uma circunferência é aquele cujo vértice é um ponto da circunferência e cujos lados são secantes a ela.

Para todo ângulo inscrito em uma circunferência há um ângulo central correspondente (que compreende o mesmo arco).

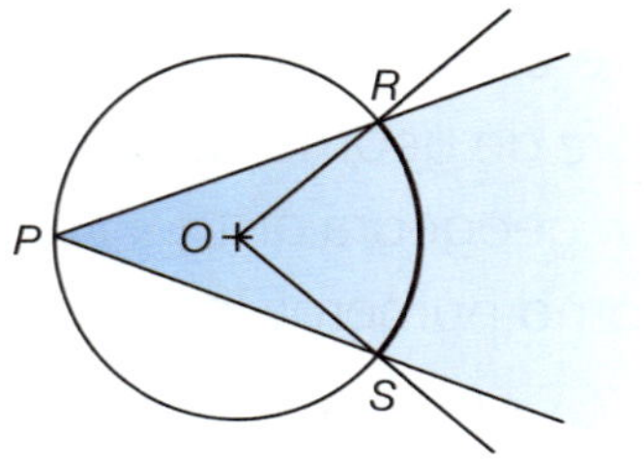

Na figura:

- $R\hat{P}S$ é um ângulo inscrito;
- $\overset{\frown}{RPS}$ é o arco no qual o ângulo $R\hat{P}S$ está inscrito;
- $\overset{\frown}{RS}$ é o arco correspondente ao ângulo inscrito $R\hat{P}S$.

Propriedades

1ª) A medida do ângulo inscrito é a metade da medida do ângulo central correspondente.

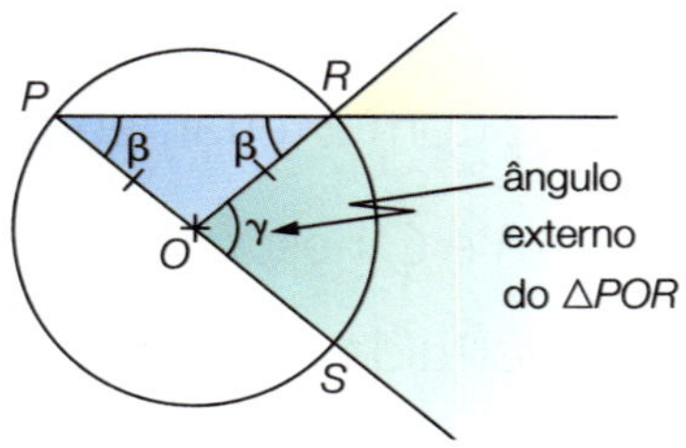

- $R\hat{P}S$ é um ângulo .... de medida .... e $R\hat{O}S$ é o ângulo .... correspondente e tem medida ....

  Como $OP = OR$ (raios), o triângulo POR é .... e sua base é $\overline{PR}$.

  Assim, o ângulo $\hat{R}$ também mede ....

  A medida γ é o dobro de β, pois a medida de um ângulo externo do triângulo é a soma das medidas dos dois ângulos internos não adjacentes a ele.

  Então, $\beta = \dfrac{\gamma}{2}$.

2ª) Todos os ângulos inscritos determinados por um mesmo arco são congruentes.

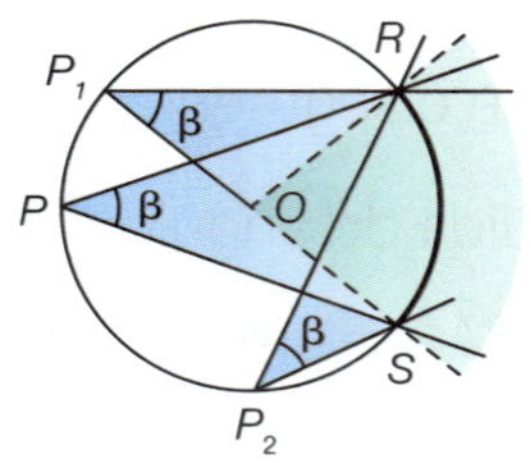

$$R\hat{P}S = R\hat{P}_1S = R\hat{P}_2S$$

3ª) Todo ângulo inscrito em uma semicircunferência é reto, pois se a medida angular da semicircunferência é 180°, então:

$$m\left(A\hat{V}B\right) = \frac{180^\circ}{2} = 90^\circ$$

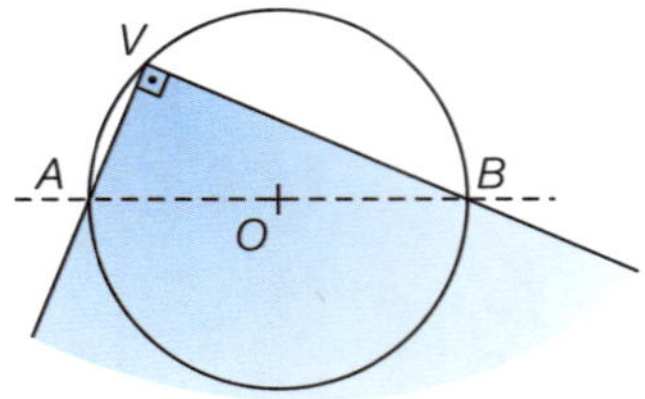

Usando tecnologia

Construção de ângulos inscritos e ângulos centrais na circunferência

Nesta seção, você poderá verificar a relação que existe entre as medidas de ângulos inscritos e ângulos centrais na circunferência utilizando o *software* de geometria dinâmica GeoGebra, que pode ser encontrado no endereço <https://www.geogebra.org>.

Para facilitar a verificação, configure a medida dos ângulos como números inteiros. Para isso, clique em "Configurações", escolha a opção "Arredondamento" e configure para "0 casas decimais".

Passos da construção:

1º) Construa uma circunferência de raio qualquer utilizando a ferramenta . Para isso, selecione a ferramenta e clique em dois pontos quaisquer da tela. Com a ferramenta , trace o segmento $\overline{AB}$. Marque um ponto pertencente à circunferência construída, utilizando a ferramenta ; este será o ponto C.

Agora, trace o segmento $\overline{AB}$ utilizando a ferramenta . Com a ferramenta , obtenha a medida do ângulo $B\hat{A}C$ selecionando os pontos B, A e C, nesta ordem.

O ângulo $B\hat{A}C$ é um ângulo central da circunferência construída.

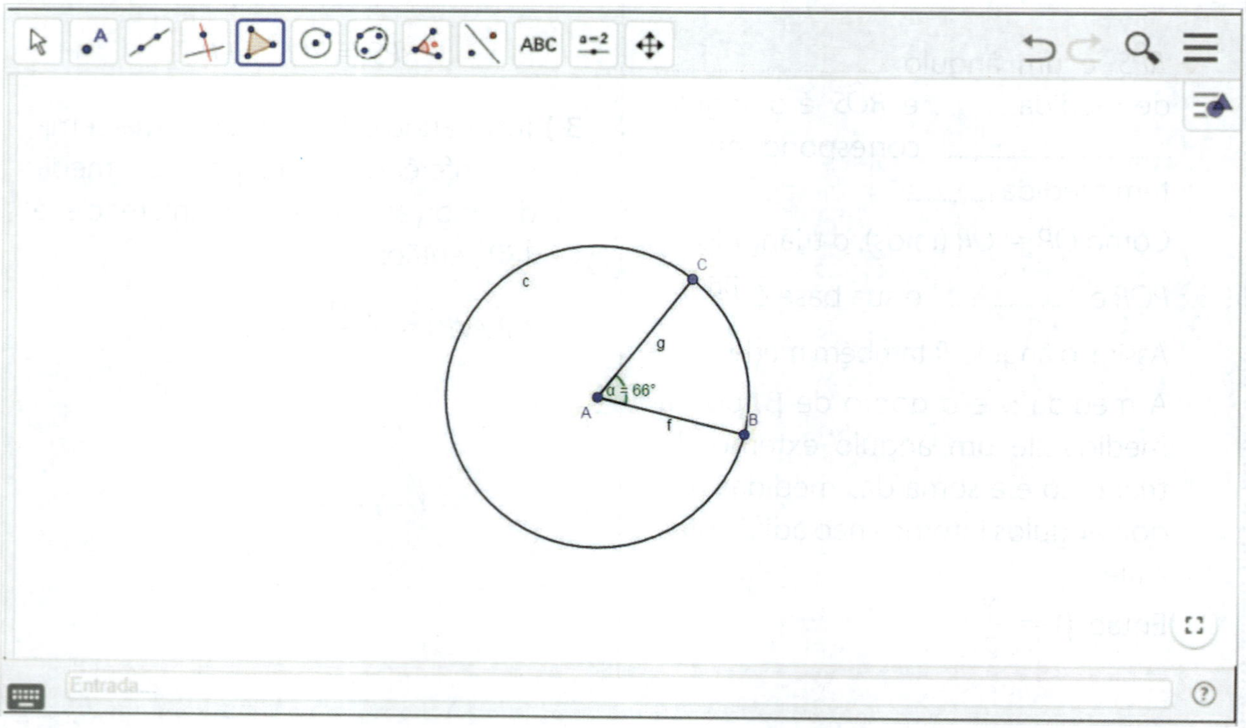

2º) Para construir um ângulo inscrito, que compreenda o arco $\overset{\frown}{BC}$, marque o ponto *D*, pertencente à circunferência construída, utilizando a ferramenta . Trace o segmento $\overline{BD}$ e o segmento $\overline{CD}$ com a ferramenta . Use a ferramenta para obter a medida do ângulo $B\hat{D}C$ selecionando os pontos *B*, *D* e *C*, nesta ordem.

O ângulo $B\hat{D}C$ é um ângulo inscrito na circunferência.

Observe que a medida do ângulo inscrito é metade da medida do ângulo central.

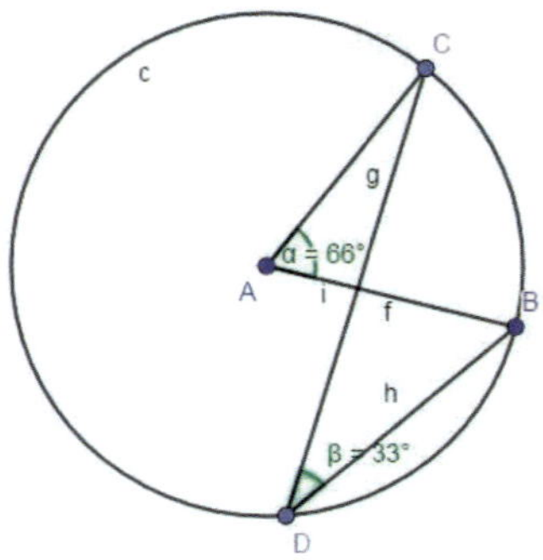

3º) Para verificar que essa relação ocorre em qualquer ponto da circunferência, desloque o ponto *D* pela circunferência utilizando a ferramenta .

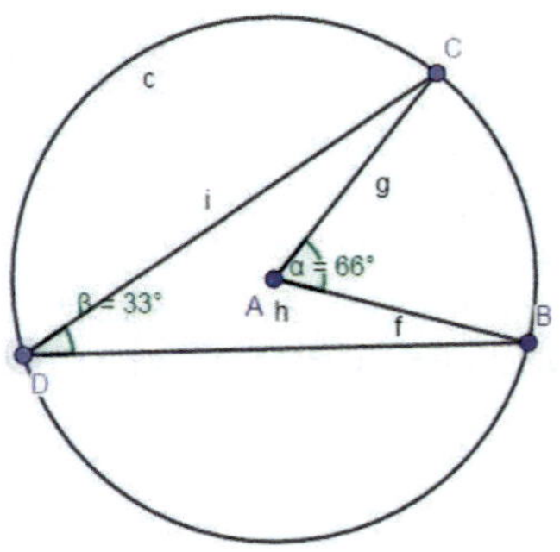

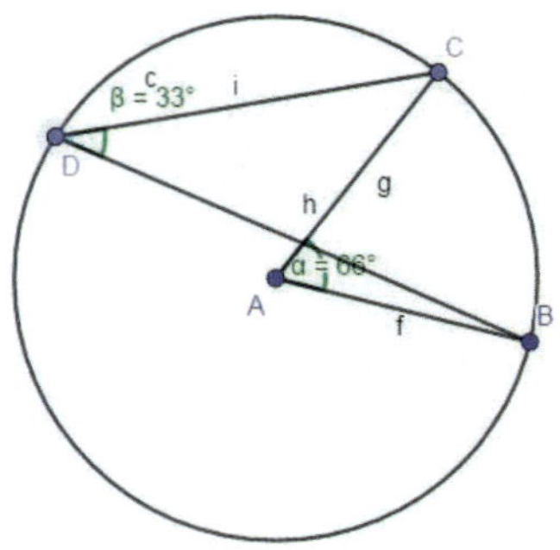

Observe que, em qualquer ponto da circunferência, a medida do ângulo $B\hat{D}C$ é metade da medida do ângulo $B\hat{A}C$.

Para você construir:

Verifique, em um *software* de geometria dinâmica, que todo ângulo inscrito em uma semicircunferência é reto.

Ângulo de segmento

Ângulo de segmento é aquele que tem o vértice na circunferência, um de seus lados é secante e o outro, tangente a essa circunferência.

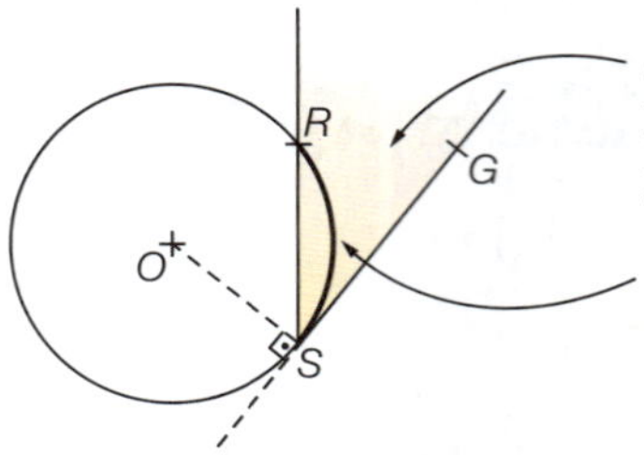

$R\hat{S}G$ é um ângulo de segmento, pois:
$\overline{SR}$ é secante à circunferência;
$\overline{SG}$ é tangente à circunferência.

$\overset{\frown}{RS}$ é o arco correspondente ao ângulo de segmento $R\hat{S}G$.

Propriedades

1ª) A medida de um ângulo de segmento é igual à metade da medida do ângulo central correspondente.

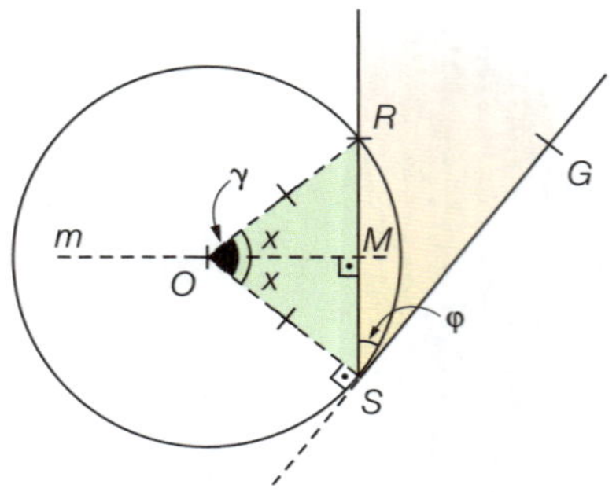

$\triangle ROS$ é isósceles, pois $OR = OS =$ $=$ raio.

A reta m é mediatriz de $\overline{RS}$ e, portanto, $\overline{OM}$ é mediana e uma altura do $\triangle ROS$. $\overline{OM}$ é também a bissetriz de $R\hat{O}S$, de medida γ.

Portanto, $x = \dfrac{\gamma}{2}$.

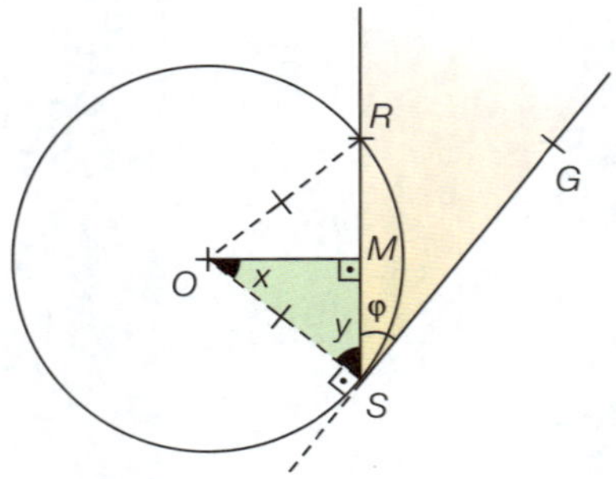

$\triangle OMS$ é retângulo em $\widehat{M} \Rightarrow x + y =$ $= 90°$.

$\overleftrightarrow{SG}$ é tangente à circunferência $\Rightarrow$ $\Rightarrow y + \varphi = 90°$.

Como $x + y = y + \varphi \Rightarrow x = \varphi \Rightarrow$ $\Rightarrow \varphi = \dfrac{\gamma}{2}$.

2ª) Um ângulo de segmento e um ângulo inscrito que compreendem o mesmo arco são congruentes.

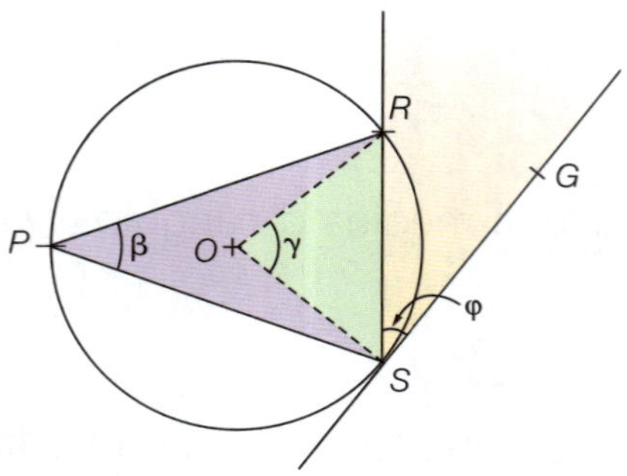

- Pela propriedade do ângulo inscrito: ....

  Pela propriedade do ângulo de segmento: ....

  Então, $\beta = \varphi$.

Arco capaz

Observe esta figura:

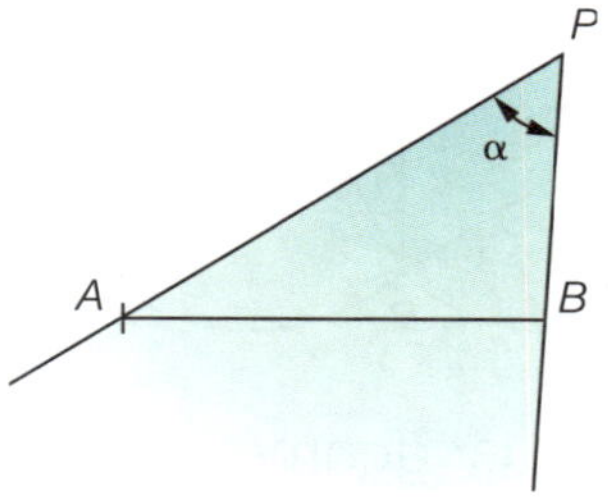

O ponto *P* é vértice de um ângulo de medida α cujos lados passam pelas extremidades do segmento *AB*. Dizemos que o ponto *P* **enxerga** o segmento *AB* segundo um ângulo de medida α.

O ponto *P* da figura abaixo é um ponto da circunferência (*O*, *OA*) e é vértice de um ângulo inscrito no arco *APB*.

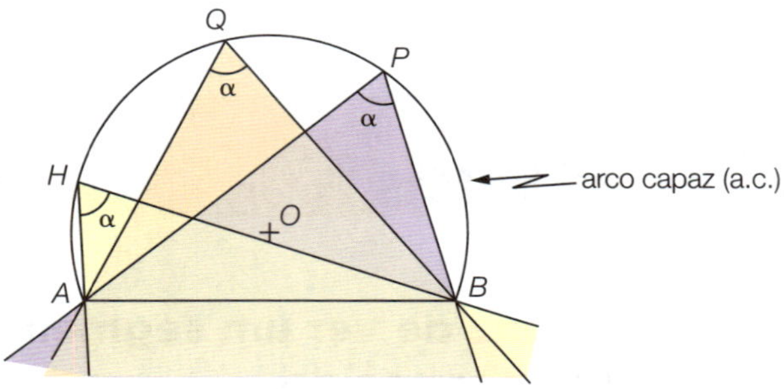

Sabendo que todos os ângulos inscritos em um mesmo arco são congruentes, podemos dizer que todos os pontos de $\overset{\frown}{APB}$ enxergam $\overline{AB}$ segundo um ângulo de medida α.

Por essa razão, $\overset{\frown}{APB}$ é chamado de **arco capaz** de ver o segmento *AB* segundo um ângulo de medida α.

Indicamos: a. c. ($\overline{AB}$, α)

Na mesma circunferência (*O*, *OA*) temos também o arco *AP'B*, como mostrado na figura abaixo.

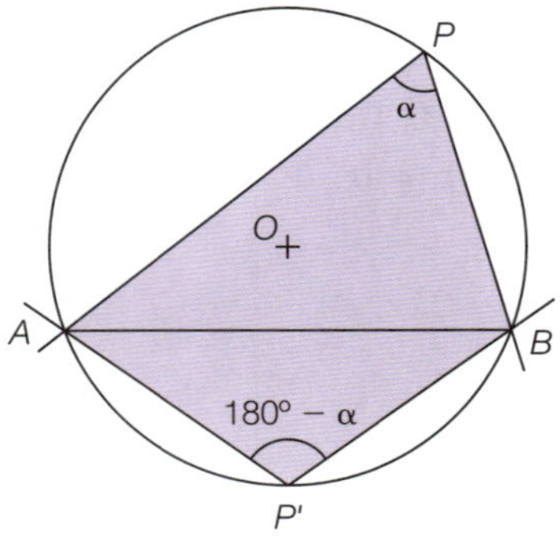

Note que *AP'BP* é um quadrilátero inscrito na circunferência. Em todo quadrilátero inscritível, os ângulos opostos são suplementares. Então, *P'* enxerga $\overline{AB}$ segundo um ângulo de medida $180° - \alpha$ e o arco *AP'B* é chamado de arco capaz de ver $\overline{AB}$ segundo um ângulo de medida $180° - \alpha$.

LG-5

Como vimos, todos os pontos do arco APB enxergam um segmento de reta AB segundo um ângulo de medida α. Mas não são os únicos. É possível descrever outro arco $(\widehat{AMB})$ cujos pontos também possuem essa propriedade.

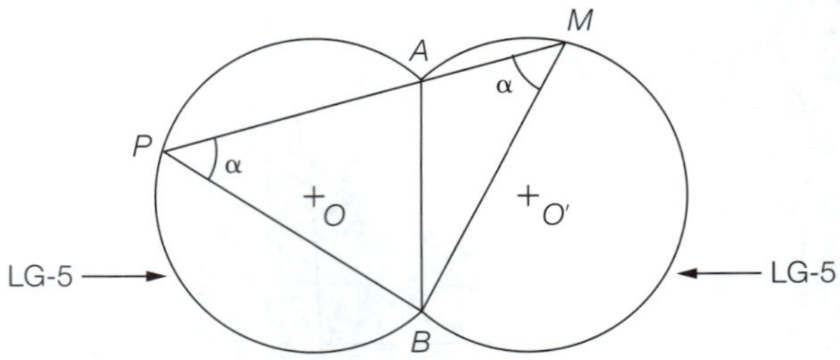

A união desses dois arcos capazes $(\widehat{APB}$ e $\widehat{AMB})$ forma um lugar geométrico conhecido como LG-5.

> O LG-5 é um par de arcos capazes e todos os seus pontos enxergam um segmento de reta conhecido segundo um ângulo de medida constante.

Construindo imagens

Construção de um arco capaz de ver um segmento de reta dado, segundo um ângulo agudo conhecido

- **Dados:** $\overline{AB}$; ângulo agudo de medida α
- **Construir:** a.c. $(\overline{AB}, \alpha)$

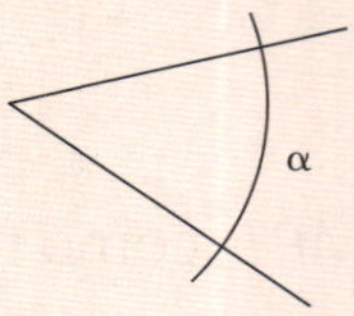

Passos da construção:

1º) Transporte o ângulo de medida α para $\overline{AB}$, determinando a reta tangente (t).

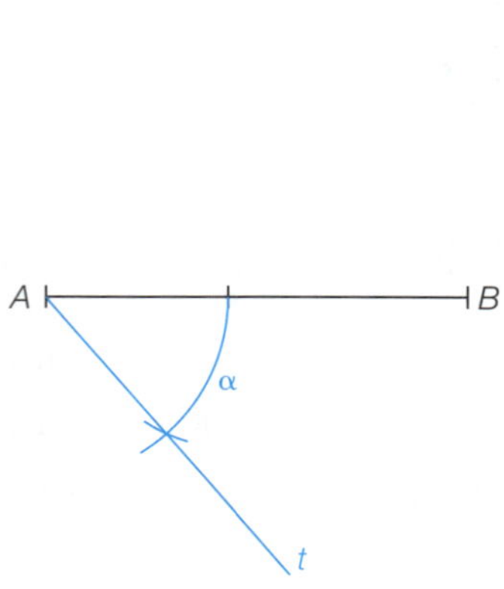

2º) Construa a reta n perpendicular à reta t pelo ponto de tangência (A).

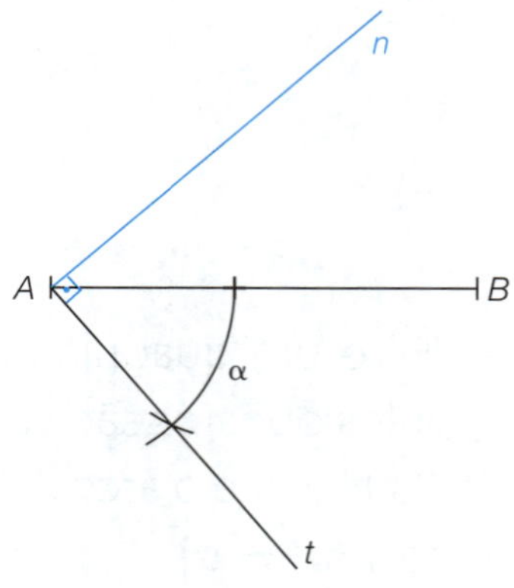

3º) Construa a mediatriz m de $\overline{AB}$. Em seguida, determine $m \cap n = \{O\}$.

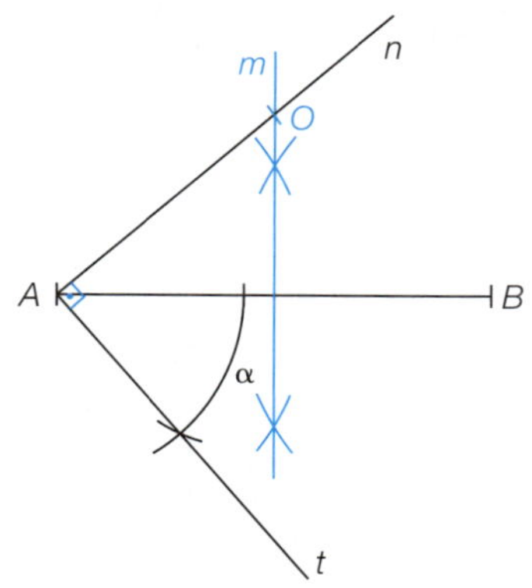

4º) Trace $\widehat{APB}$ (centro em O e raio OA). Ele é capaz de ver $\overline{AB}$ segundo um ângulo de medida α.

O arco AMB (centro O, raio OA) é capaz de ver $\overline{AB}$ segundo um ângulo de medida $180° - \alpha$.

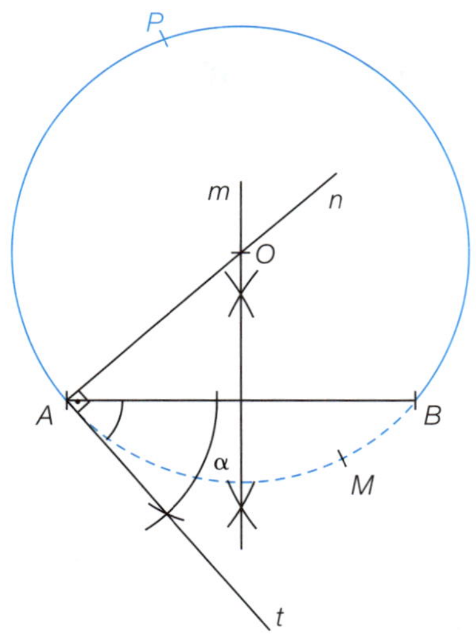

Justificativa:

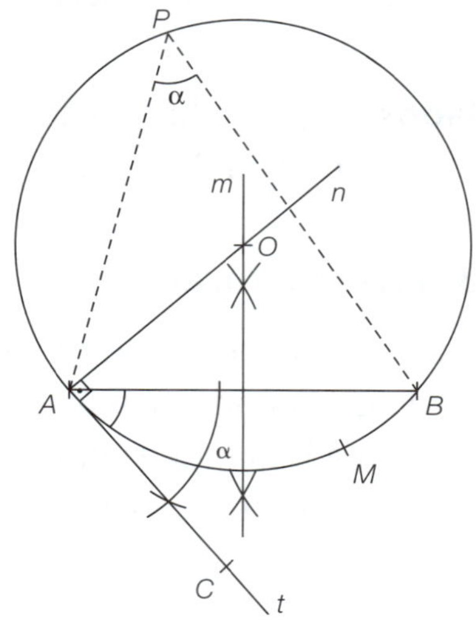

O centro O é equidistante de A e B: $O \in \text{mtz}\left(\overline{AB}\right)$

A reta t é tangente à ⊗ (O, OA): $O \in$ normal

$B\hat{A}C$ é ângulo de segmento e $B\hat{P}A$ é ângulo inscrito com o mesmo arco correspondente: $B\hat{A}C \cong B\hat{P}A$.

Para você construir:

Construção de um arco capaz de ver um segmento de reta dado, segundo um ângulo obtuso conhecido

- **Dados:** $\overline{CD}$; ângulo obtuso de medida $\beta = 145°$
- **Construir:** a.c. $(\overline{CD}, \beta)$

Passos da construção:

1º) Transporte o ângulo de medida β para $\overline{CD}$, determinando a reta tangente (*t*). Construa a reta *n* perpendicular à reta *t* pelo ponto de tangência (*C*).

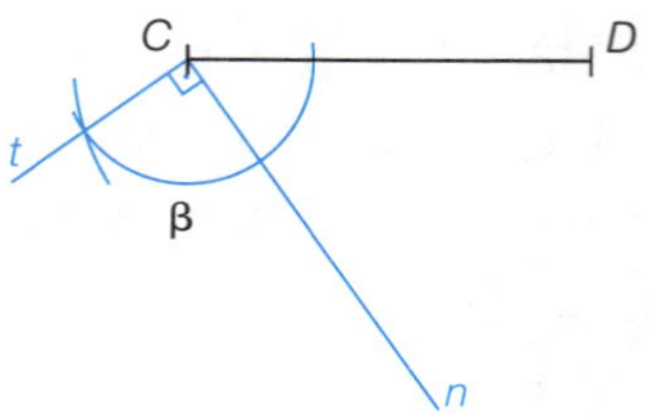

2º) Construa a mediatriz *m* de $\overline{CD}$ e determine $m \cap n = \{O\}$.

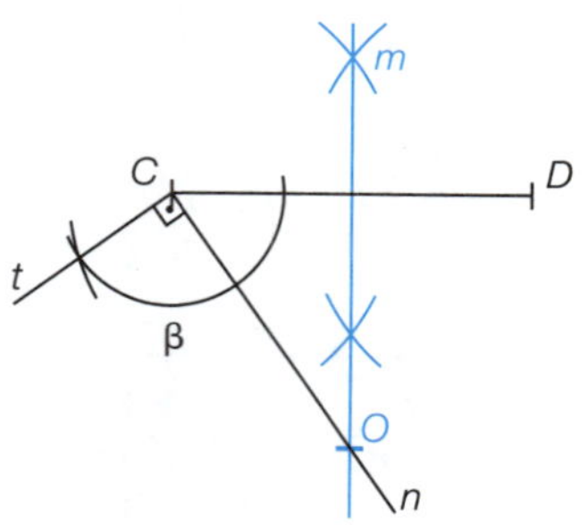

3º) Trace o arco capaz *CED* com centro em *O* e raio *OC*. Ele é capaz de ver $\overline{CD}$ segundo um ângulo de medida β.

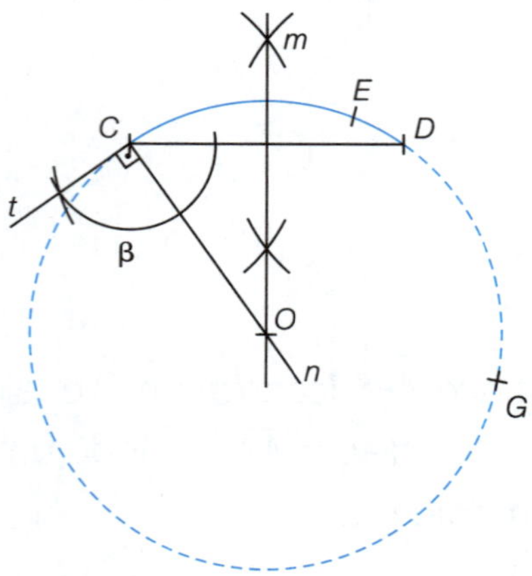

Nota:

O arco *CGD* é o arco capaz de ver $\overline{CD}$ segundo um ângulo de medida $180° - \beta$.

Para você construir:

Construção de um arco capaz de ver um segmento de reta dado, segundo um ângulo reto

- **Dados:** $\overline{RS}$; ângulo de medida $\gamma = 90°$
- **Construir:** a.c. $(\overline{RS}, \gamma)$

Procedimento para construção:

Determine o ponto médio de $\overline{RS}$ (O) e trace o arco RPS de centro O e raio OR. Ele é o arco capaz de ver $\overline{RS}$ segundo um ângulo de medida 90°.

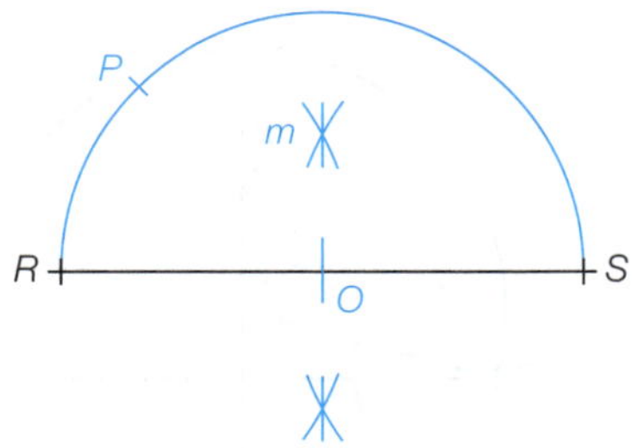

Nota:

O arco RQS é capaz de ver $\overline{RS}$ segundo um ângulo de medida $180° - \gamma$, ou seja, 90°.

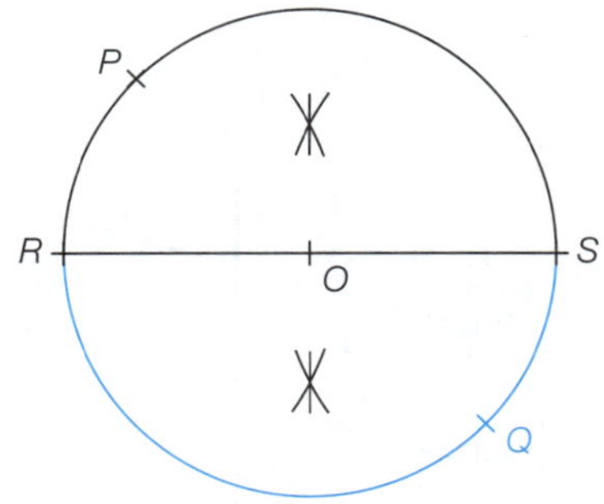

Justificativa:

O arco RPS é uma semicircunferência e $\overline{RS}$ é o seu diâmetro. Qualquer ponto de $\overset{\frown}{RPS}$ é capaz de ver $\overline{RS}$ segundo um ângulo de medida 90°, pois todo ângulo inscrito em uma semicircunferência é reto.

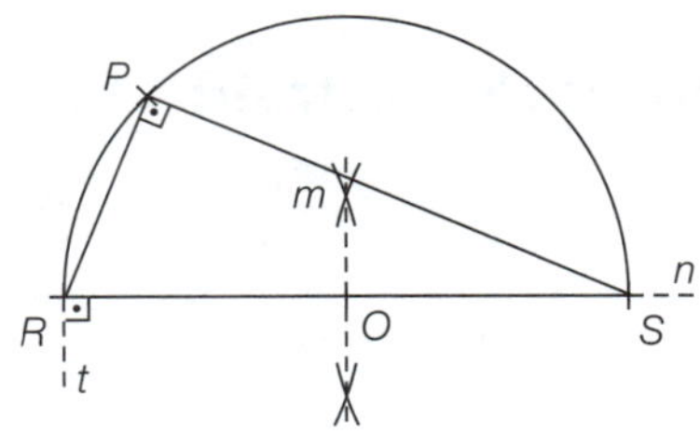

Para você construir:

Construção do par de arcos capazes (LG-5) de ver um segmento dado, segundo um ângulo de medida conhecida

• **Dados:** $\overline{PT}$; ângulo de medida $\gamma = 75°$

• **Construir:** a.c. $(\overline{PT}, \varphi)$

Passos da construção:

1º) Construa um arco capaz de ver $\overline{PT}$ segundo um ângulo de medida 75°.

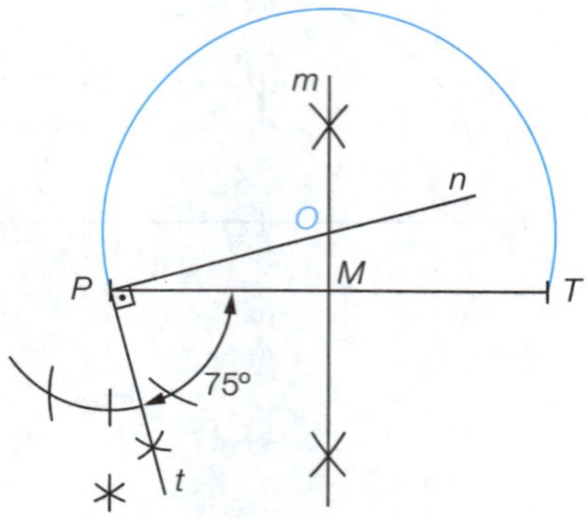

2º) Faça $\overline{MO} \cong \overline{MO'}$, com O' na mediatriz. Desenhe outro arco capaz, agora com centro em O' e raio $O'P$. O par de arcos capazes é o LG-5.

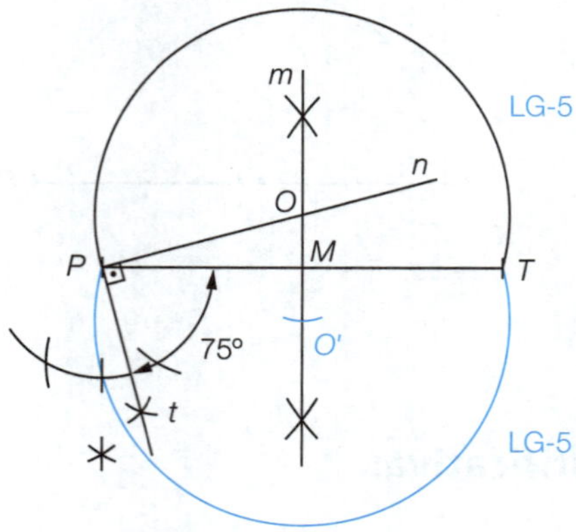

Para você construir:

Construção de um triângulo do qual se conhecem dois lados e o ângulo oposto a um deles

• **Dados:** $m(\overline{BC}) = 4$ cm; $m(\overline{AC}) = 3{,}5$ cm; $m(\hat{A}) = 60°$

• **Construir:** $\triangle ABC$

Passos da construção:

Esboço

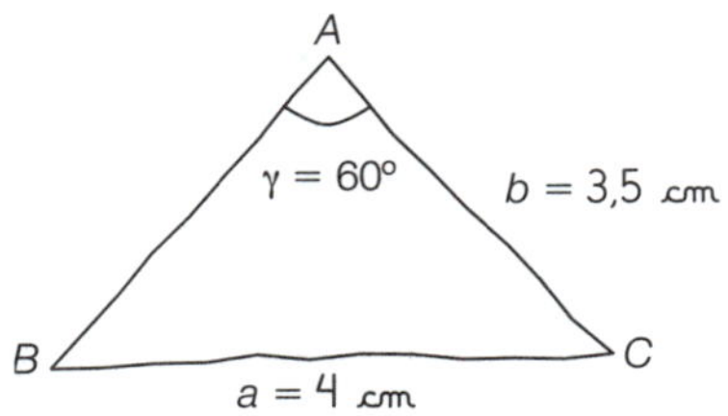

Roteiro

Determinar o ponto A tal que A é a interseção dos LG-5 → a.c. $(\overline{BC}, 60°)$ e LG-1 → ⊗ $(C, 3{,}5$ cm$)$.

$$A\begin{cases}\text{LG-5} \rightarrow \text{a.c.}\,(\overline{BC}, 60°)\\ \text{LG-1} \rightarrow \otimes\,(C, 3{,}5\text{ cm})\end{cases}$$

1º) Construa o LG-5 de 60° sobre $\overline{BC}$.

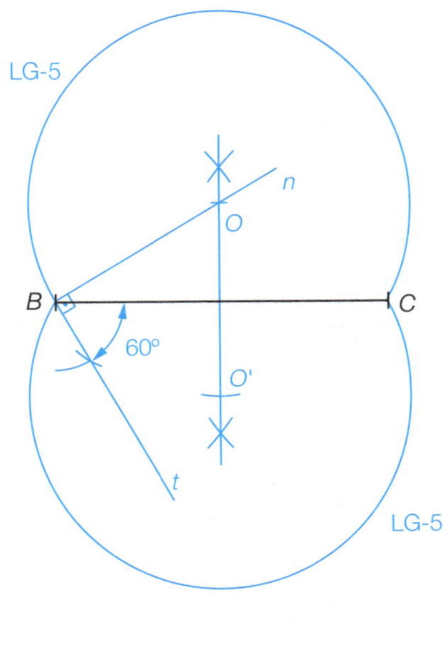

2º) Trace o LG-1 e determine o ponto A na interseção com o LG-5. Apesar de existirem dois pontos A (A e A'), o problema tem uma solução, pois é métrico e $\triangle ABC \cong \triangle A'BC$.

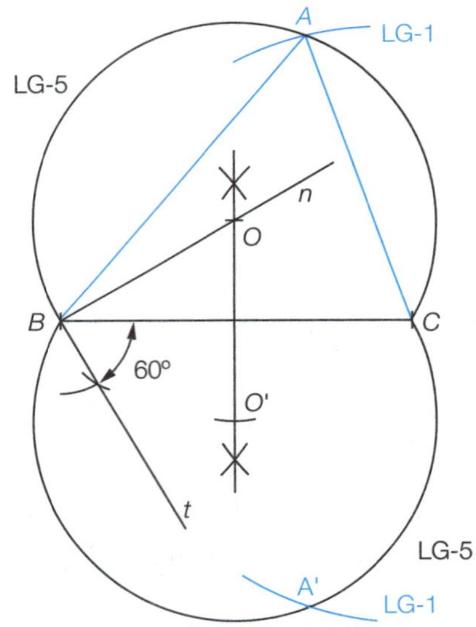

Para você construir:

Você em ação

1 Construa o que se pede.

a) Um único arco capaz de ver o segmento *EP* segundo um ângulo de medida 30°.

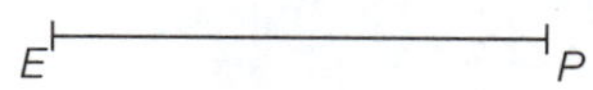

b) Apenas um dos arcos capazes $\overset{\frown}{APB}$ e $\overset{\frown}{AKB}$ de ver um segmento *AB* segundo ângulos de medidas 60° e 120°, respectivamente.

c) Voltando à situação apresentada na abertura deste capítulo (página 7), desenhe o caminho que o explorador percorreu da caverna ao acampamento, sabendo que ele não passou pela montanha 2. Qual é a medida do ângulo em que as montanhas foram vistas?

Roteiro

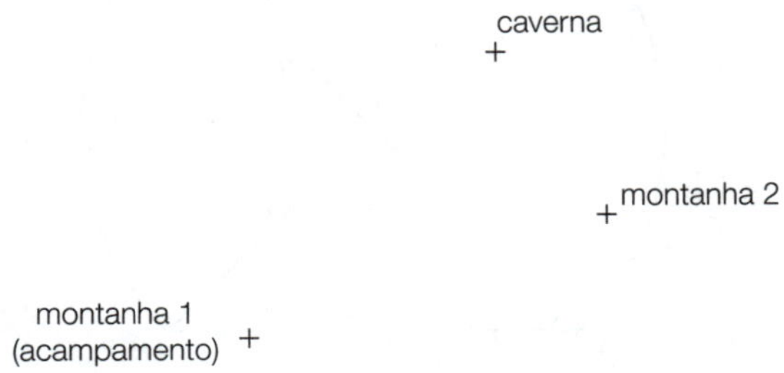

d) O LG-5 de 45° sobre $\overline{FG}$.

2 Analise as figuras a seguir e, em cada caso, procure uma maneira de simplificar a construção, justificando-a.

a) **Construção simplificada**

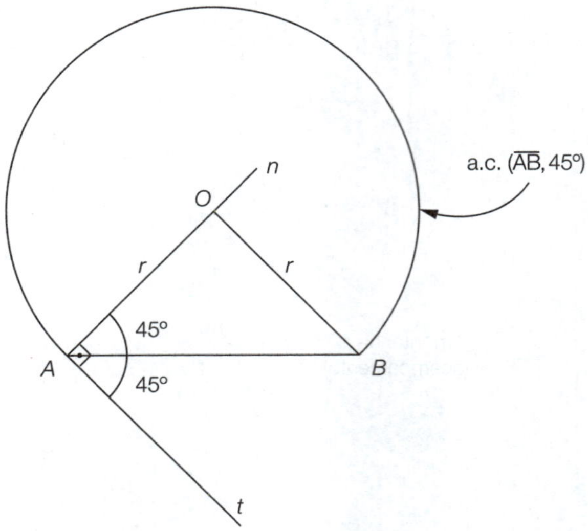

Justificativa

b) **Construção simplificada**

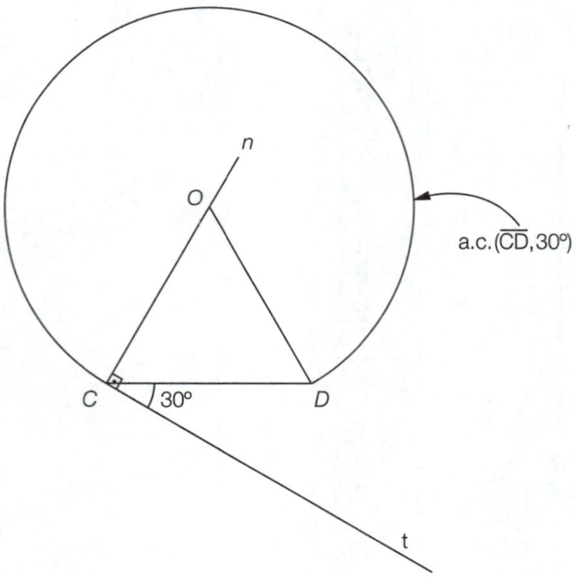

Justificativa

3 Determine um ponto *A* que veja $\overline{PQ}$ segundo um ângulo de medida 60° e que veja também $\overline{QR}$ segundo um ângulo de medida 105°.

Roteiro

Construção

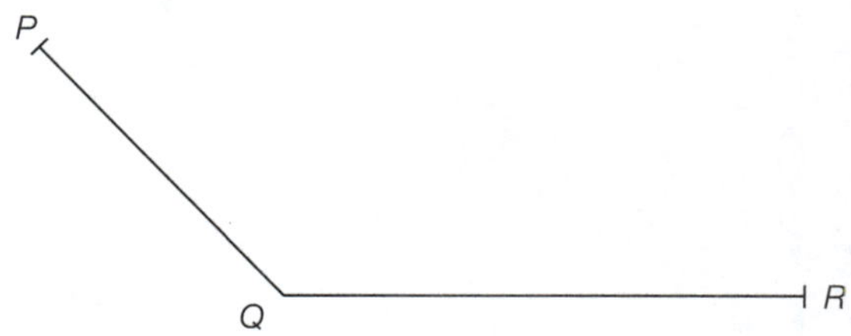

4 Desenhe um segmento de reta *PG* sabendo que o ponto *P* enxerga $\overline{EG}$ segundo um ângulo de medida 75° e que *P* equidista das retas *r* e *s* dadas.

Roteiro

Construção

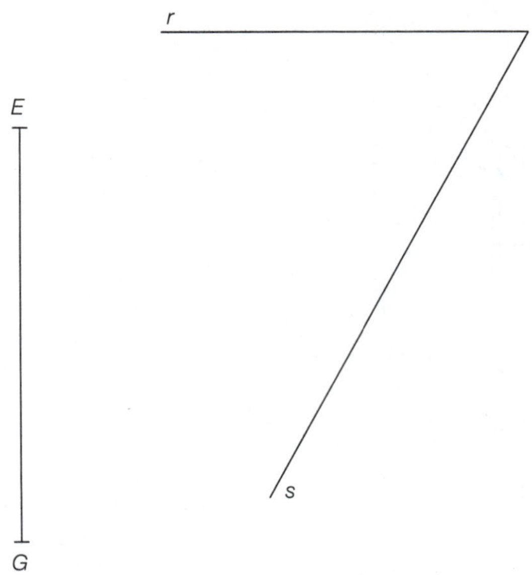

5 Dados a reta x e os pontos A e B, desenhe o ângulo $A\hat{P}B$ tal que $P \in x$ e $m(A\hat{P}B) = 135°$.

Roteiro

Construção

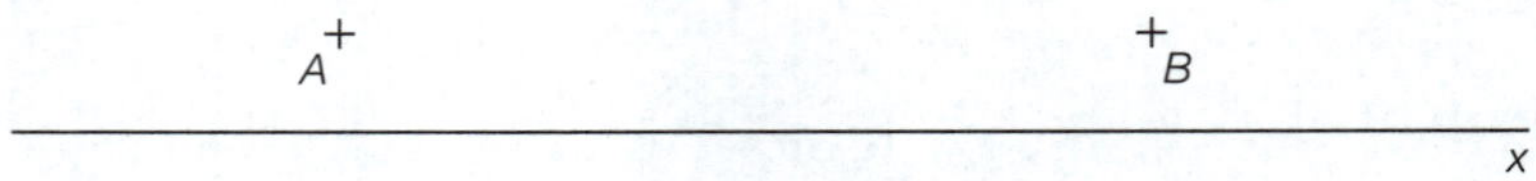

6 Construa um triângulo RST, retângulo em $\hat{R}$, sabendo que sua hipotenusa mede 6 cm e o ângulo S mede 60°.

Esboço

Construção

Roteiro

7. Construa um triângulo *FJK*, sabendo que a mediana relativa ao lado $\overline{JK}$ mede 5 cm, $\overline{JK}$ mede 3,5 cm e $m(\hat{F}) = 30°$.

Esboço

Construção

Roteiro

8. Construa um triângulo *EFG*, sabendo que $\overline{FG}$ mede 50 mm, $h_e = 23$ mm e $m(\hat{E}) = 45°$.

Esboço

Construção

Roteiro

9 Construa um triângulo isósceles *ABC* de base *a* com medida 7 cm, sabendo que a altura relativa ao lado de medida *b* mede 6 cm.

Esboço

Construção

Roteiro

10 Construa um triângulo *CDE*, dadas a mediana $\overline{DM}$ e med $(\hat{C}) = 50°$. Sabe-se também que o vértice *C* pertence à reta *r* dada.

Esboço

Construção

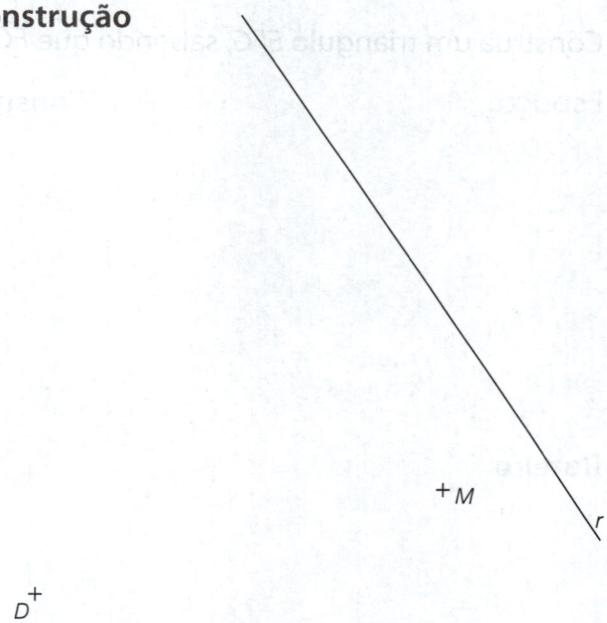

Roteiro

Olhando ao redor

1 O cometa Austin foi visto em 1990 e sua trajetória está representada na figura abaixo. Em 24 de maio daquele ano, em consequência da lua nova que escureceu o céu e aumentou o contraste com o cometa, ele pôde ser mais bem observado.

Representando a posição do cometa pela letra A e sabendo que, no triângulo ABC, o ângulo interno $\hat{A}$ mede 75°, onde ele estava nesse dia?

Roteiro

Construção

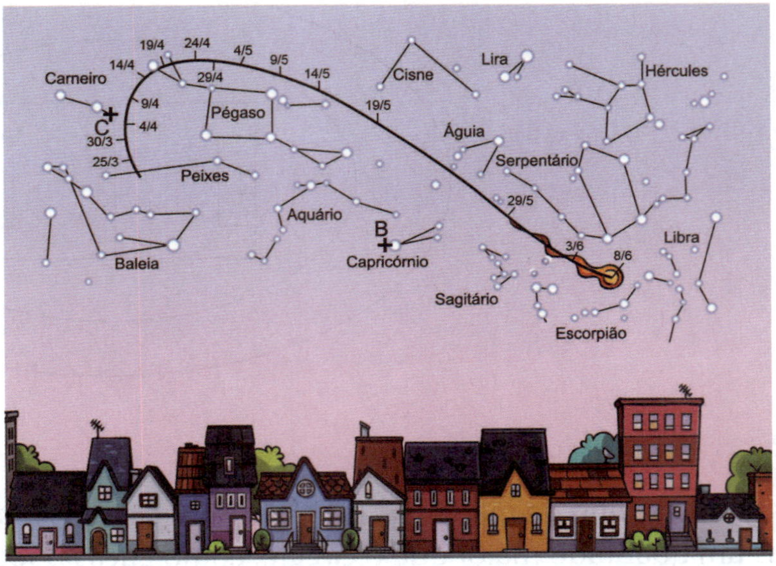

Você sabia?

500px/Getty Images

Cometa Hale-Bopp.

Após sua passagem no ano de 1997, o cometa Hale-Bopp é considerado um dos mais vistos da história, tendo sido observado por aproximadamente 80% dos norte-americanos adultos.

Fonte de pesquisa: <https://www.infoescola.com/astronomia/cometa-hale-bopp/>. Acesso em: 16 abr. 2019.

2 Um torcedor foi assistir a um jogo no estádio do Morumbi, em São Paulo. No meio da torcida ele podia ver o lado $\overline{AB}$ do campo sob um ângulo de 45° e o lado $\overline{BC}$ sob um ângulo de 30°.

Utilizando a ilustração do estádio, indique em que lugar o torcedor estava.

Rubens Chaves/Pulsar Imagens

Roteiro **Construção**

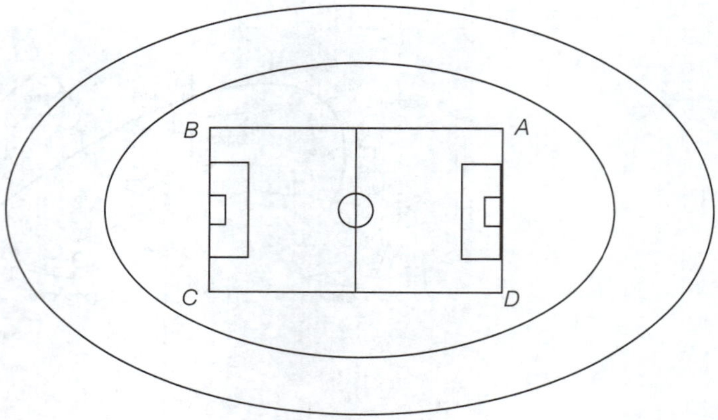

3 Para construir um carrinho de madeira, Lucas recortou círculos para fazer as rodas. Tendo apenas um quadrado maior que o círculo, como Lucas poderá determinar o centro das rodas?

4 **No futebol, a regra do impedimento diz que, se um jogador está na frente do penúltimo jogador do outro time, ele não pode receber a bola, pois a jogada não será válida. Assim, os jogadores cuidam para que, entre eles e a linha de fundo, sempre haja dois jogadores adversários, incluindo o goleiro.**

Na jogada desenhada abaixo, a linha vermelha representa a linha de impedimento. Localize a posição do jogador Zezé, do time de uniforme vermelho, e verifique se ele está ou não impedido, sabendo que ele enxerga a linha da pequena área de um ângulo de 90°, que a sua distância até a bola é de 7 cm, neste desenho, e que é Tito que lhe passa a bola.

Roteiro

Construção

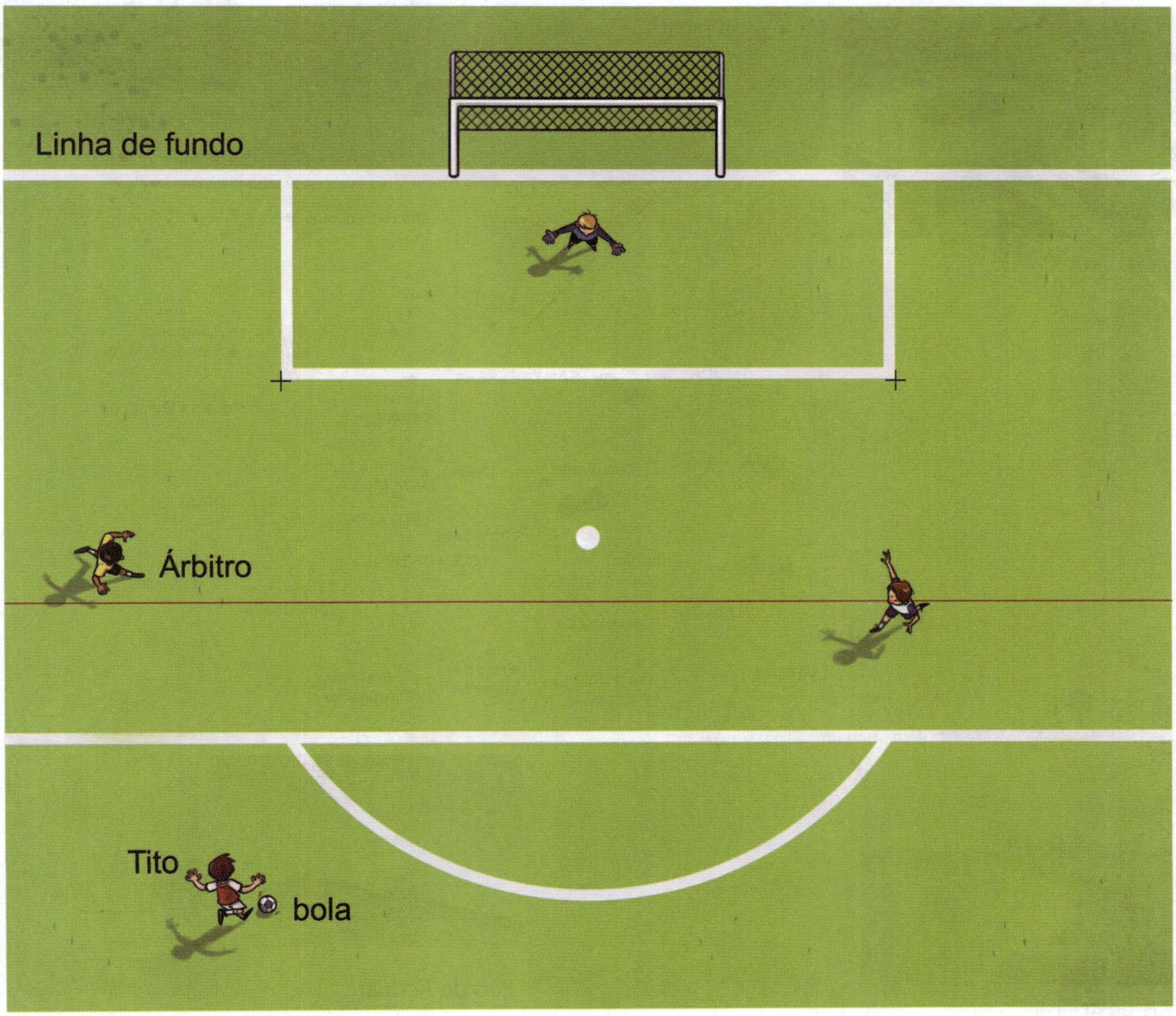

5 E o Rio de Janeiro continua lindo!

Vamos localizar o estádio do Maracanã e o Pão de Açúcar?

No mapa abaixo, o Pão de Açúcar fica no bairro da Urca, a 3,9 cm de distância do Teatro Municipal, e dele podem ser vistos o Aeroporto Santos Dumont e o Mirante Dona Marta segundo um ângulo de medida 50°.

O Maracanã dista 1,8 cm da Linha Vermelha e dele são vistos o Cristo Redentor, no Corcovado, e a Pedra da Gávea segundo um ângulo de 90°. Localize-os.

Roteiro

Corcovado.

Construção

Arcos da Lapa.

Maracanã.

Copacabana.

Pão de Açúcar.

Fonte: ATLAS geográfico Melhoramentos. São Paulo: Melhoramentos, 2002 (adaptado).

CAPÍTULO

2

Tangência

Observando a natureza e algumas produções humanas, como a obra *Circles in a circle*, de Wassilly Kandinsky, podemos perceber algumas formas que nos dão a ideia de retas e círculos que se tocam em apenas um ponto, em uma relação de posição chamada de **tangência**.

Na linguagem popular, o termo "tangente" aparece em expressões como "sair pela tangente". O que o significado dessa expressão tem em comum com a tangência em Desenho Geométrico?

Katrien1/Shutterstock

Reprodução/Museu de Arte da Filadélfia, EUA.

Circles in a circle, Wassilly Kandinsky.

Compreendendo ideias

O que é tangência?

Observe a foto abaixo.

lunamarina/Shutterstock

Torre do Palácio de Westminster, onde está o Big Ben, famoso relógio com sino, em Londres, Inglaterra.

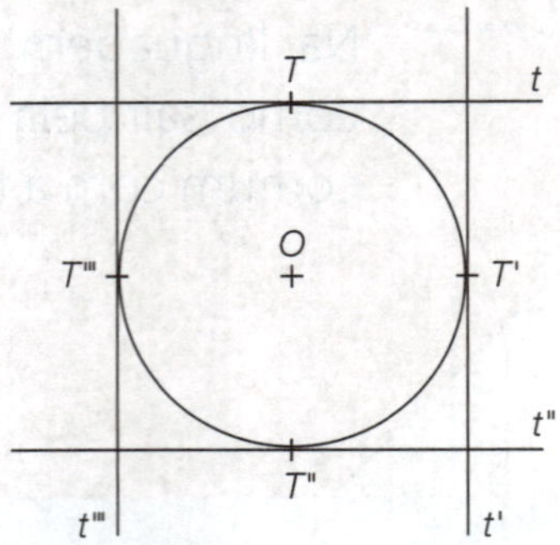

Eliminando os detalhes, podemos notar que a estrutura básica do relógio é composta de 1 circunferência e 4 segmentos de reta. Na Geometria, quando um segmento tangencia (toca, encosta) a circunferência em apenas um ponto, chamamos de **ponto de tangência** (*T*).

Existe tangência entre:

- uma reta e uma circunferência;

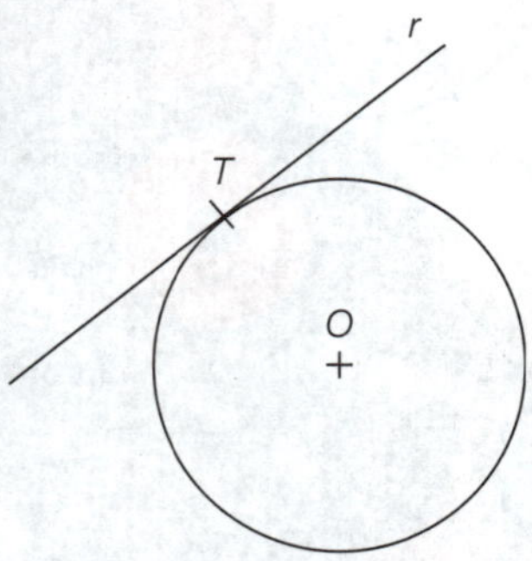

- duas circunferências externas;

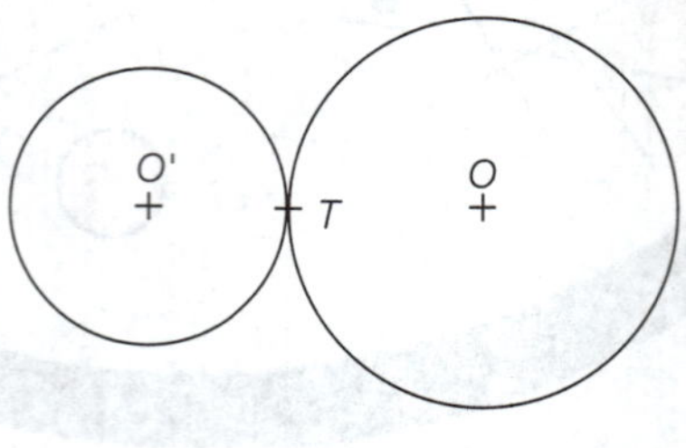

- duas circunferências, sendo uma interna à outra;

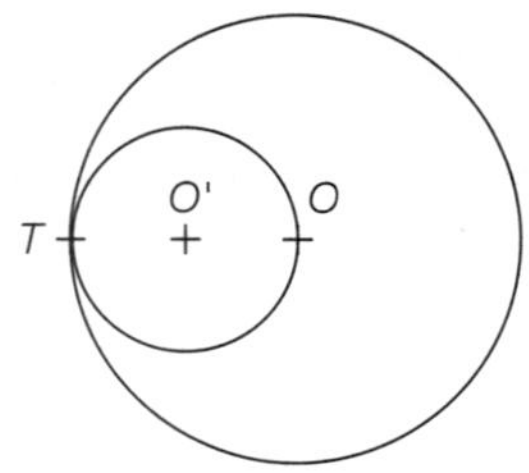

- uma reta e várias circunferências;

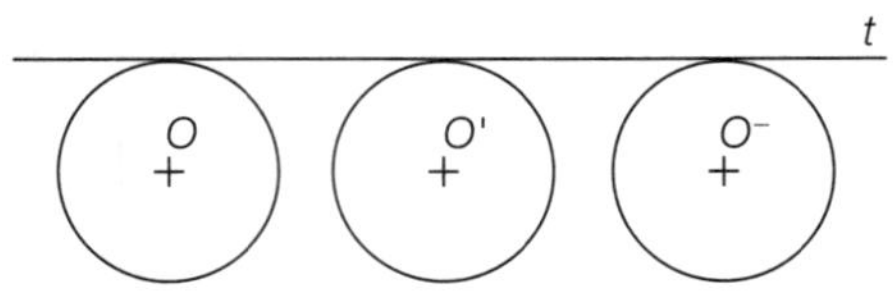

A reta *t* é chamada de tangente comum às circunferências.

- uma circunferência e várias retas;

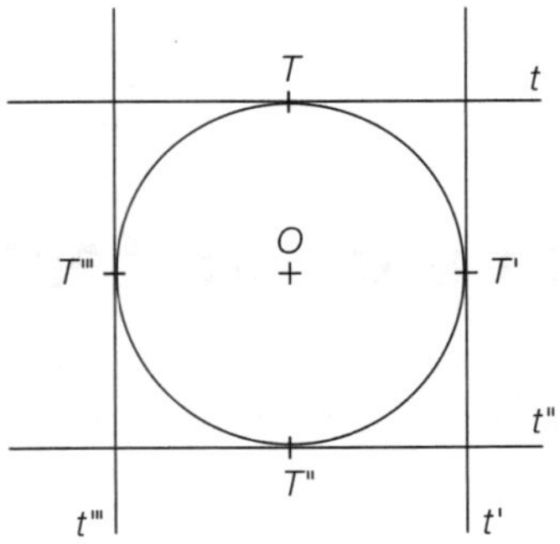

A circunferência é chamada de tangente comum às retas.

- várias retas e várias circunferências.

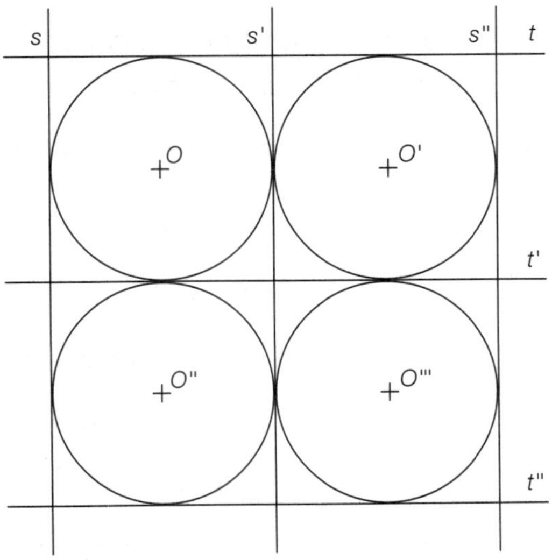

Lembre-se

- Para desenhar retas e circunferências tangentes, convém lembrar que uma reta é determinada por dois pontos (figura 1) ou por um ponto e uma direção (figura 2).

$\overleftrightarrow{AB} = r$

Figura 1.

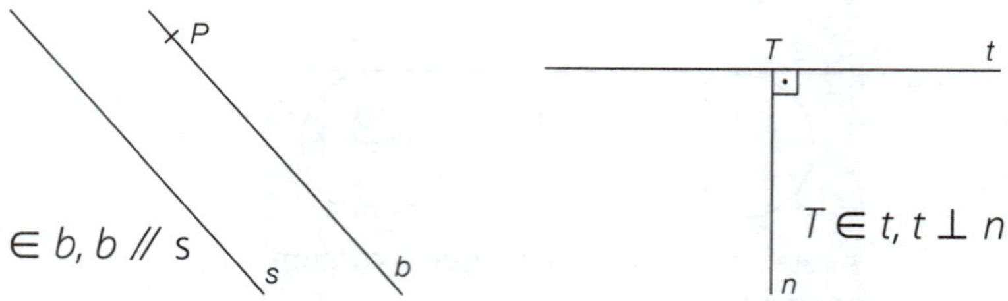

$P \in b, b \parallel s$ $\quad$ $T \in t, t \perp n$

Figura 2.

- Uma circunferência é determinada pela medida de seu raio e pela posição de seu centro.

Tangência entre reta e circunferência

Propriedades

1ª) Uma reta tangente a uma circunferência é perpendicular ao raio de extremidade no ponto de tangência. A reta que contém esse raio é chamada de **reta normal**.

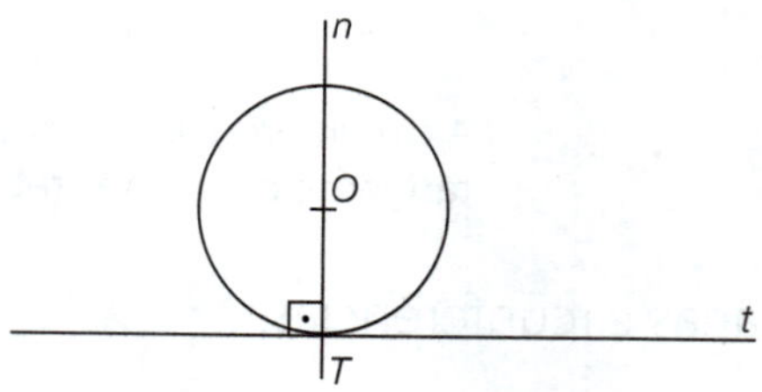

$t \perp \overline{OT}$

$\overleftrightarrow{OT} = n$ é reta normal.

Nota: Podemos indicar que a reta t é tangente à circunferência de raio OT usando a notação t tg ⊗ (O, OT), na qual "tg" significa tangente.

2ª) Duas retas t_1 e t_2, tangentes à ⊗ (O, r), traçadas por um ponto externo P, determinam:

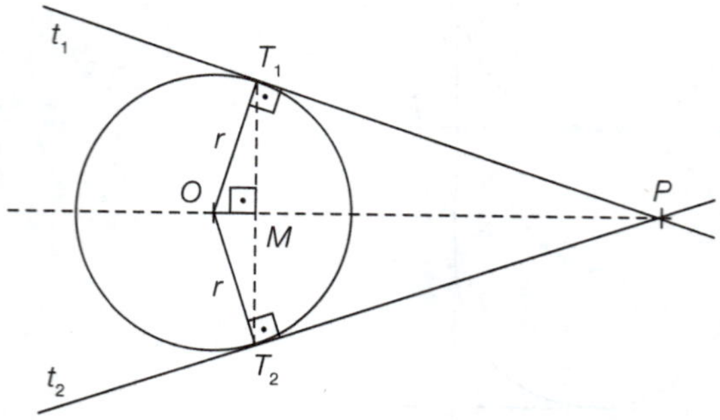

$\Delta OT_1P \cong \Delta OT_2P$

$\overline{PT_1} \cong \overline{PT_2}$

$\overleftrightarrow{PO}$ é bissetriz de $T_1\hat{P}T_2$.

$\overleftrightarrow{PO}$ é mediatriz de $\overline{T_1T_2}$.

ΔOT_1P e ΔOT_2P são triângulos retângulos.

Construindo imagens

Nas construções de tangência, todas as circunferências distintas que atendem às condições estabelecidas pelo problema são consideradas soluções.

Construção de uma reta *t* tangente a uma circunferência dada, conhecendo-se o ponto *T* de tangência

• Dado:

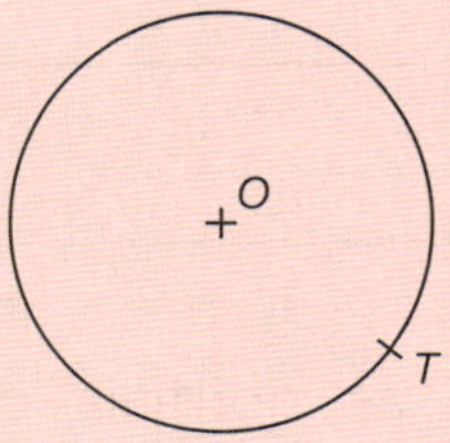

• Construir:

t tg ⊗ (*O*, *OT*)

Passos da construção:

1º) Trace o raio $\overline{OT}$ e a reta normal *n*.

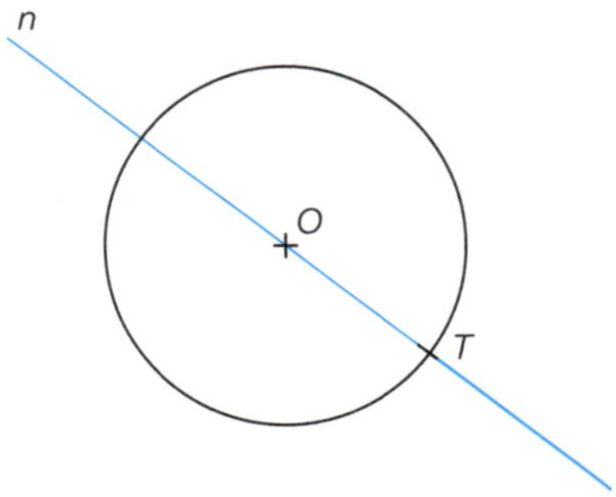

2º) Construa uma reta perpendicular à reta *n* pelo ponto *T*. Ela é a reta *t*.

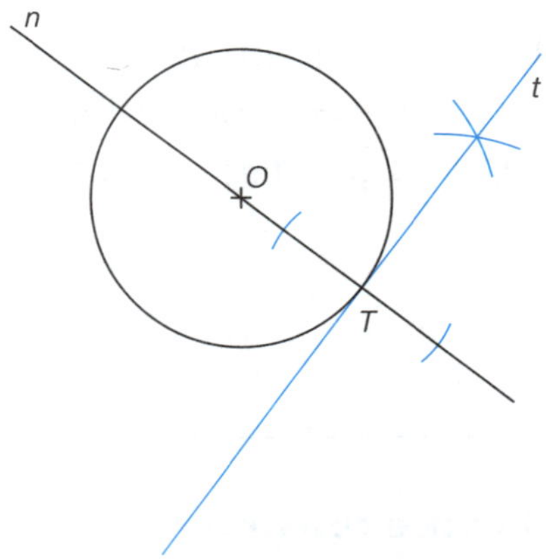

Para você construir:

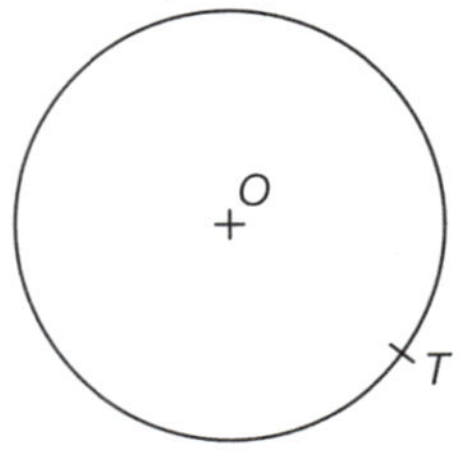

Construção de uma circunferência de raio de medida *r* que passa por um ponto dado, tangente a uma reta conhecida

• **Dados:** P, t, $r = 1{,}2$ cm • **Construir:** $\otimes\ (O, r)$ tg $t\ /\ P \in (O, r)$

Passos da construção:

Esboço

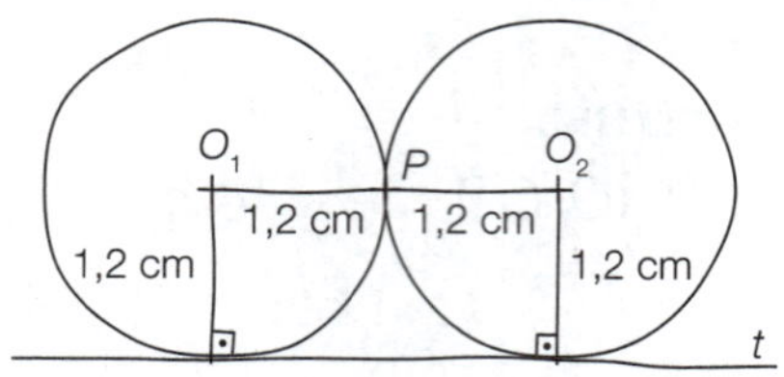

Roteiro

Determinar o ponto O tal que O seja a interseção de LG-1 → $\otimes$ (P, 1,2 cm) e LG-2 → // (t, 1,2 cm).

$$O\begin{cases}\text{LG-1} \rightarrow \otimes\ (P, 1{,}2\text{ cm})\\ \text{LG-2} \rightarrow //\ (t, 1{,}2\text{ cm})\end{cases}$$

1º) Com o auxílio do par de esquadros, trace o LG-2 (ou realize a construção apenas com régua e compasso).

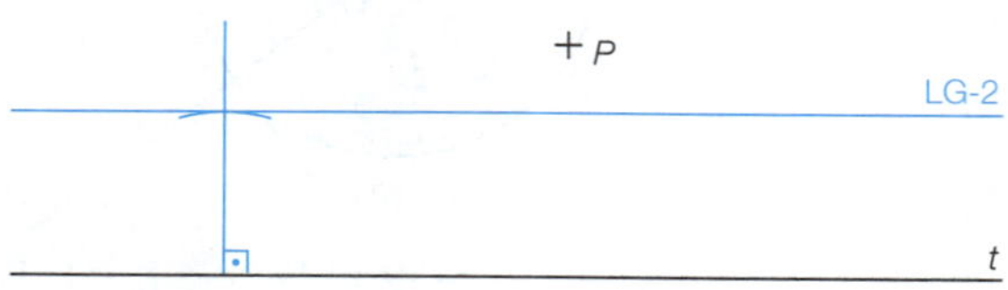

2º) Construa o LG-1 e determine os centros O_1 e O_2.

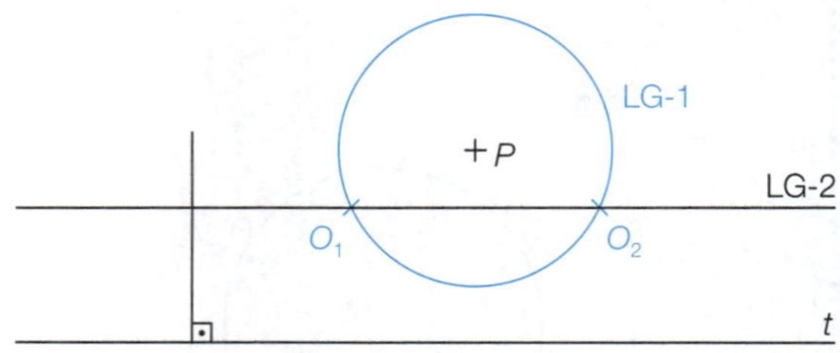

3º) Construa as normais pelos centros, determinando os pontos de tangência T_1 e T_2. Trace as circunferências.

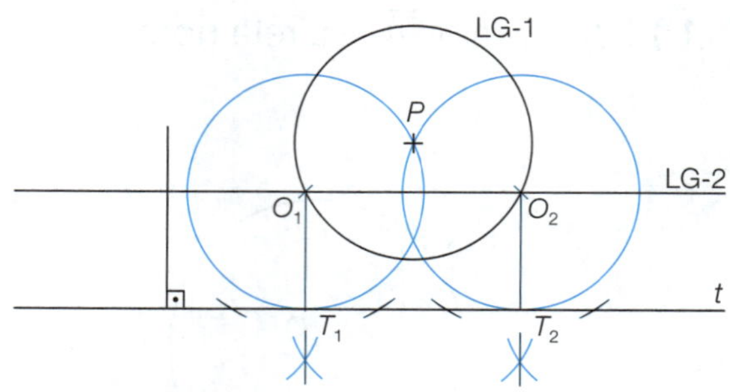

Para você construir:

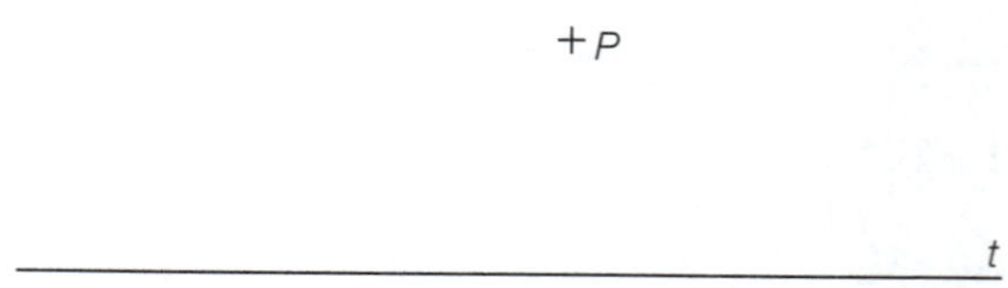

Construção de uma circunferência tangente a duas retas, conhecendo-se um dos pontos de tangência

- **Dado:**

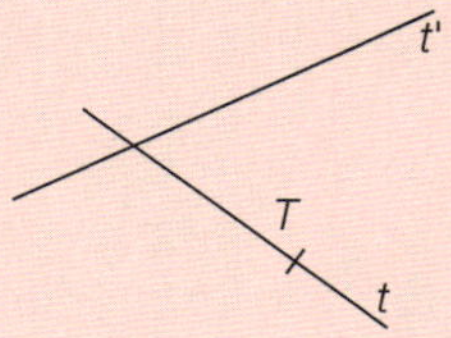

- **Construir:** ⊗ *(O, OT) tg t e t'*

Passos da construção:

Esboço

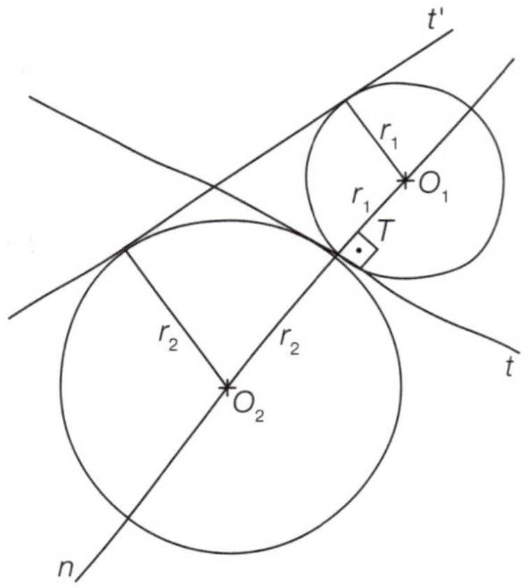

Roteiro

Determinar o ponto *O* tal que *O* seja a interseção da bissetriz do ângulo formado entre as retas *t* e *t*' e a reta normal *n*.

$$O\begin{cases} \text{LG-4} \rightarrow \text{btz}\ (\hat{t}\ t') \\ n\ \text{(normal)} \end{cases}$$

1º) Construa o LG-4a.

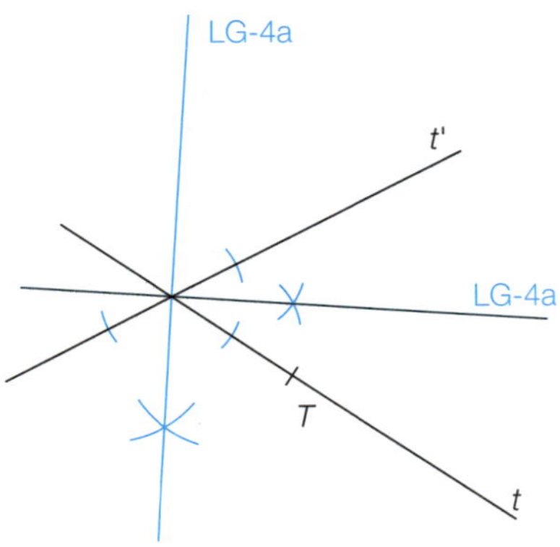

2º) Construa a normal por *T* e determine os centros O_1 e O_2.

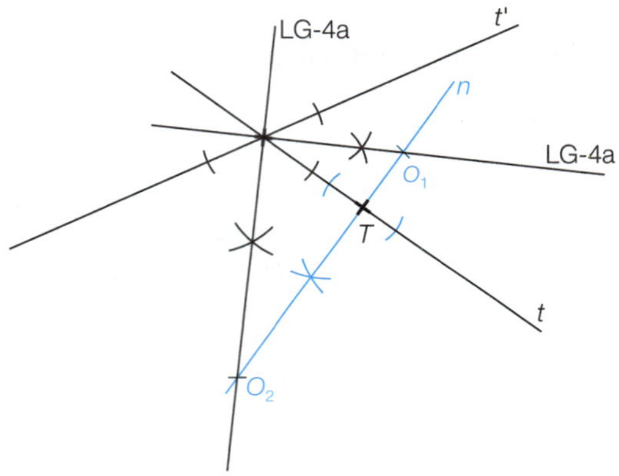

3º) Construa as circunferências:
⊗ (O_1, O_1T) e ⊗ (O_2, O_2T).

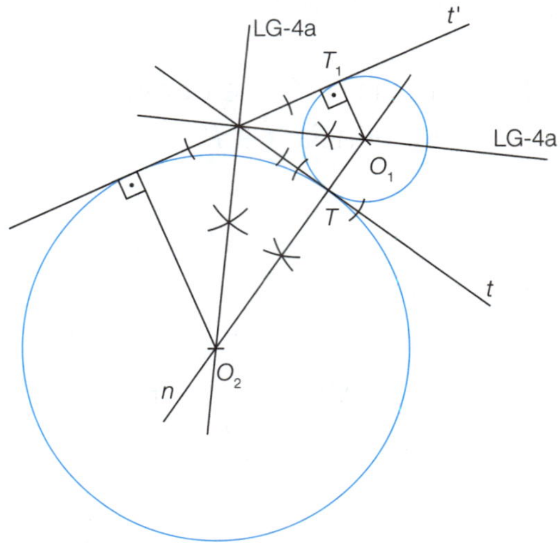

Para você construir:

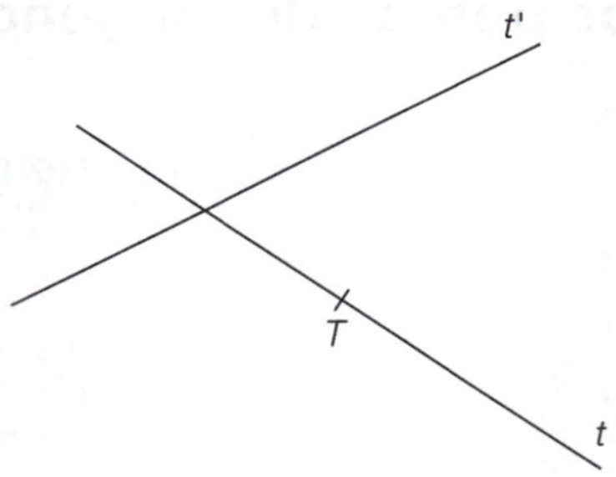

Construção de uma reta *t* tangente a uma circunferência por um ponto *P* que não pertence à circunferência

• **Dados:** ⊗ (*O*, *r*), *P* • **Construir:** *t* tg ⊗ (*O*, *r*) / $P \in t$

Passos da construção:

Esboço

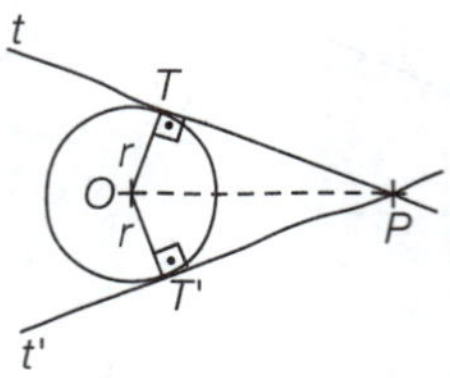

Roteiro

Determinar o ponto *T* tal que *T* seja a interseção de LG-1 → ⊗ (*O*, *r*) e do arco capaz de ver o segmento *OP* segundo um ângulo de 90º.

$$T \begin{cases} \text{LG-5} \rightarrow \text{a.c.} (\overline{OP}, 90°) \\ \text{LG-1} \rightarrow \otimes (O, r) \end{cases}$$

1º) Construa o LG-5 e determine os pontos de tangência: *T* e *T'*.

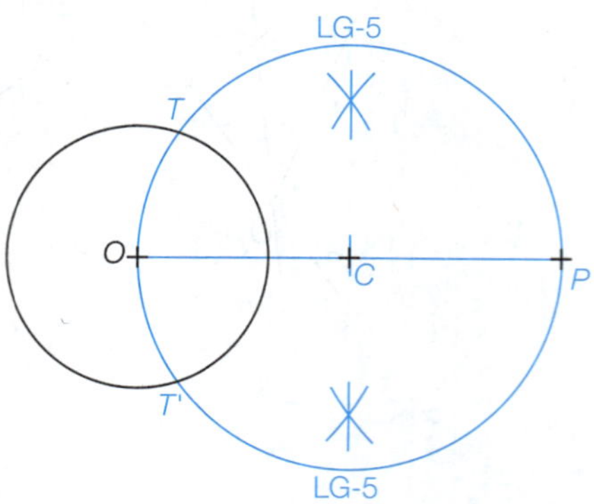

2º) Trace $\overleftrightarrow{PT}$ e $\overleftrightarrow{PT'}$, que são as retas tangentes pedidas.

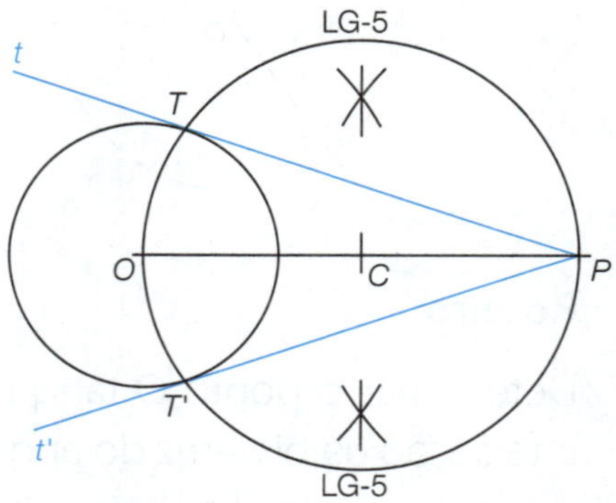

Para você construir:

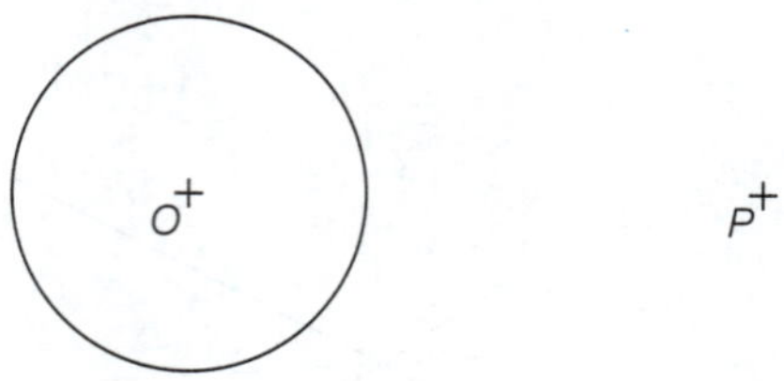

Você em ação

1 Construa a reta *t* tangente à circunferência de centro *O*, sendo *T* o ponto de tangência.

2 Construa uma circunferência de centro *O* tangente à reta *s* dada. Dê o ponto *T* de tangência.

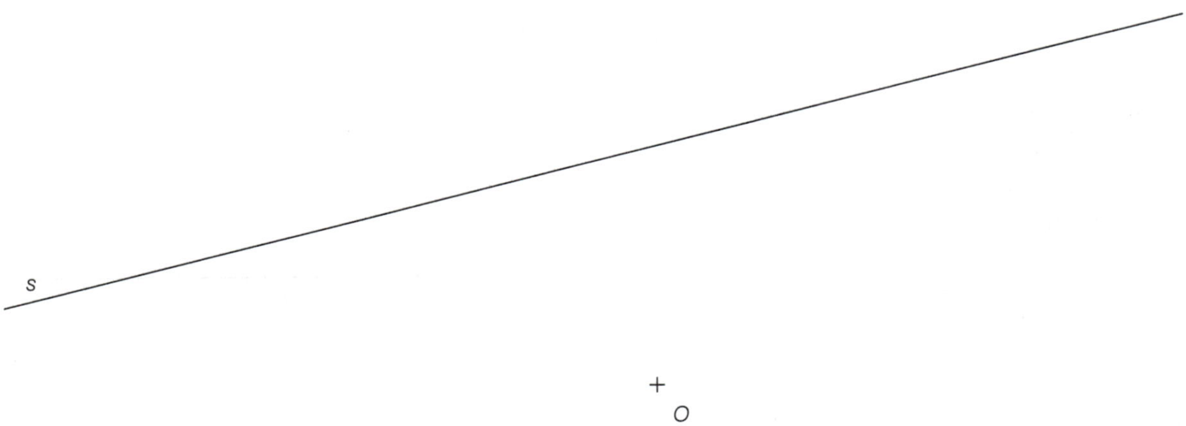

3 Construa uma circunferência de centro *O* e raio de medida 15 mm, tangente à reta *t* em *T*.

Esboço

Construção

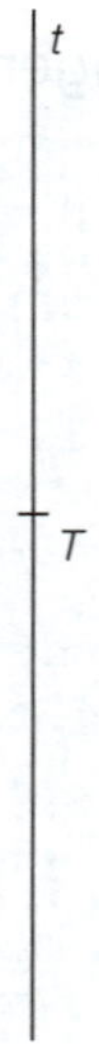

Roteiro

4 Construa uma circunferência tangente à reta *t*, sendo *T* o ponto de tangência e sabendo que o ponto *P* pertence a essa circunferência.

Esboço

Construção

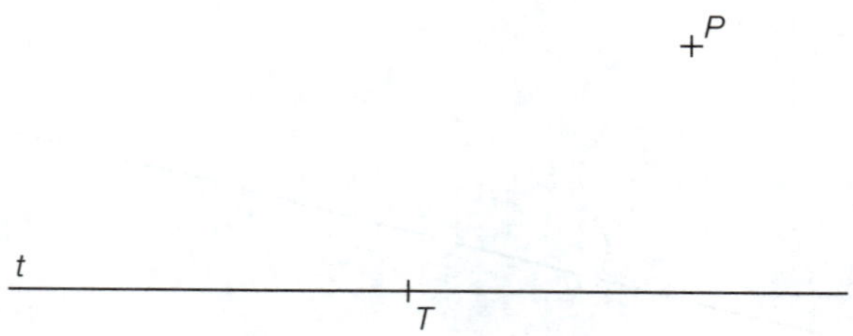

Roteiro

5 A reta *r* dada é tangente à circunferência no ponto *R*. Trace outra reta tangente à circunferência e que seja concorrente com a reta *r* no ponto *A*.

Esboço

Construção

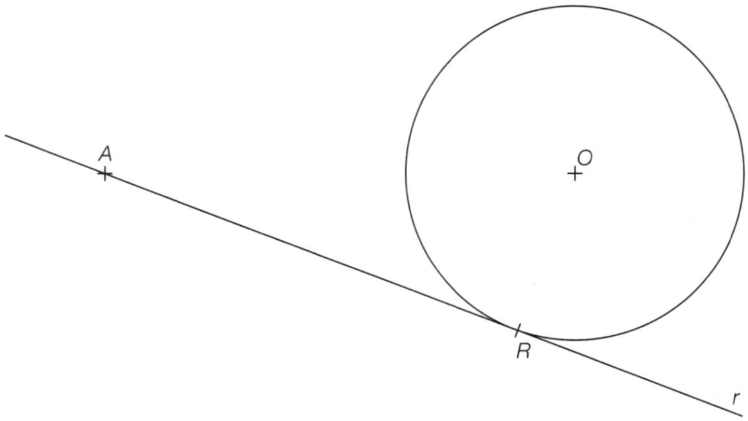

Roteiro

6 São dadas duas retas paralelas *t* e *t'* e um ponto *T*. Construa uma circunferência tangente às duas retas, sendo *T* um dos pontos de tangência.

Esboço

Construção

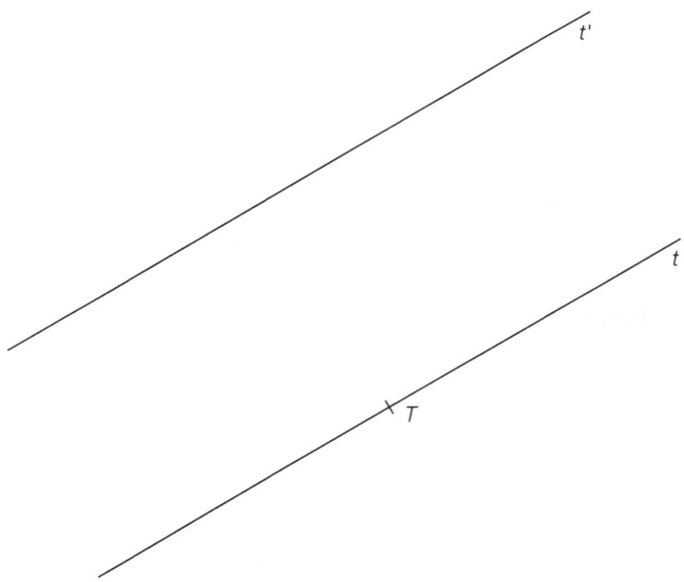

Roteiro

7 Construa uma reta *t*, tangente comum às circunferências dadas.

Esboço

Construção

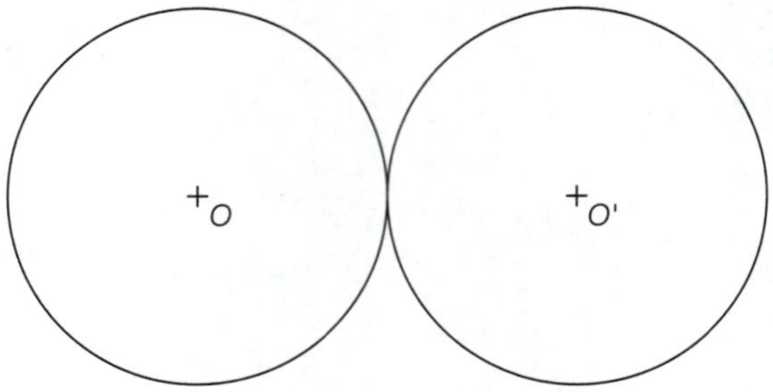

Roteiro

8 Construa uma circunferência tangente à reta *t*, sendo *T* o ponto de tangência e sabendo que o ponto *P* pertence a essa circunferência.

Esboço

Construção

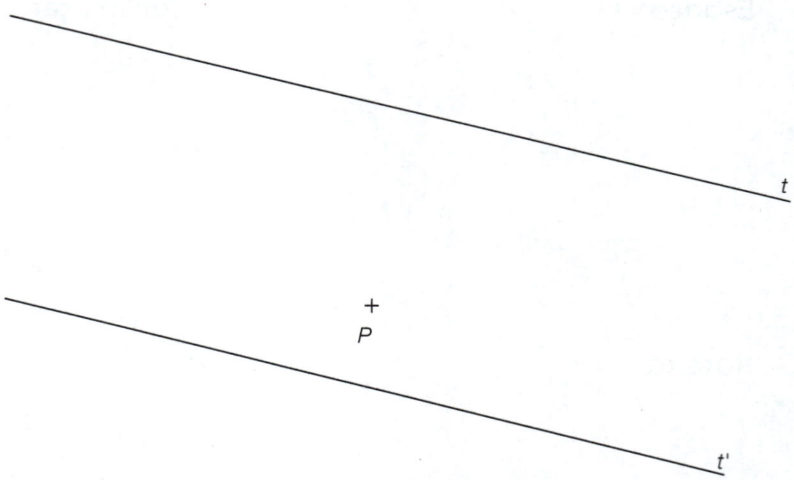

Roteiro

9 Construa uma circunferência de raio de medida 18 mm, tangente aos lados do ângulo $A\hat{B}C$ dado. Determine os pontos T de tangência.

Esboço

Construção

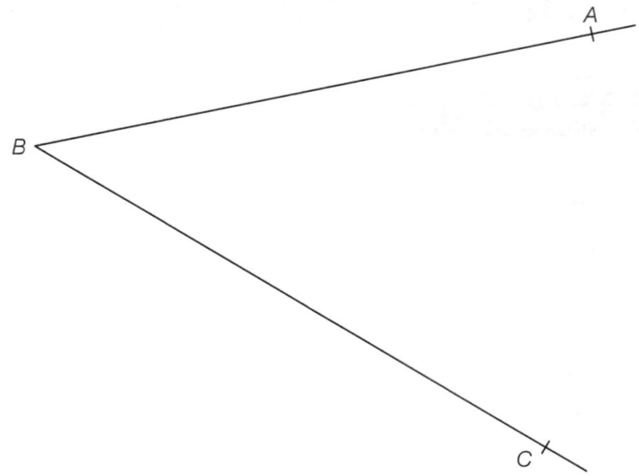

Roteiro

10 Construa uma circunferência tangente às retas t_1, t_2 e t_3 dadas.

Esboço

Construção

Roteiro

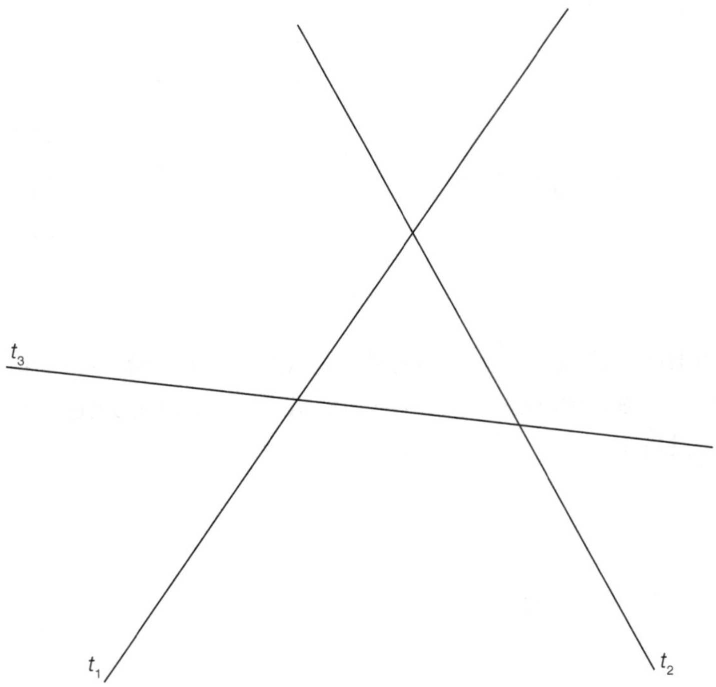

Compreendendo ideias

Tangência entre circunferências

Propriedades

1ª) Em todas as circunferências tangentes, os centros e o ponto de tangência são colineares.

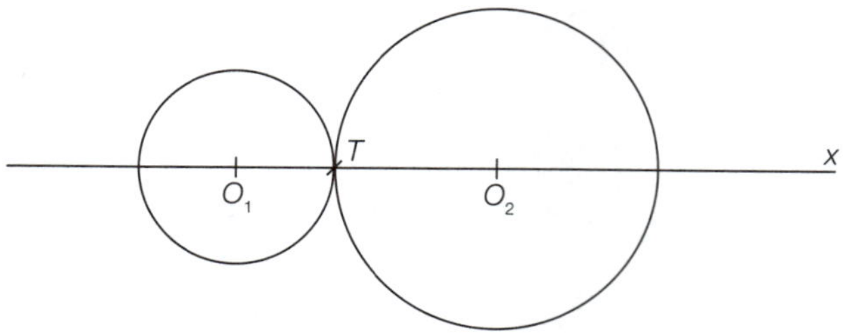

$$\left.\begin{array}{l} O_1 \in x \\ \exists\, x \,/\, O_2 \in x \\ T \in x \end{array}\right\} \rightarrow O_1, O_2 \text{ e } T$$

2ª) O centro O de uma circunferência (O, r) tangente externa a uma circunferência (C, m) pertence à circunferência de centro em C, com medida de raio igual à soma $r + m$: LG-1 $\rightarrow \otimes\ (C, r + m)$.

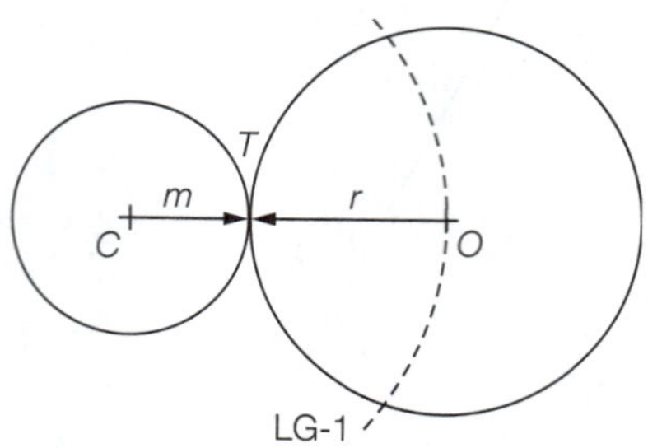

$CT = m$

$OT = r$

$CO = m + r$

3ª) O centro O de uma circunferência (O, r) tangente interna a uma circunferência (C, m) pertence à circunferência de centro C, com raio de medida igual à diferença entre m e r: LG-1 $\rightarrow \otimes\ (C, m - r)$.

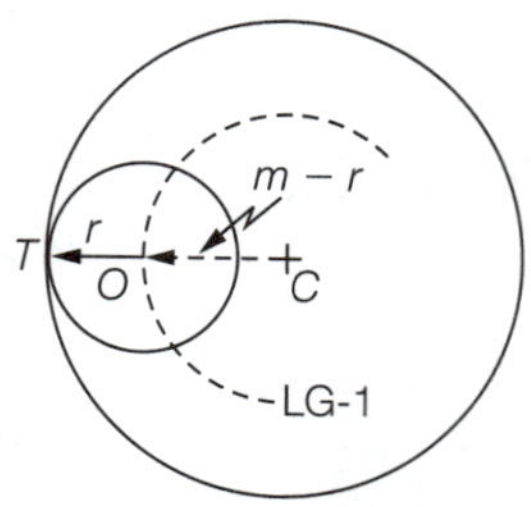

$CT = m$

$OT = r$

$CO = m - r$

Nota: Nas construções de circunferências tangentes, todas as que atendem às condições estabelecidas pelo problema são consideradas soluções.

Construindo imagens

Construção de uma circunferência de centro *O* dado, tangente a uma circunferência (*C*, *m*) conhecida

• **Dados:** 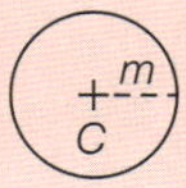

• **Construir:** ⊗ (*O*, *r*) tg ⊗ (*C*, *m*)

Procedimento para construção:

Esboço

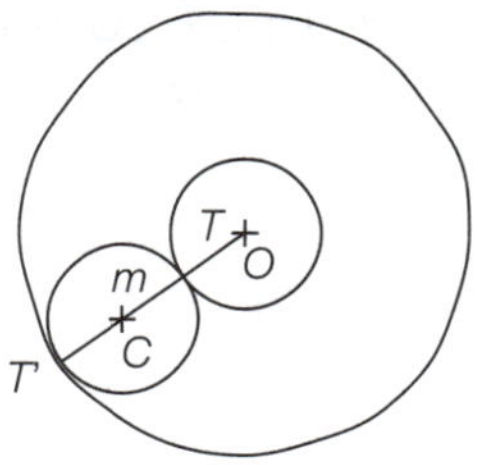

Roteiro

Determinar o ponto *T* tal que *T* seja a interseção da circunferência de centro *C* e raio *m* e o segmento *OC*.

$$T\begin{cases}\otimes\ (C, m)\\ (\overline{OC})\end{cases}$$

Determine os pontos de tangência traçando $\overline{OC}$ e desenhe as circunferências de centro *O* e raios *OT* e *OT'*.

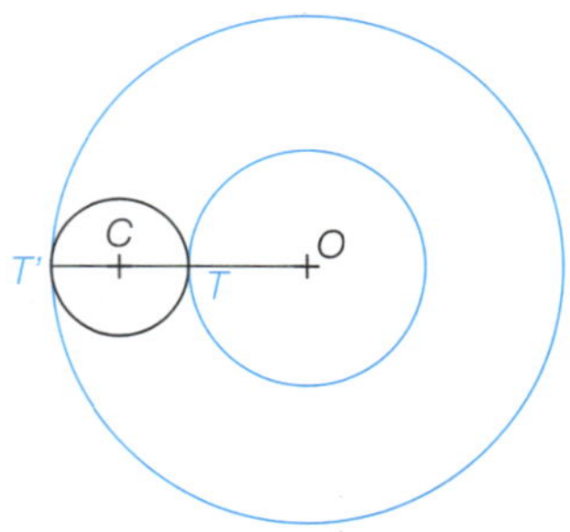

Há duas soluções: ⊗ (*O*, *OT*) e ⊗ (*O*, *OT'*).

Para você construir:

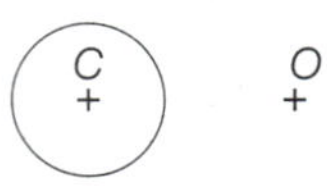

Construção de uma circunferência de centro *O*, que passa pelo ponto *P* e é tangente a uma circunferência (*C*, *m*), dado o ponto *T* de tangência

- **Dados:**

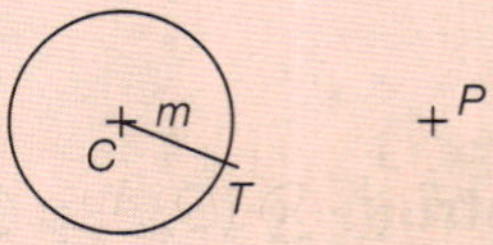

- **Construir:**

$\otimes (O, r)$ tg $\otimes (C, m) / P \in \otimes (O, r)$

Procedimento para construção:

Esboço

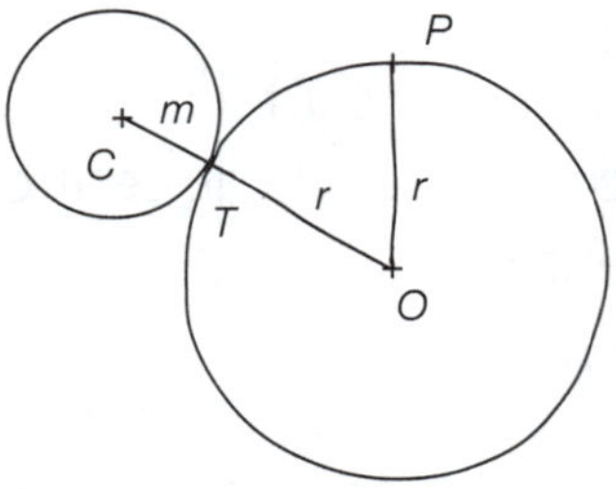

Roteiro

Determinar o ponto *O* tal que *O* seja a interseção da reta *CT* com a mediatriz do segmento *PT*.

$$O\begin{cases}\overleftrightarrow{CT}\\ \text{LG-3}\rightarrow \text{mtz}\,(\overline{PT})\end{cases}$$

Trace $\overleftrightarrow{CT}$ e construa o LG-3, determinando o centro *O*. Em seguida, desenhe a circunferência com raio *OT*.

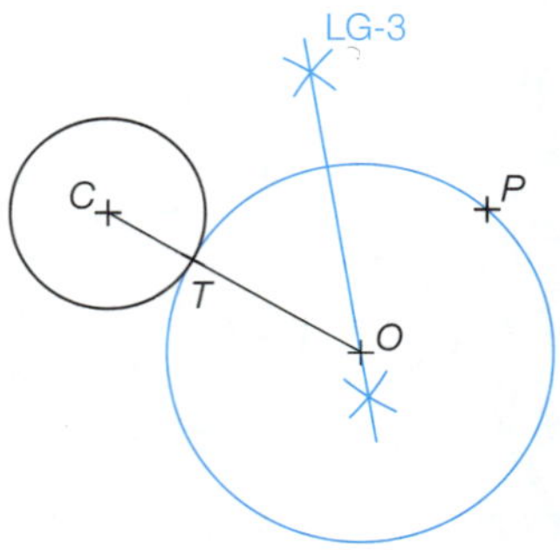

Para você construir:

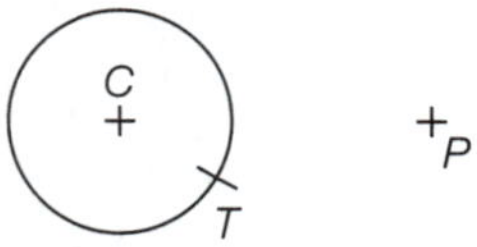

Construção de uma circunferência (*O*, *r*) tangente externa a uma circunferência (*C*, *m*) dada, conhecendo-se a medida *r* do raio e um dos pontos dessa circunferência

- **Dados:** ⊗ (*C*, *m*), $r = 12$ mm, *P*
- **Construir:** ⊗ (*O*, *r*) tg ⊗ (*C*, *m*) / $P \in$ ⊗ (*O*, *r*)

Passos da construção:

Esboço

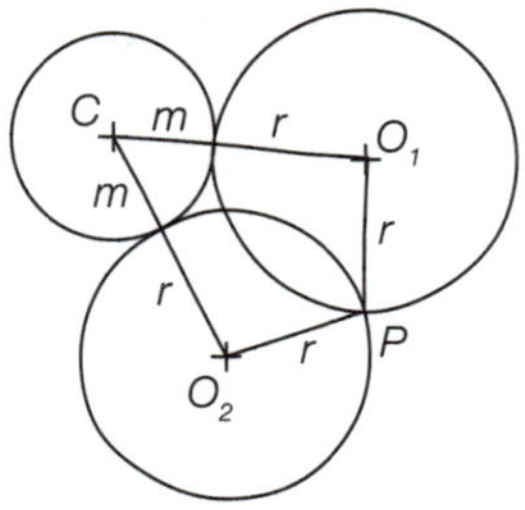

Roteiro

Determinar o ponto *O* tal que *O* seja a interseção de LG-1 → ⊗ (*P*, *r*) e LG-1 → → ⊗ (*C*, $m + r$).

$$O\begin{cases}\text{LG-1} \rightarrow \otimes\ (P, r)\\ \text{LG-1} \rightarrow \otimes\ (C, m + r)\end{cases}$$

1º) Efetue a operação gráfica: $m + r$.

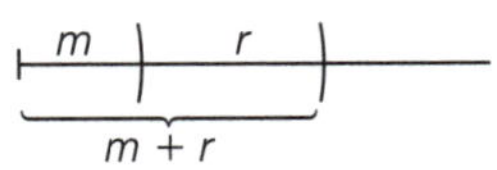

2º) Trace os dois LG-1 e determine os centros O_1 e O_2.

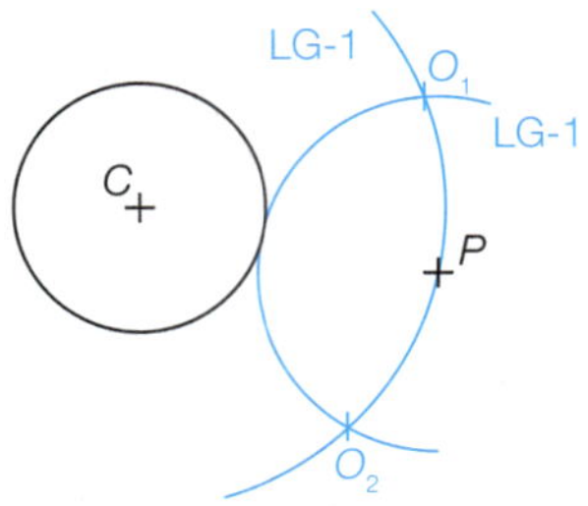

3º) Construa as circunferências com centros em O_1 e O_2. Em seguida, determine os pontos de tangência traçando CO_1 e CO_2.

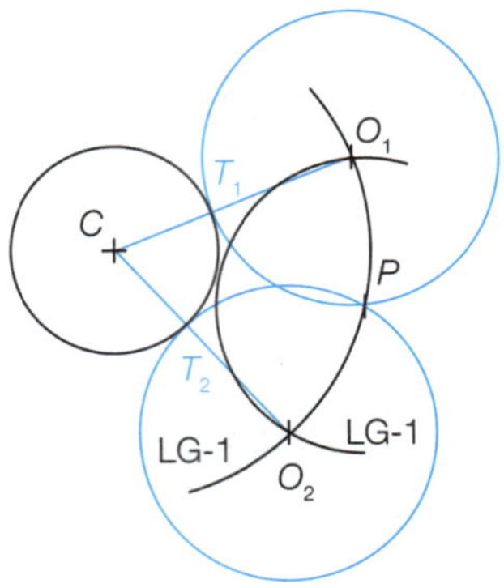

Para você construir:

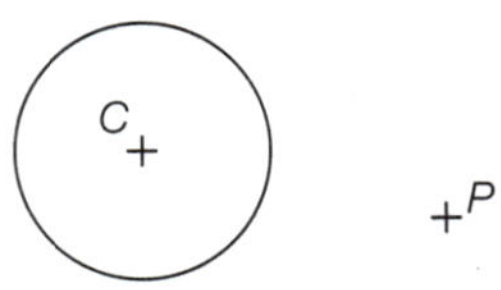

Construção de uma circunferência (O, r) tangente interna a uma circunferência (C, m) dada, conhecendo-se a medida r do raio, e tal que o centro O seja equidistante dos pontos A e C

- **Dados:** ⊗ (C, m), A
- **Construir:** ⊗ (O, r) tg ⊗ (C, m)

Passos da construção:

Esboço

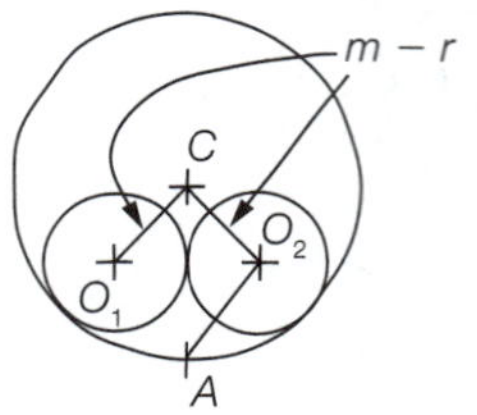

Roteiro

Determinar o ponto O tal que O seja a interseção de LG-1 → ⊗ (C, $m - r$) com a mediatriz do segmento CA.

$$O\begin{cases}\text{LG-3} \rightarrow \text{mtz}\,(\overline{CA})\\ \text{LG-1} \rightarrow \otimes\,(C, m-r)\end{cases}$$

1º) Efetue a operação gráfica: $m - r$.

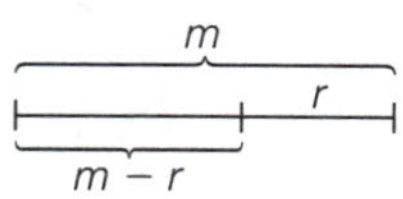

2º) Trace o LG-1 e o LG-3 e determine os centros O_1 e O_2.

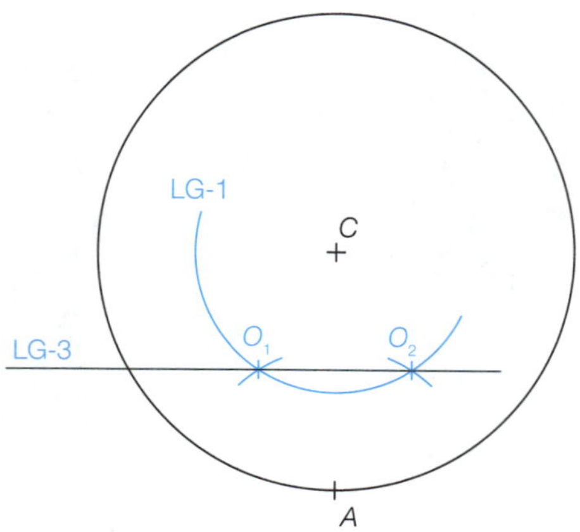

3º) Construa as circunferências de centros O_1 e O_2. Determine os pontos de tangência traçando $\overline{CO_1}$ e $\overline{CO_2}$.

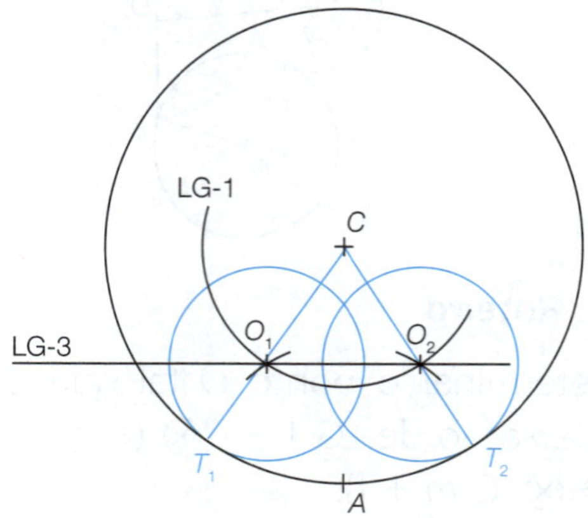

Para você construir:

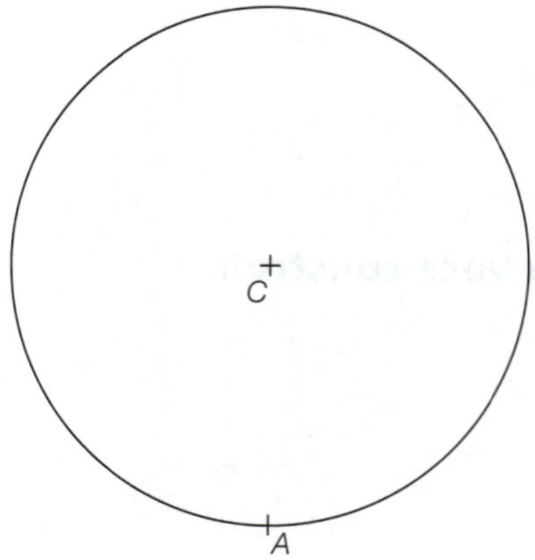

Você em ação

1 Construa uma circunferência (*O*, *r*) de modo que as duas circunferências dadas sejam tangentes internas a ela.

Esboço

Construção

Roteiro

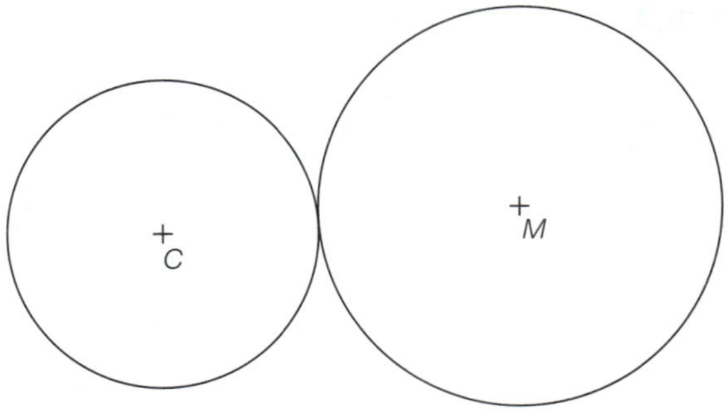

2 Construa uma circunferência (*O*, *r*) tangente à circunferência (*C*, *m*) dada, conhecendo o ponto *T* de tangência e a medida *r* do raio.

Esboço

Construção

Roteiro

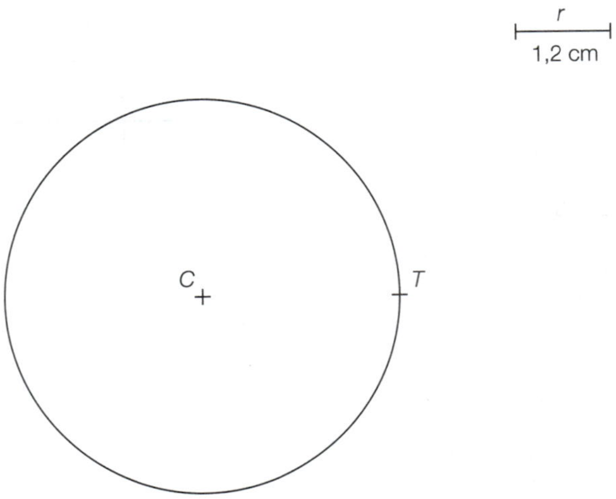

3 Construa uma circunferência (O, r) tangente externa à circunferência (C, m) dada, sabendo que o centro O é equidistante das retas a e b dadas e que $r = 12$ mm.

Esboço

Construção

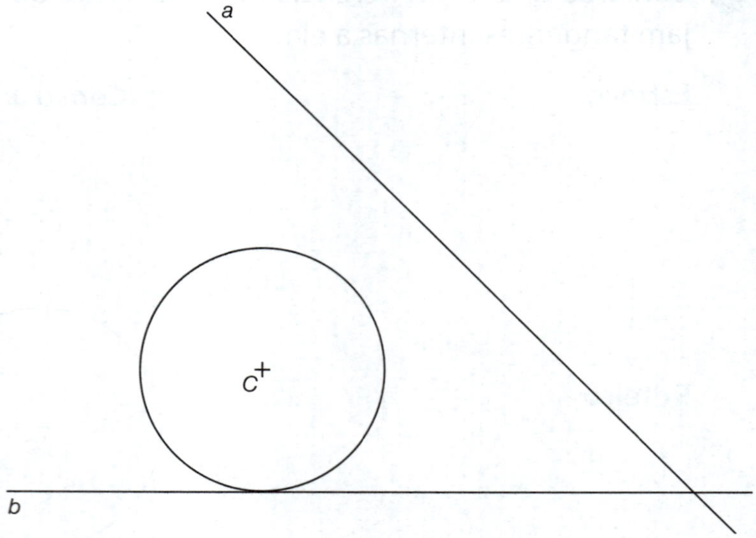

Roteiro

4 Construa uma circunferência (O, r) tangente à circunferência (C, m) dada, tal que $O \in x$, $P \in \otimes$ (O, r).

Esboço

Construção

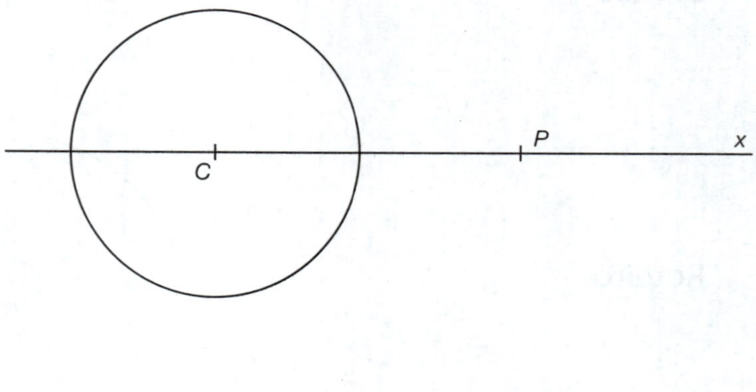

Roteiro

5 Construa uma circunferência (O, r) tangente interna à circunferência (C, m), de modo que a reta t seja tangente comum às duas circunferências e que a diferença entre as medidas dos seus raios seja de 10 mm.

Esboço

Construção

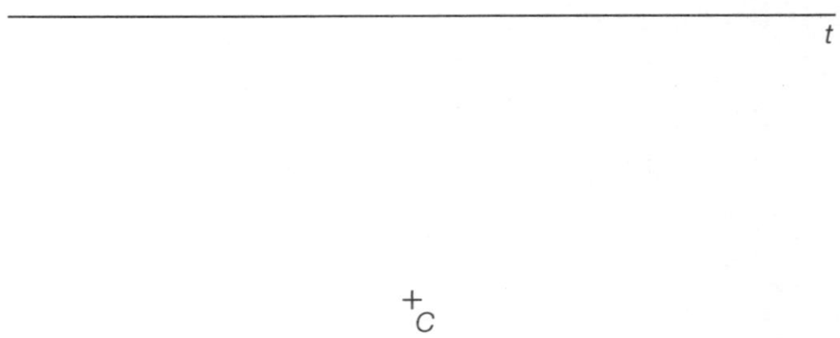

Roteiro

6 A circunferência (O, r) é tangente externa à circunferência (C, m) dada, e $\overline{AB}$ é uma de suas cordas. Construa a circunferência (O, r).

Esboço

Construção

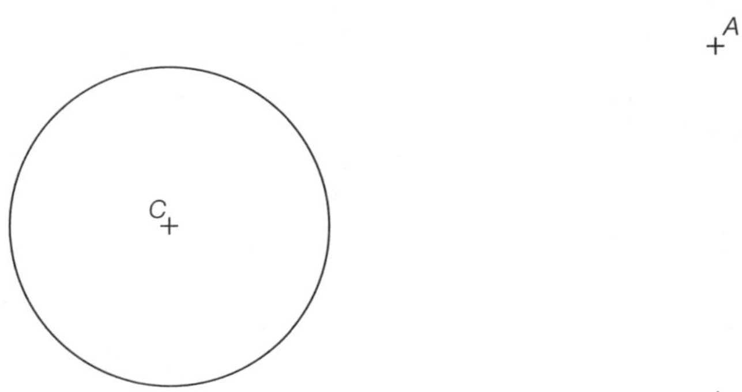

Roteiro

7. Construa uma circunferência (O, r) tangente externa à circunferência (C, m) e à reta t, sendo 25 mm a medida r do raio.

Esboço

Roteiro

Construção

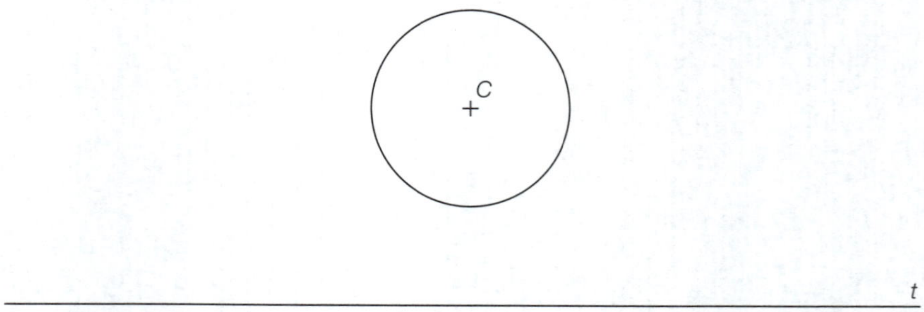

8. Construa uma circunferência (O, r) tangente à reta t e à circunferência (C, m) dadas, conhecendo a medida do raio ($r = 29$ mm).

Esboço

Roteiro

Construção

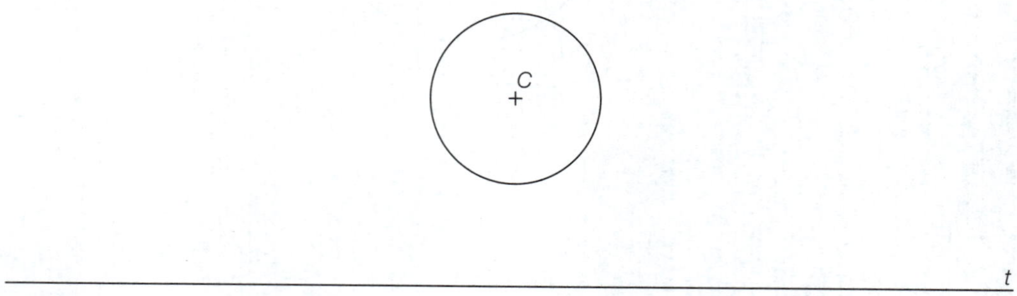

9 Construa uma circunferência (*O*, *r*) tangente às circunferências (*C*, *m*) e (*C'*, *m'*) dadas, tal que a medida *r* do raio seja igual a 3,5 cm.

Esboço

Roteiro

Construção

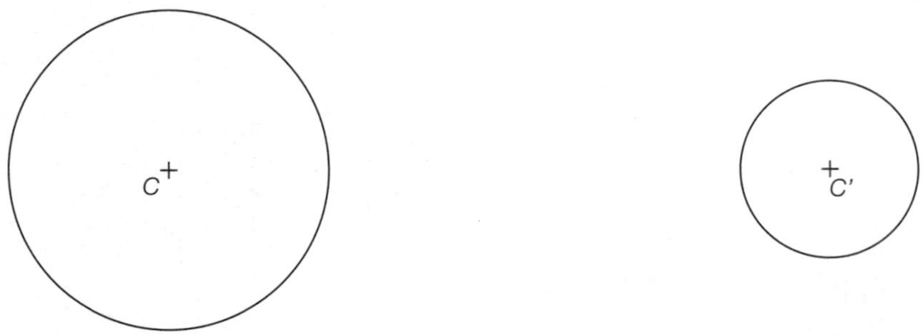

Olhando ao redor

1 **Conhecidos como *crop circles*, os desenhos que vemos na fotografia desta página aparecem nos campos de cultivo em diversas partes do mundo. Algumas dessas formas não têm autoria conhecida, e há quem acredite tratar-se de uma realização de extraterrestres.**

E você, o que pensa a respeito disso? Veja na imagem um intrigante desenho com círculos.

Thinkstock/Getty Images

Vista aérea de um campo de cereais com *crop circle*. Na Inglaterra, desenhos como este são muito frequentes no verão.

Pesquise na internet mais desenhos de *crop circles* e, inspirado neles, crie um desenho em que haja relação de tangência.

Desenhe aqui.

2 Observe as fotos a seguir e indique quais apresentam relação de tangência, destacando as linhas tangentes. Busque nas construções do capítulo os casos que podem ser associados a essas situações.

Viagens e Caminhos/Shutterstock

Ponte do rio das Antas, Rio Grande do Sul, Brasil.

Aleksandr Dyskin/Shutterstock

Ponte da Arrábida, Porto, Portugal.

Holger Weitzel/imageBROKER/Fotoarena

Autoestrada no município de Feuchtulagen, Bavária, Alemanha.

praditkhorn somboonsa/Shutterstock

Tubos.

3 **Observe a foto ao lado.**

Considerando que a legenda da fotografia é: "Bem posicionado e colocando a moto na posição para tangenciar a próxima curva", explique por que o motociclista tangencia a curva em vez de seguir paralelamente a ela.

Jerome Prevost/Corbis/Getty Images

4 **A capa de um CD é um excelente meio para divulgá-lo. É fundamental que ela seja funcional e atraente. A forma da capa é quase sempre um quadrado, cujos lados tangenciam o CD.**

Dada a circunferência que representa um CD, construa o contorno de sua capa.

Thinkstock/Getty Images

Construção

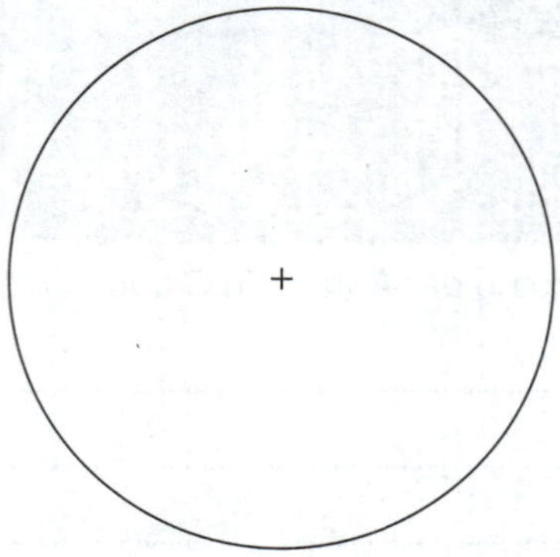

Roteiro

Se você fosse lançar um CD, qual seria sua participação? Que nome você daria a ele? Como gostaria que fosse a capa? Libere sua criatividade e use a ilustração abaixo para criar a capa do seu CD.

Thinkstock/Getty Images

5 **Observando o desenho desta bicicleta, notamos que a corrente tangencia a engrenagem do pedal e o pinhão da roda traseira.**

Jupiter Unlimited/Other Images

Analisando o esquema abaixo, podemos perceber que a corrente descreve uma figura limitada por dois segmentos de reta e partes de duas circunferências tangentes a eles.

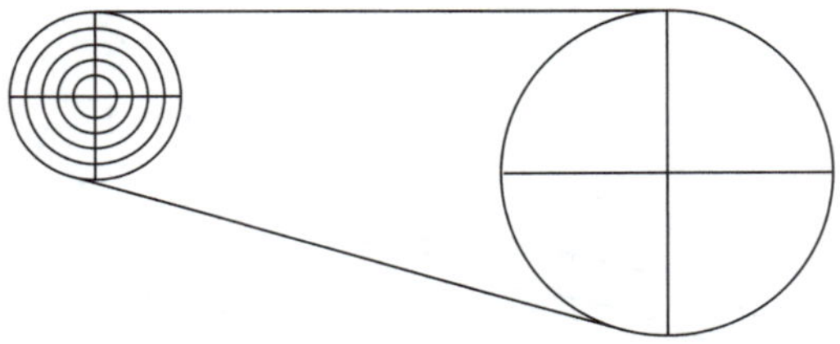

Dadas as circunferências que representam o pinhão e a engrenagem do pedal, respectivamente, construa o esquema que representa a corrente.

Roteiro

Construção

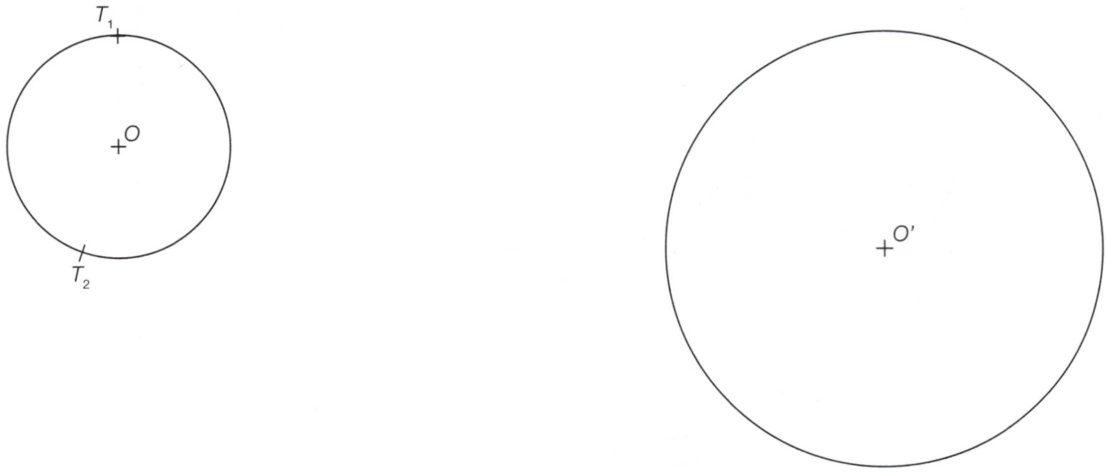

6 Um rolamento é constituído de dois anéis de aço concêntricos, tendo entre eles uma coroa de esferas também de aço. Esse mecanismo é chamado de **rolamento de esferas**, cuja estrutura podemos observar na figura à direita.

Thinkstock/Getty Images

No *skate*, nos patins e nos carrinhos de rolimã, as rodas são rolamentos de esferas que se tangenciam ao girar.

Desenhe um rolamento de esferas visto de frente, do qual são dadas as circunferências concêntricas que representam os anéis e sabendo que as esferas tangentes têm raios de medida 11 mm.

Thinkstock/Getty Images

Roteiro

Construção

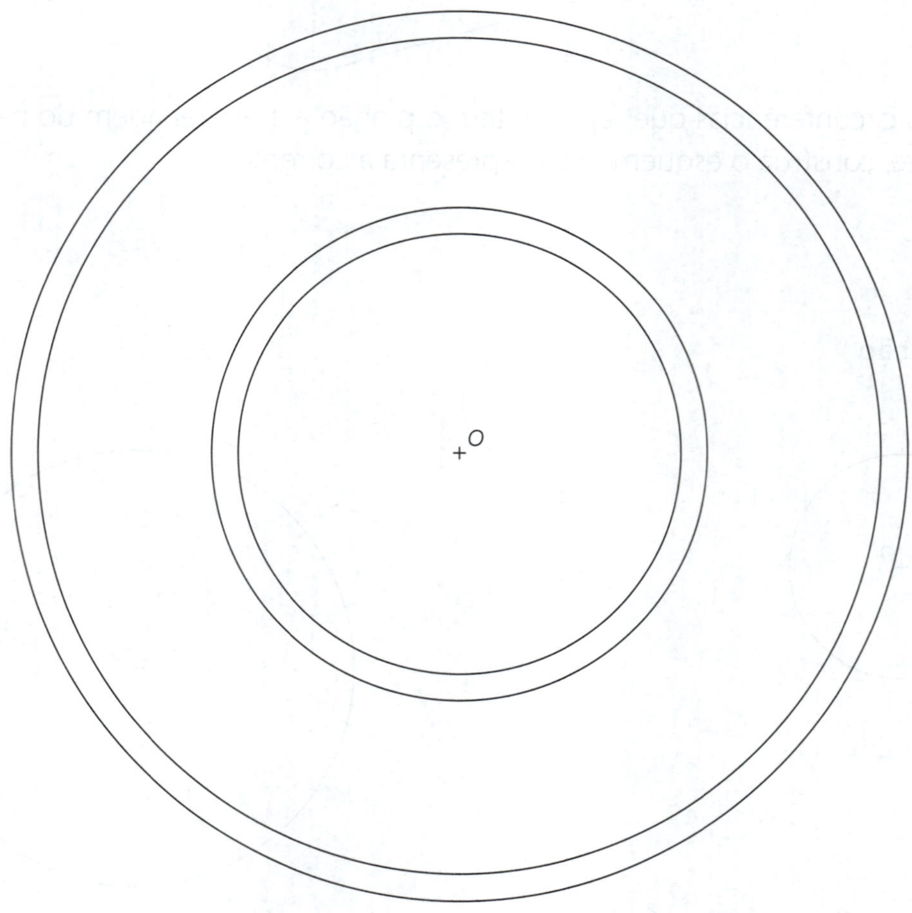

CAPÍTULO

3

Concordância

Na mesquita Nasir Al-Mulk, além dos belos vitrais, podemos notar a utilização de linhas concordantes em sua estrutura, o que proporciona a sensação de paz e harmonia.

Na arquitetura é possível observar muitas aplicações de linhas concordantes. Mas o que é concordância de linhas?

Neste capítulo, você vai descobrir.

Marcin Szymczak/Shutterstock

Mesquita Nasir Al-Mulk (Mesquita Rosa), Shiraz, Irã.

Compreendendo ideias

Concordância

Estabelecer concordância em um desenho é unir duas linhas de modo que entre elas não sejam formados ângulos. Assim, a passagem de uma linha para outra se dá harmoniosamente. Observe como isso ocorre no curso de um rio.

Thinkstock/Getty Images

Entretanto, dizemos que há discrepância onde não existe concordância, ou seja, ao mudar de direção, a linha forma um ângulo com a linha anterior. Veja como isso ocorre no traçado de um raio.

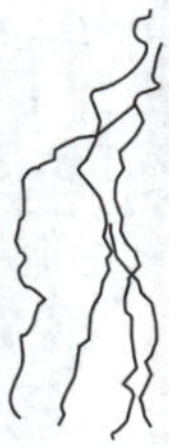

Thinkstock/Getty Images

Tangência e concordância

Os traçados em concordância têm origem nas construções de retas e circunferências tangentes. Observe os exemplos a seguir.

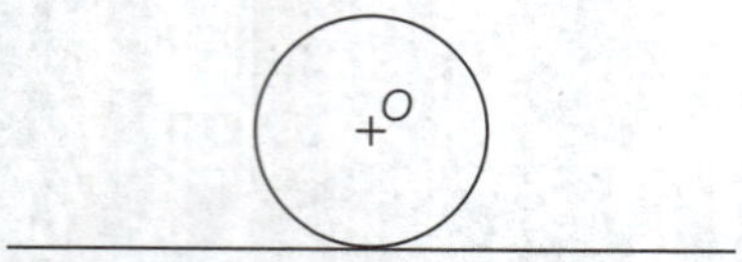

Tangência entre circunferência e reta.

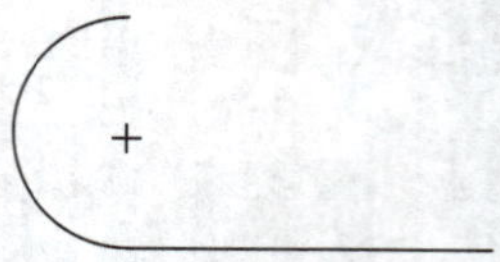

Concordância entre arco e semirreta.

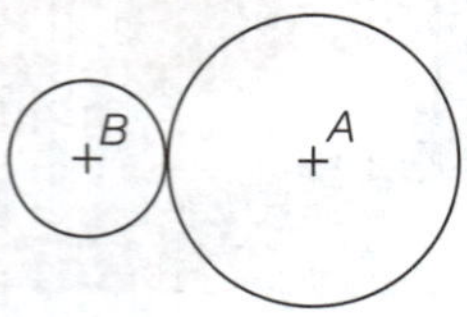

Tangência entre circunferências.

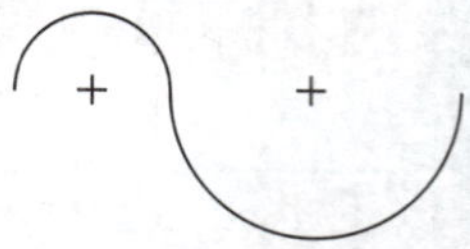

Concordância entre arcos.

Por esse motivo, valem para a concordância todas as propriedades da tangência.

Construindo imagens

Construção de um arco em concordância com uma semirreta, sendo conhecidos o ponto de concordância, a semirreta e a medida do raio

- **Dados:** $r = 15$ mm

- **Construir:** $\overset{\frown}{AB}$ com raio de medida r

Passos da construção:

1º) Com o auxílio do par de esquadros, trace a perpendicular por A (n). Construa o LG-1 e determine O tal que:

$$O\begin{cases} n \text{ (normal)} \\ \text{LG-1} \rightarrow \otimes\ (A, 15 \text{ mm}) \end{cases}$$

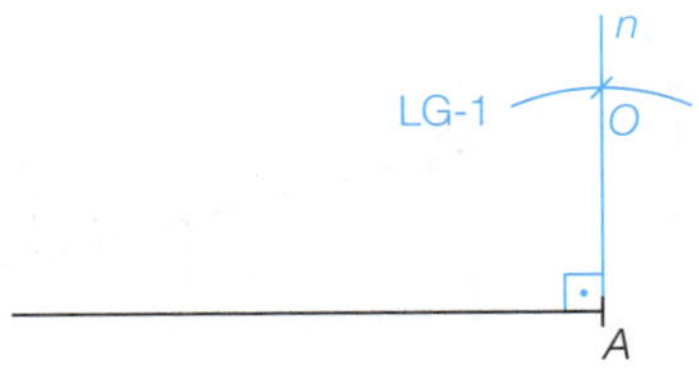

2º) Trace $\overset{\frown}{AB}$ de centro O.

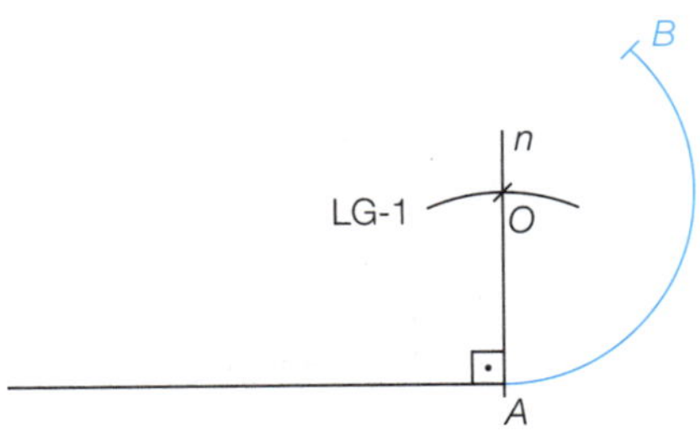

3º) Trace $\overset{\frown}{AB'}$, a outra solução, com centro em O'. Note que $\overset{\frown}{AB'}$ está no sentido horário e que $\overset{\frown}{AB}$ está no sentido anti-horário.

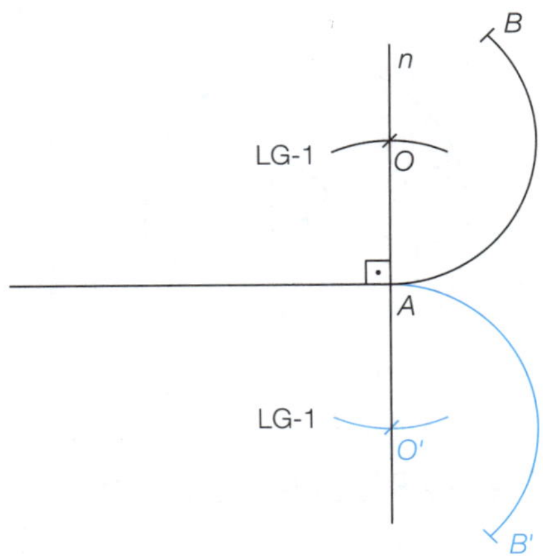

Para você construir:

Construção de um arco concordante com um arco dado, sendo conhecidos o ponto de concordância e a medida do raio

- **Dados:** $r = 1$ cm; ponto de concordância A
- **Construir:** $\overset{\frown}{AB}$ com raio de medida r

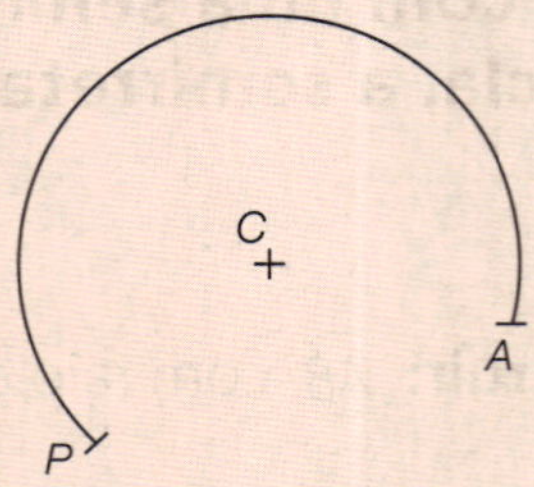

Passos da construção:

1º) Trace $\overleftrightarrow{CA}$ e construa o LG-1. Determine O tal que: $O\begin{cases}\overleftrightarrow{CA} \\ \text{LG-1} \rightarrow \otimes(A, 1\text{ cm})\end{cases}$

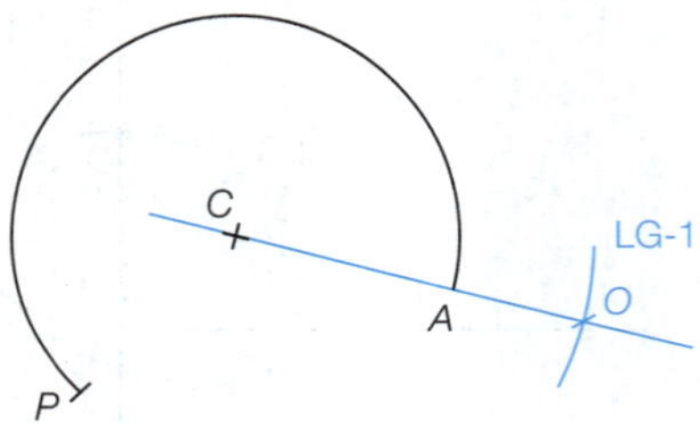

2º) Trace $\overset{\frown}{AB}$ de centro em O.

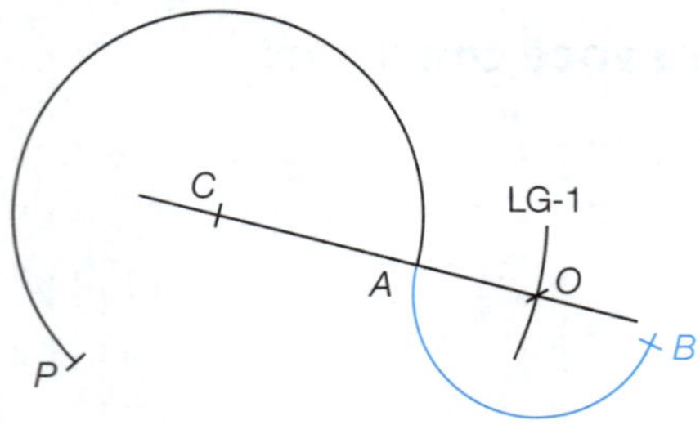

3º) Trace a solução $\overset{\frown}{AB'}$ com centro em O'. Note que $\overset{\frown}{AB'}$ é um arco de sentido horário e que $\overset{\frown}{AB}$ é um arco de sentido anti-horário.

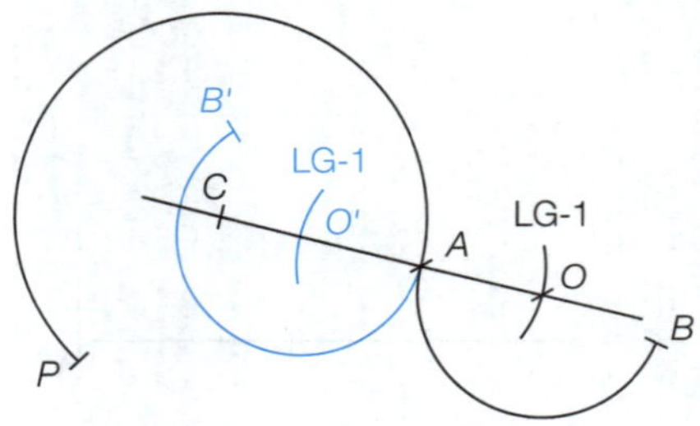

Para você construir:

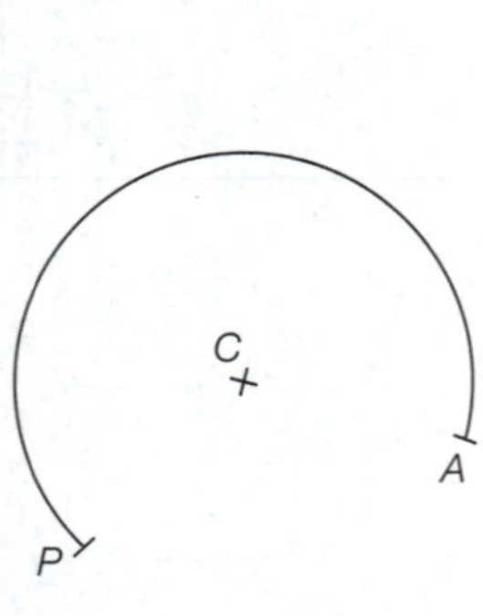

Construção da concordância entre duas semirretas não colineares e de sentidos opostos por meio de dois arcos, conhecendo-se a medida do raio de um desses arcos

• **Dados:** $r = 1,5$ mm

• **Construir:** $\overset{\frown}{AC}$ e $\overset{\frown}{CB}$

Passos da construção:

1º) Trace $\overline{AB}$ e confirme que $\overline{AB} \perp \vec{A}$ e $\overline{AB} \perp \vec{B}$. Construa o LG-1 e determine O_1 tal que: $O_1 \begin{cases} \overline{AB} \\ \text{LG-1} \rightarrow \otimes\ (B,\ 1,5\ \text{cm}) \end{cases}$

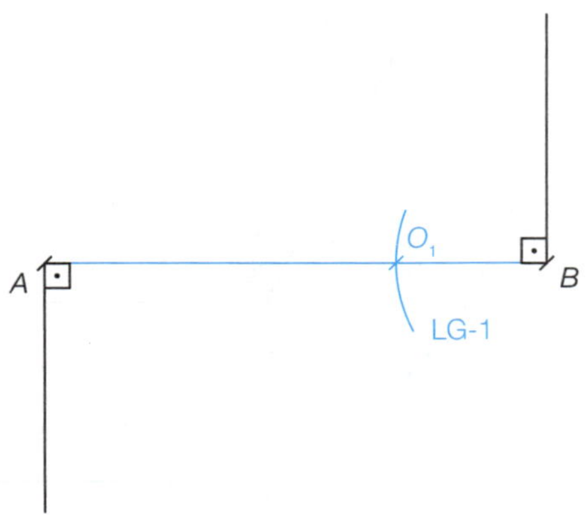

2º) Desenhe o arco $\overset{\frown}{BC}$. O ponto C deve estar em $\overline{AB}$, pois C é o ponto de concordância entre os dois arcos.

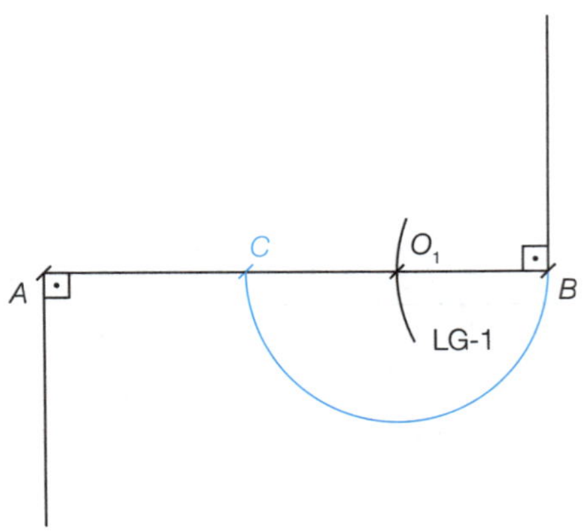

3º) Construa o LG-3 para determinar O_2, pois: $O_2 \begin{cases} \overline{AB} \\ \text{LG-3} \rightarrow \otimes\ \text{mtz}\ (\overline{AC}) \end{cases}$

Desenhe o arco $\overset{\frown}{AC}$.

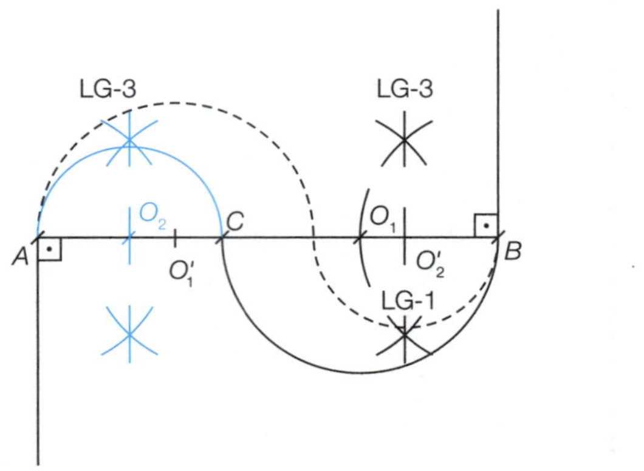

Nota: Há outra solução, apresentada em linha tracejada.

Para você construir:

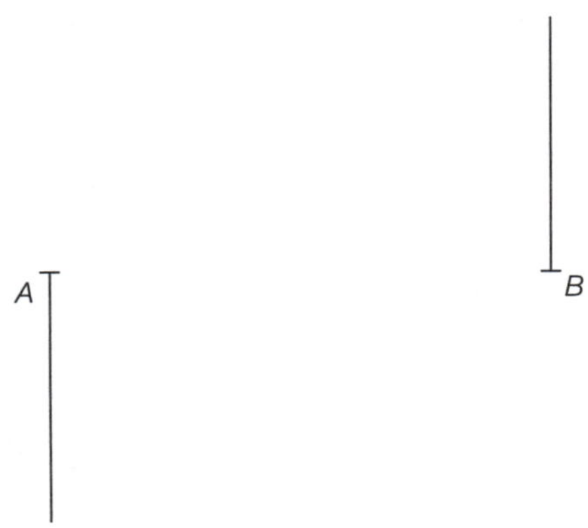

Construção de um arco em concordância com duas retas dadas conhecendo-se a medida do raio

- **Dados:** $r = 18$ mm

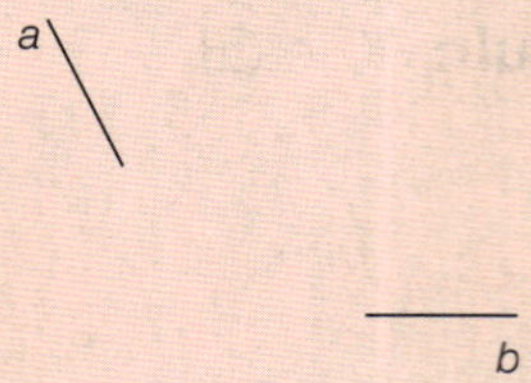

- **Construir:** $\overset{\frown}{DE}$ com raio de medida r

Passos da construção:

1º) Construa os dois LG-2 e determine o centro O tal que $O\begin{cases} \text{LG-2} \rightarrow /\!/ (a, 18 \text{ mm}) \\ \text{LG-2} \rightarrow /\!/ (b, 18 \text{ mm}) \end{cases}$

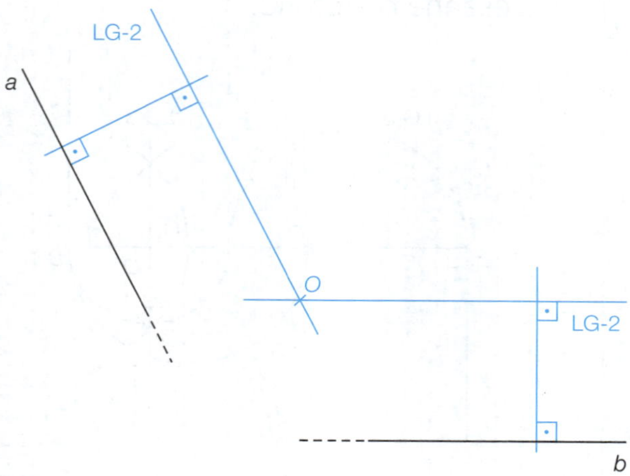

2º) Prolongue as retas e construa os raios $\overline{OD}$ e $\overline{OE}$, $\overline{OD} \perp a$ e $\overline{OE} \perp b$.

Desenhe o arco $\overset{\frown}{DE}$.

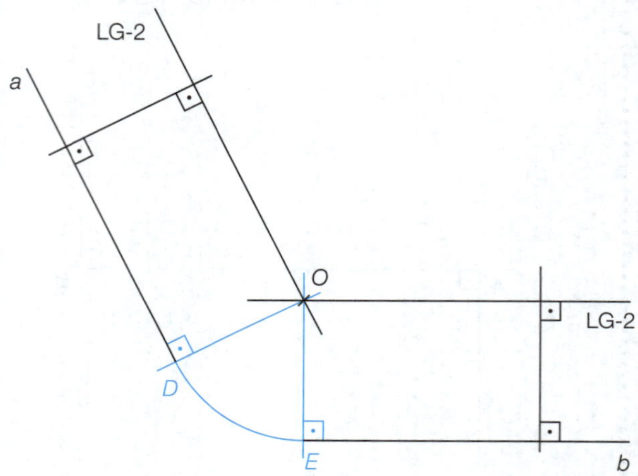

Para você construir:

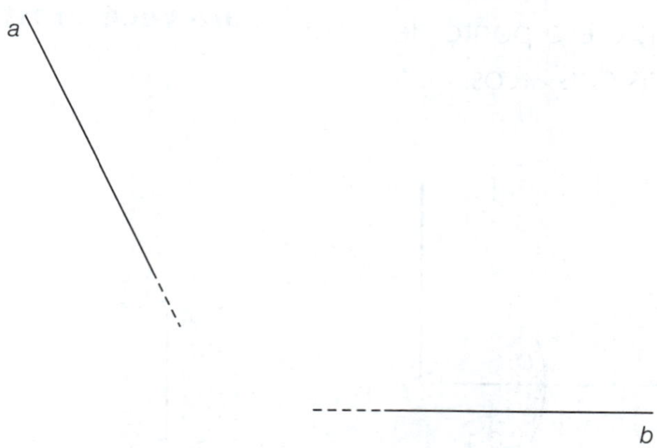

Construção da concordância entre duas semirretas não paralelas por meio de dois arcos

• **Dados:**

• **Construir:** $\overset{\frown}{PM}$ e $\overset{\frown}{MT}$

Passos da construção:

1º) Construa as normais n e n' por P e T e determine o centro O_1 tal que $O_1 \begin{cases} n \\ n' \end{cases}$

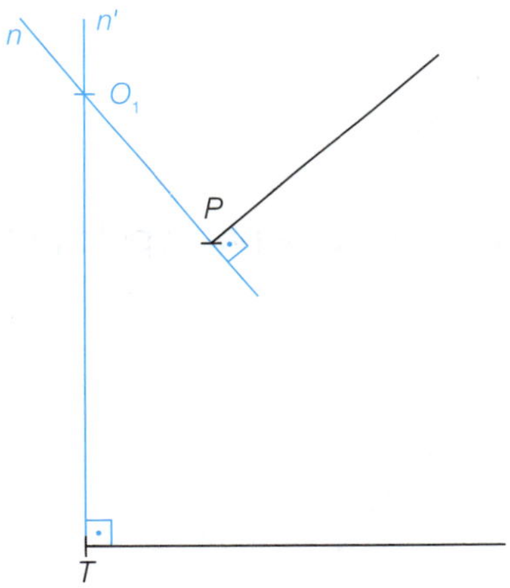

2º) Trace $\overset{\frown}{MP}$ de centro O_1 e com raio O_1P. O ponto M está em $\overline{O_1T}$.

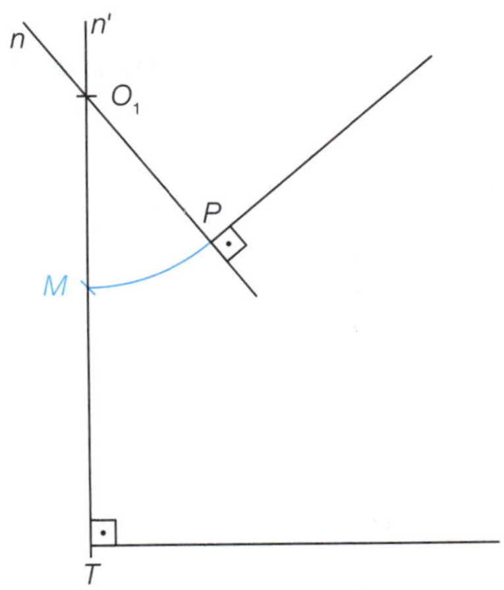

3º) Construa o LG-3. Determine o centro O_2 do arco $\overset{\frown}{MT}$ e trace-o de modo que $O_2 \begin{cases} n' \\ \text{LG-3} \rightarrow \text{mtz}\,(\overline{MT}) \end{cases}$

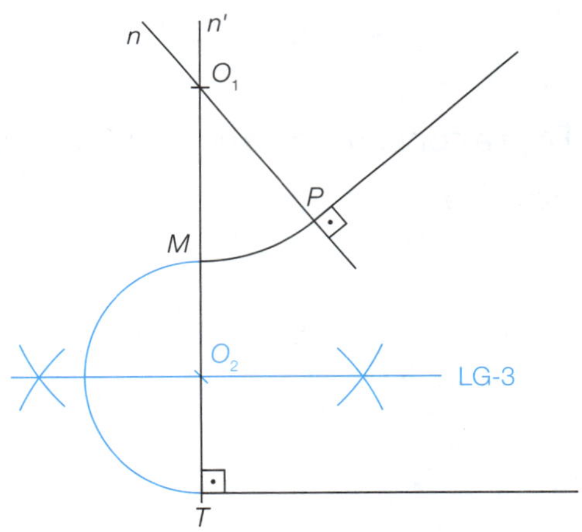

Para você construir:

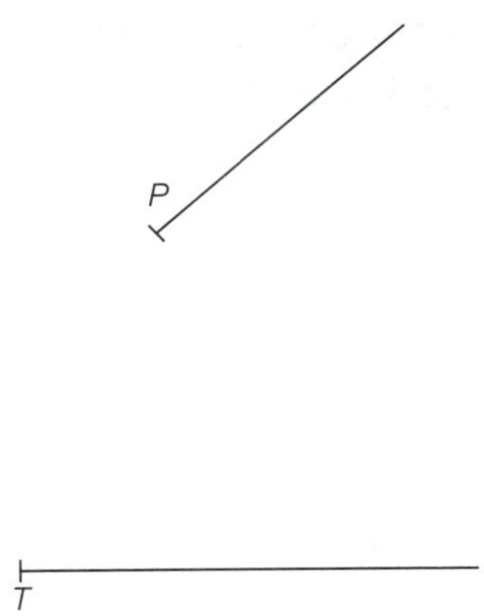

Você em ação

1 Construa um arco $\widehat{BP}$ com raio $r = 1{,}5$ cm, que seja concordante com o arco $\widehat{AB}$ dado.

a) $\widehat{BP}$ tem o mesmo sentido que $\widehat{AB}$.

Roteiro

Construção

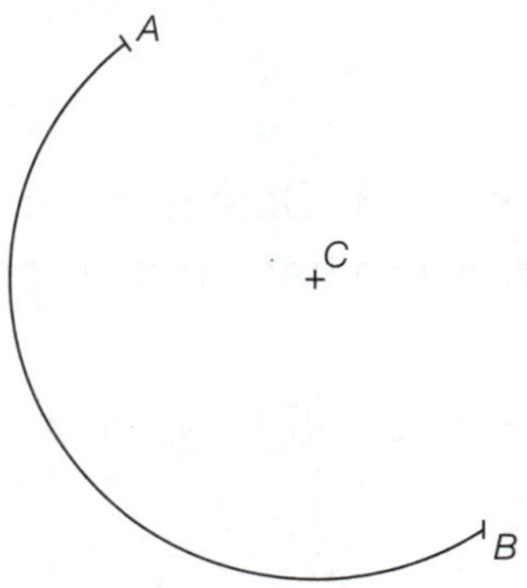

b) $\widehat{BP}$ tem sentido contrário ao sentido de $\widehat{AB}$.

Roteiro

Construção

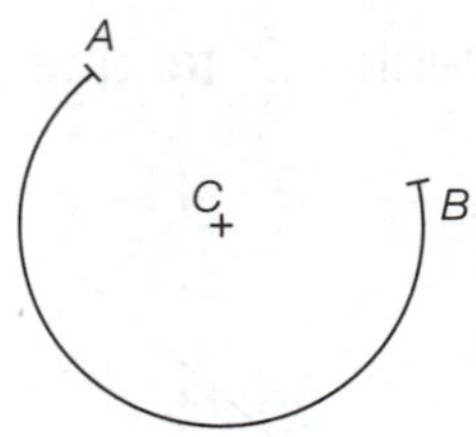

2 Faça a concordância entre $\overline{AC}$ e uma semicircunferência *CP* que passa pelo ponto *K* dado.

Roteiro

Construção

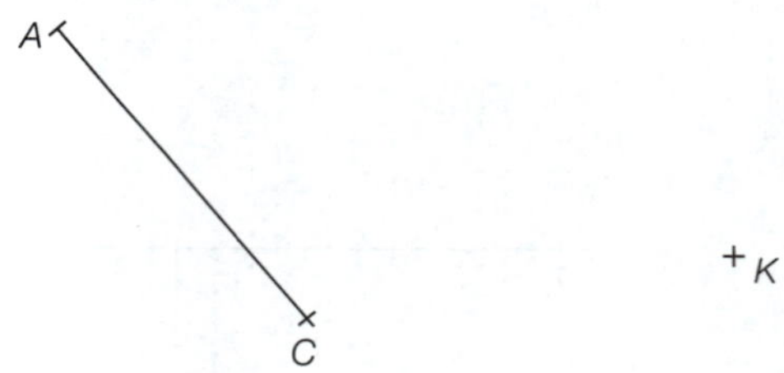

3 Faça a concordância entre as retas paralelas *m* e *s* e um arco, sendo *P* o ponto de concordância.

Roteiro

Construção

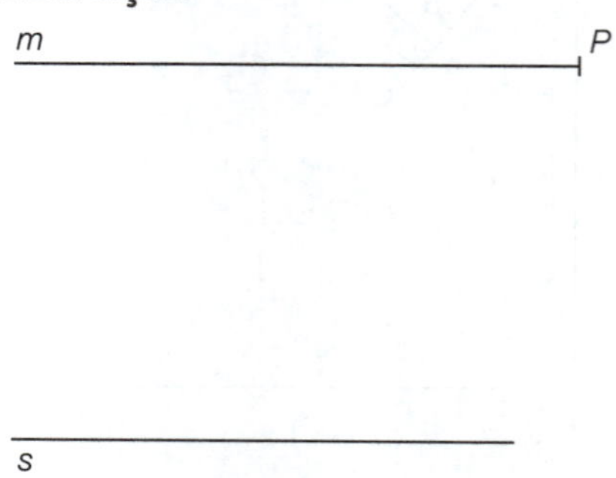

4. São dadas duas semirretas não colineares e paralelas. Faça a concordância entre elas por meio de dois arcos congruentes, conhecendo os pontos de concordância *R* e *S* dos arcos com as semirretas.

Roteiro **Construção**

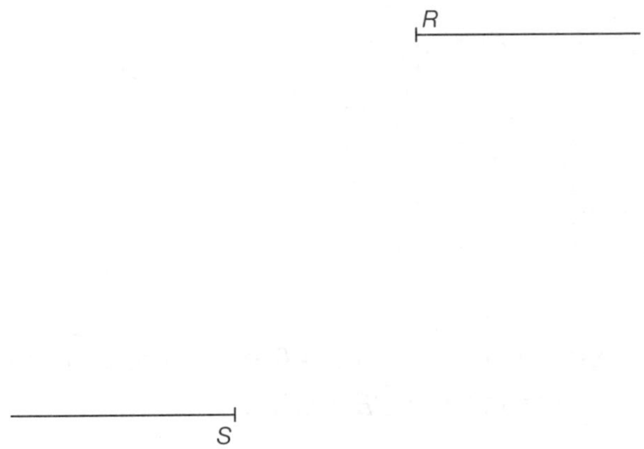

5. Trace dois arcos concordantes entre si em *P* e que sejam concordantes com duas semirretas dadas, nos pontos *Q* e *M*.

Roteiro **Construção**

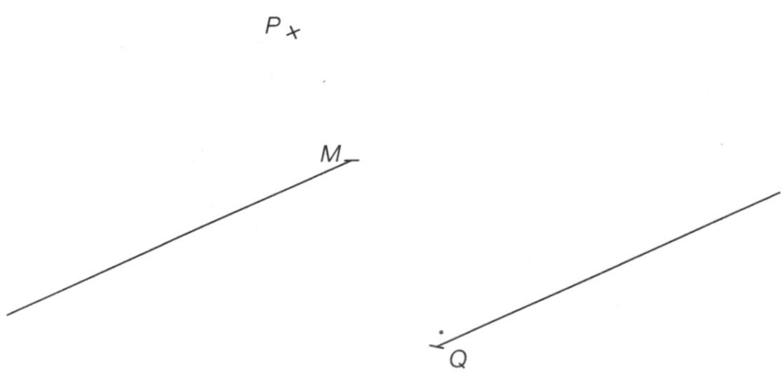

6. Concorde as duas semirretas dadas por meio de dois arcos, sendo *R* e *S* os pontos de concordância.

Roteiro **Construção**

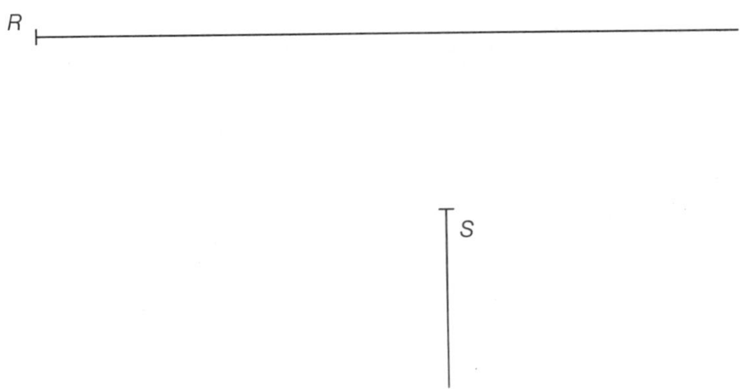

7 Concorde dois arcos dados por meio de um terceiro arco $\overset{\frown}{DE}$, de sentido oposto, com raio de medida $r = 20$ mm.

Roteiro **Construção**

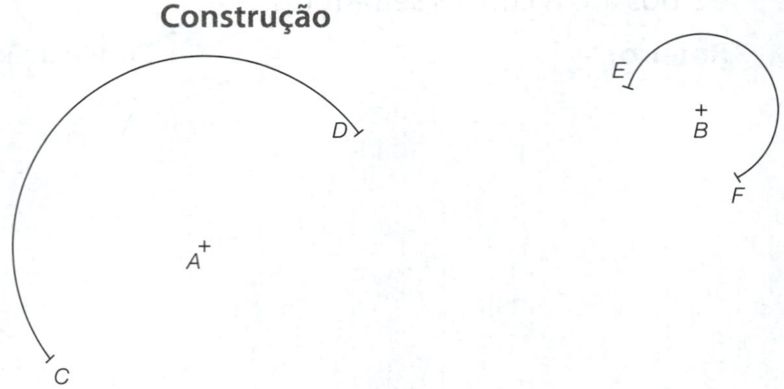

8 Desenhe um arco $\overset{\frown}{AB}$ e um arco $\overset{\frown}{CD}$ que estabeleçam a concordância entre os segmentos $\overline{CA}$ e $\overline{DB}$ dados.

Roteiro **Construção**

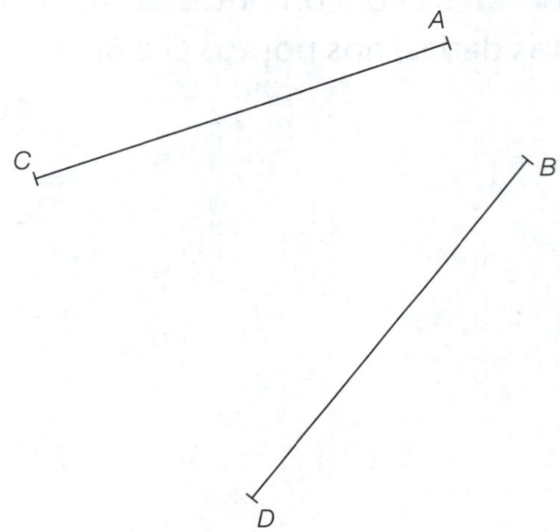

9 Desenhe um arco que passe pelos pontos G e H e outro que o ligue ao ponto F da reta x, de modo que haja concordância entre os arcos e a reta.

Roteiro **Construção**

Compreendendo ideias

Aplicando a concordância

As construções de concordâncias possibilitam o desenho de diferentes combinações de linhas, como as espirais, as ovais e os arcos arquitetônicos.

Espiral

De olho na mídia

Foto mostra uma das mais perfeitas galáxias espirais

Em 2011, o telescópio espacial Hubble fotografou a galáxia espiral M74, também conhecida como Messier 74 ou NGC 628. As imagens foram divulgadas pela Nasa.

As regiões azuis concentram estrelas jovens que ainda se encontram em formação. A parte rosa é de hidrogênio ionizado.

Fonte de pesquisa: <http://www1.folha.uol.com.br/ciencia/1023443-foto-mostra-uma-das-mais-perfeitas-galaxias-espirais.shtml>. Acesso em: 24 abr. 2019.

Hubble Heritage/NASA

A espiral é uma curva plana e aberta, formada por arcos concordantes de mesmo sentido, e que se desenvolve em torno de seus centros.

O desenvolvimento de uma espiral pode ser **constante**, isto é, a distância entre uma volta e outra é sempre a mesma, ou **progressivo**, isto é, a distância aumenta à medida que a espiral avança.

Andrey Rudometov/Shutterstock

Espiral de Arquimedes (desenvolvimento constante).

arka38/Shutterstock

Espiral logarítmica (desenvolvimento progressivo).

Uma espiral pode se desenvolver no sentido horário ou no sentido anti-horário.

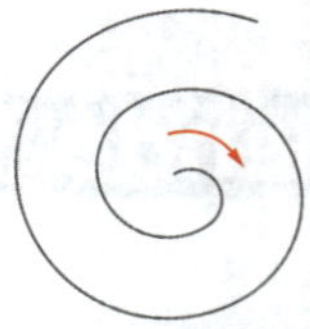
Espiral horária.

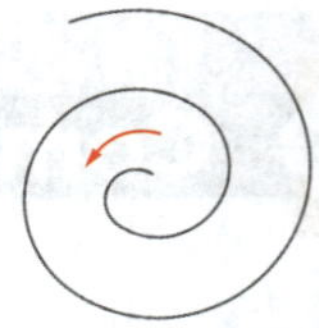
Espiral anti-horária.

Oval

A oval é uma curva plana e fechada, formada por quatro arcos concordantes. Ela pode ser regular ou irregular.

As ovais são figuras simétricas.

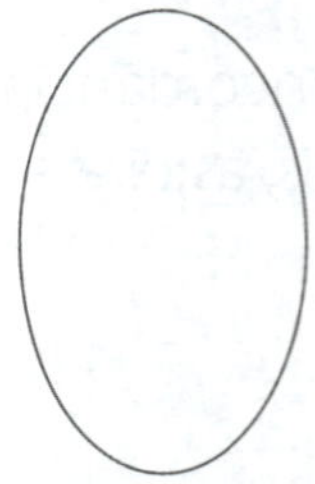
Oval regular.

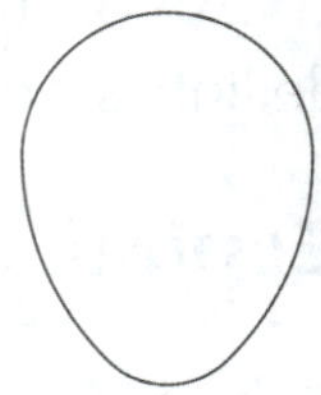
Oval irregular.

Arco arquitetônico

São chamadas de **arcos arquitetônicos** as linhas que limitam as aberturas de portas e janelas e que ligam colunas e pilastras, bem como as linhas que definem a forma de abóbadas e torres, conferindo estilo às edificações. Observe os exemplos a seguir.

Igreja da Pampulha, Belo Horizonte (MG).

Arcos da Lapa, Rio de Janeiro (RJ).

Taj Mahal, Agra, Índia.

Detalhes das janelas da prefeitura de Viena, Áustria.

Palácio de San Andrés, Sevilha, Espanha.

Igreja Ortodoxa Russa, Bucareste, Romênia.

Um arco arquitetônico possui dois elementos:

- o **vão** (ou abertura): distância entre os suportes;
- a **flecha**: altura pelo ponto médio do vão.

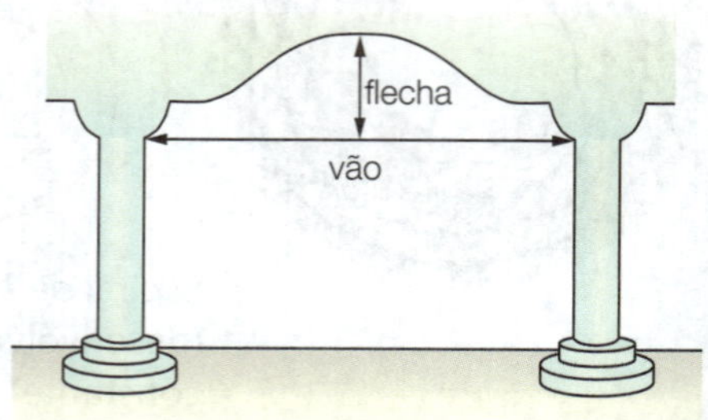

Construindo imagens

Construção de uma espiral com dois centros

• **Dados:** + + O_2 O_1 • **Construir:** espiral com centros O_1 e O_2

Passos da construção:

1º) Trace as semirretas $\overrightarrow{O_1O_2}$ e $\overrightarrow{O_2O_1}$.

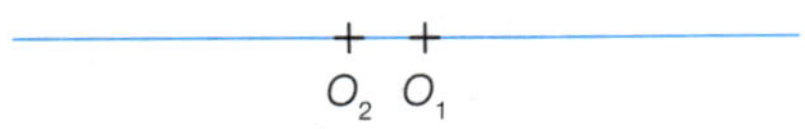

2º) Desenhe uma semicircunferência *AB* com centro O_1 e raio qualquer. *B* é o ponto de concordância.

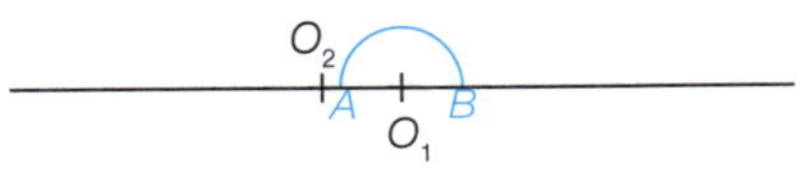

3º) Desenhe o arco $\overset{\frown}{BC}$ com centro em O_2; o arco $\overset{\frown}{CD}$ com centro em O_1; o arco $\overset{\frown}{DE}$ com centro em O_2, e assim por diante.

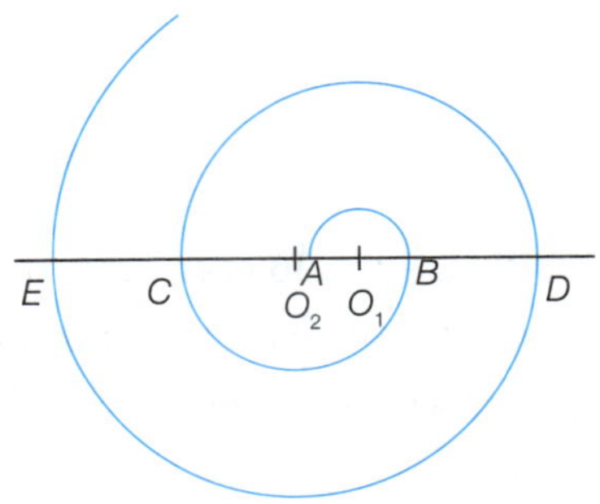

Para você construir:

+ +
O_2 O_1

Construção de uma espiral com três centros

• **Dados:**

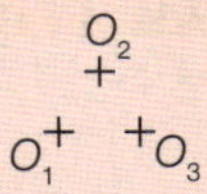

• **Construir:** espiral com centros O_1, O_2 e O_3

Passos da construção:

1º) Trace as semirretas $\overrightarrow{O_1O_3}$, $\overrightarrow{O_3O_2}$ e $\overrightarrow{O_2O_1}$.

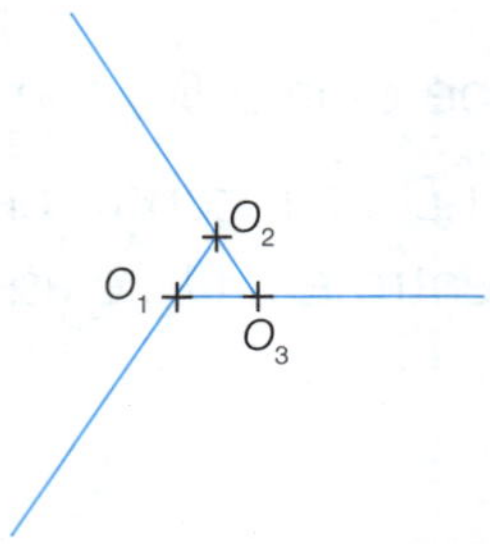

2º) Desenhe o arco $\overset{\frown}{AB}$ com centro em O_1. Note que o arco tem extremidades nos lados do ângulo cujo vértice é o centro do arco.

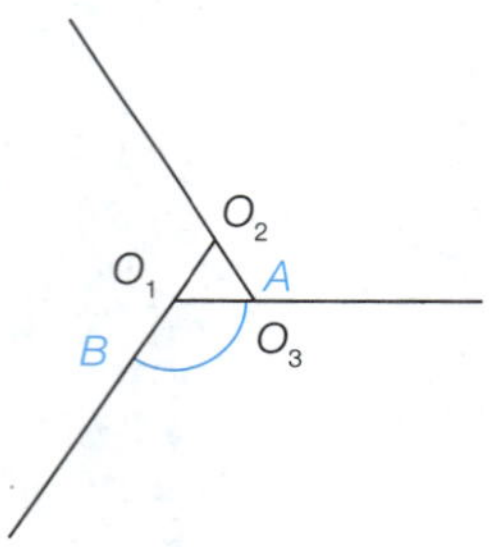

3º) Desenhe o arco $\overset{\frown}{BC}$ de centro O_2, o arco $\overset{\frown}{CD}$ de centro O_3, o arco $\overset{\frown}{DE}$ de centro O_1, e assim por diante.

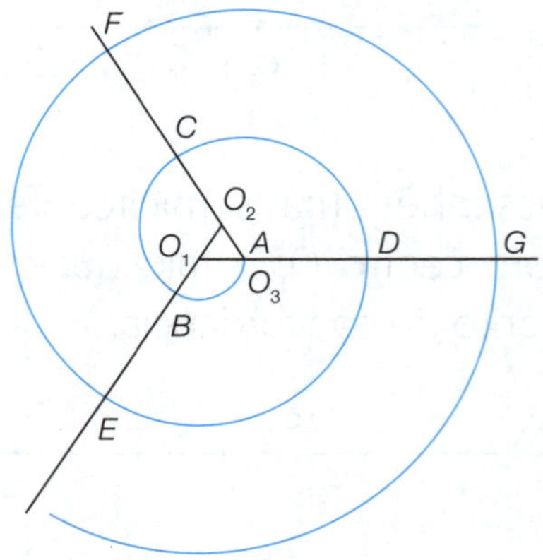

Para você construir:

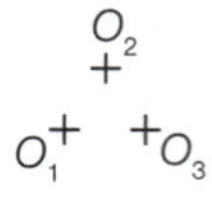

Construção de uma oval irregular conhecendo-se o eixo menor

• **Dado:** A ⊢——————⊣ B • **Construir:** oval irregular de eixo $\overline{AB}$

Passos da construção:

1º) Construa a mediatriz (*m*) de $\overline{AB}$ e determine *M*, ponto médio de $\overline{AB}$.

Trace a ⊗ (*M*, *MA*).

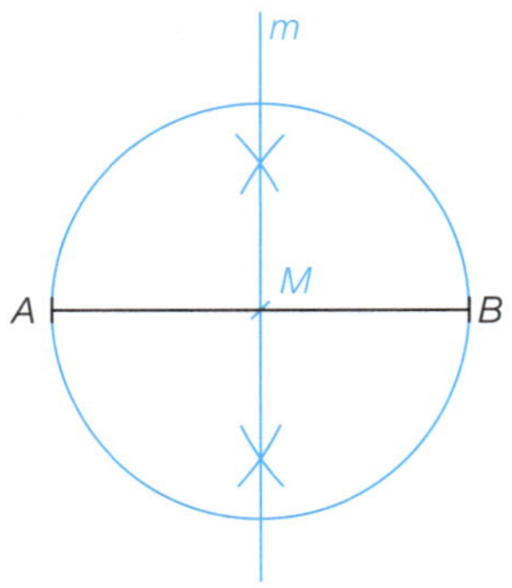

2º) Determine o ponto *C* na interseção da circunferência com a mediatriz.

Trace $\overrightarrow{AC}$ e $\overrightarrow{BC}$.

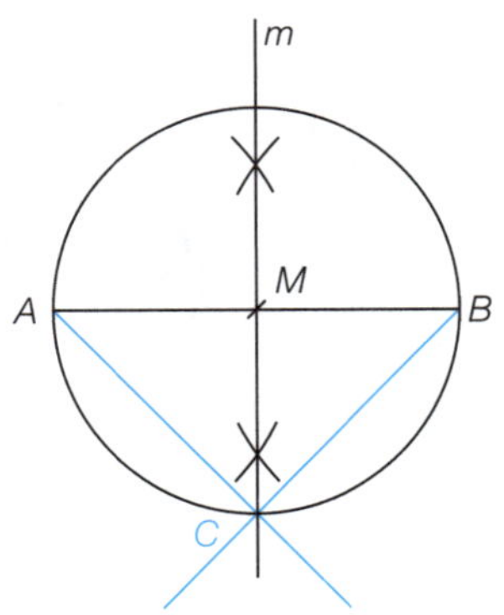

3º) Desenhe o arco $\overset{\frown}{BD}$ com centro em *A* e o arco $\overset{\frown}{AE}$ com centro em *B*.

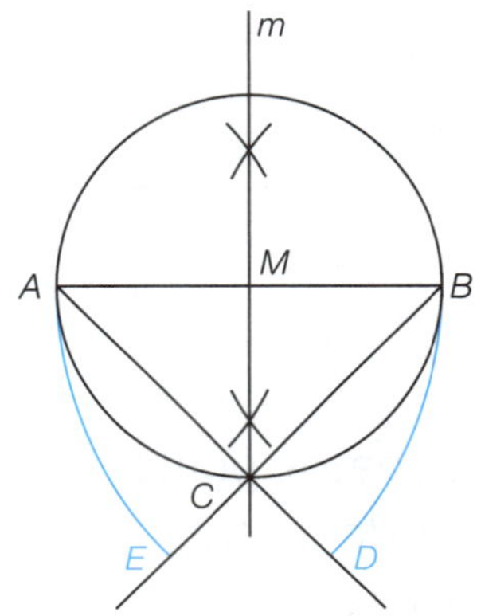

4º) Complete a oval desenhando o arco $\overset{\frown}{DE}$ com centro em *C*.

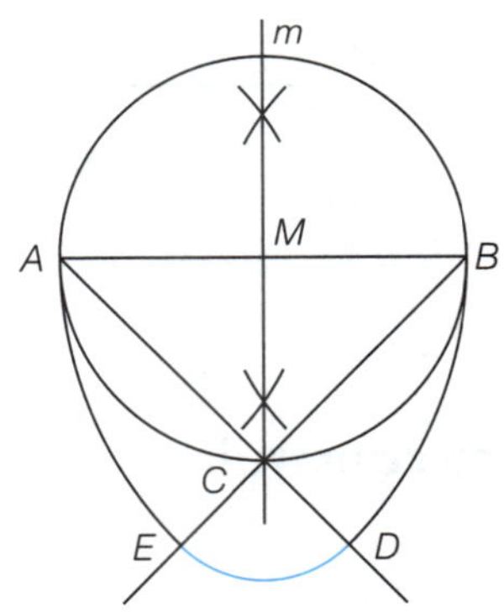

Para você construir:

Construção de uma oval regular conhecendo-se o eixo maior

• **Dado:** 

• **Construir:** oval regular de eixo maior $\overline{AB}$

Passos da construção:

1º) Divida $\overline{AB}$ em 4, determinando os pontos O_1 e O_2.

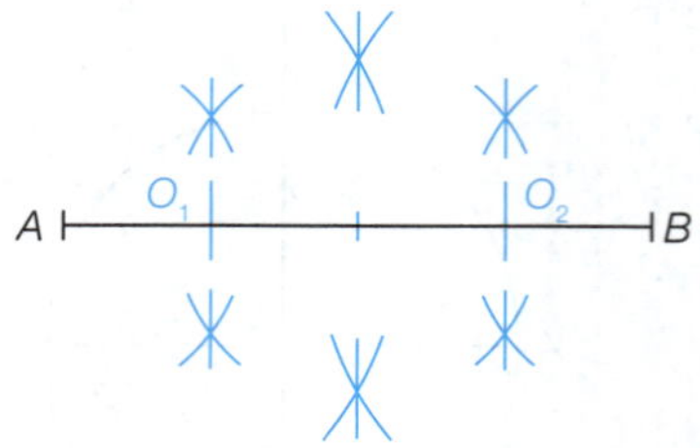

2º) Determine os pontos O_3 e O_4 fazendo os arcos de centros em O_1 e O_2 com raio de medida $\frac{AB}{2}$.

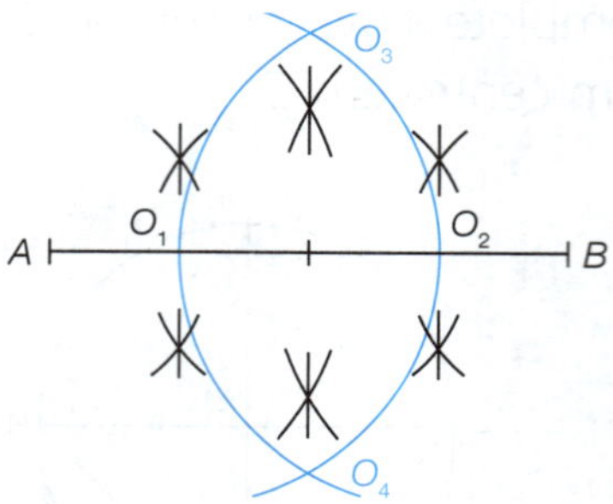

3º) Trace $\overrightarrow{O_3O_1}$, $\overrightarrow{O_3O_2}$, $\overrightarrow{O_4O_1}$ e $\overrightarrow{O_4O_2}$.

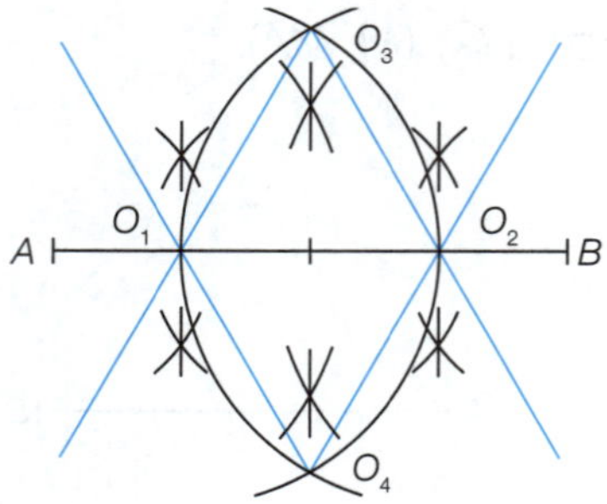

4º) Desenhe os arcos: $\overset{\frown}{CD}$ com centro em O_1, $\overset{\frown}{EF}$ com centro em O_2, $\overset{\frown}{DE}$ com centro em O_3, $\overset{\frown}{FC}$ com centro em O_4.

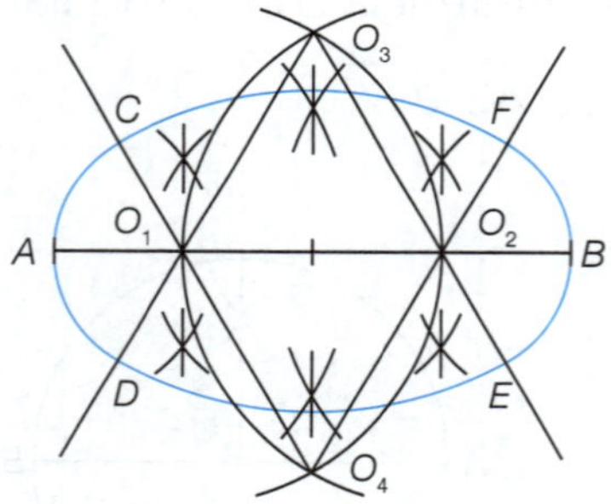

Para você construir:

Construção de um arco romano

ever/Shutterstock

Arco do Triunfo, Paris, França.

No arco romano, a flecha tem a metade da medida do vão.

• **Dado:**

• **Construir:** arco romano de vão $\overline{AB}$

Passos da construção:

1º) Construa a mediatriz *m* e determine *O*, ponto médio de $\overline{AB}$.

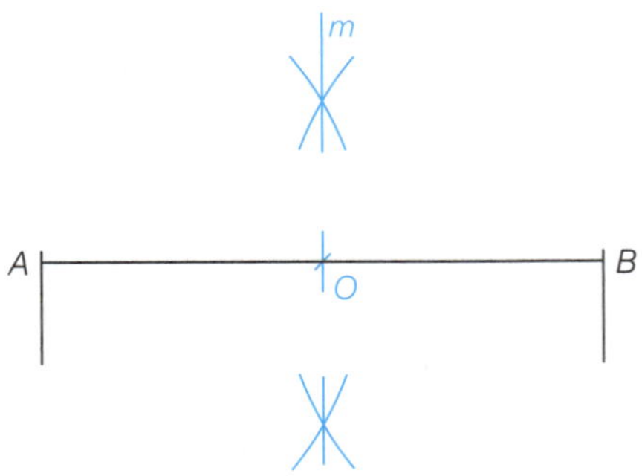

2º) Desenhe a semicircunferência *AB* com centro em *O*.

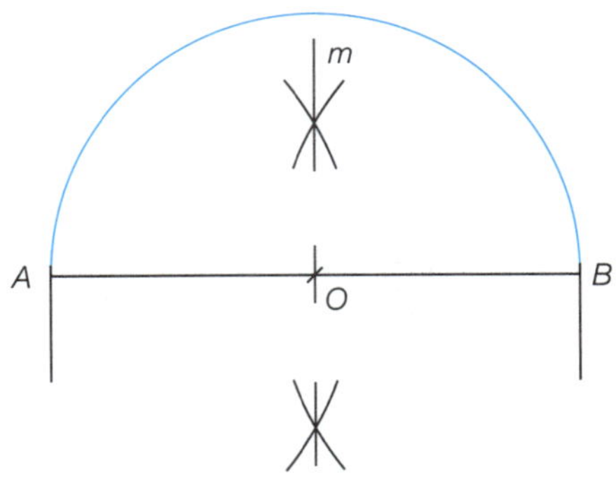

Para você construir:

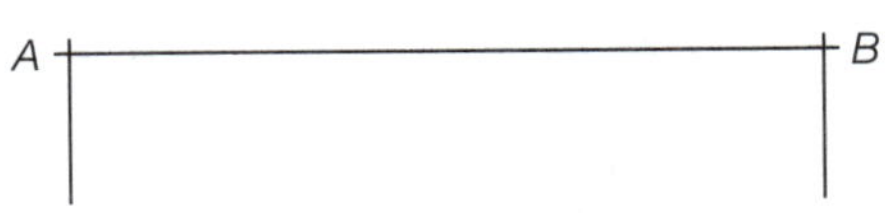

Construção de um arco ogival (gótico)

Catedral de Lincoln, Inglaterra.

No arco ogival, a flecha tem medida maior que a metade da medida do vão.

• **Dado:**

• **Construir:** arco ogival de vão $\overline{AB}$

Passos da construção:

1º) Construa a mediatriz *m* do vão $\overline{AB}$.

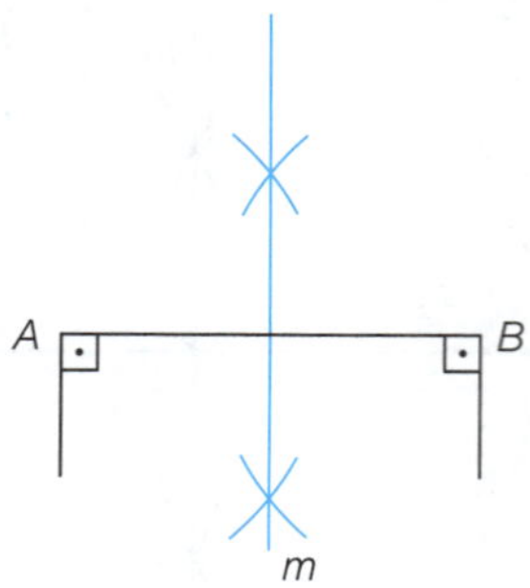

2º) Desenhe o arco $\overset{\frown}{BC}$ com centro em *A*, com $C \in m$. Desenhe o arco $\overset{\frown}{AC}$ com centro em *B*.

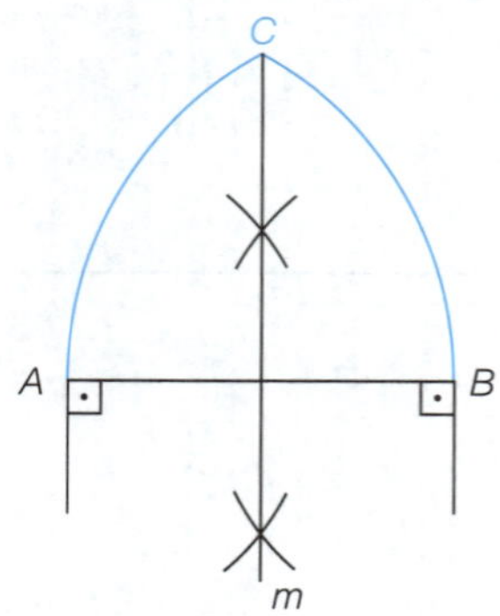

Para você construir:

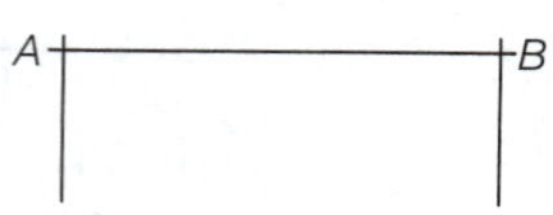

Construção de um arco otomano

Bule Sky Studio/Shutterstock

Mesquita em Agra, Índia.

No arco otomano, a flecha é composta por concordância entre arco e reta.

• **Dado:**

• **Construir:** arco otomano de vão $\overline{AB}$

Passos da construção:

1º) Divida $\overline{AB}$ por 3 com o auxílio do par de esquadros, determinando os pontos *C* e *D*.

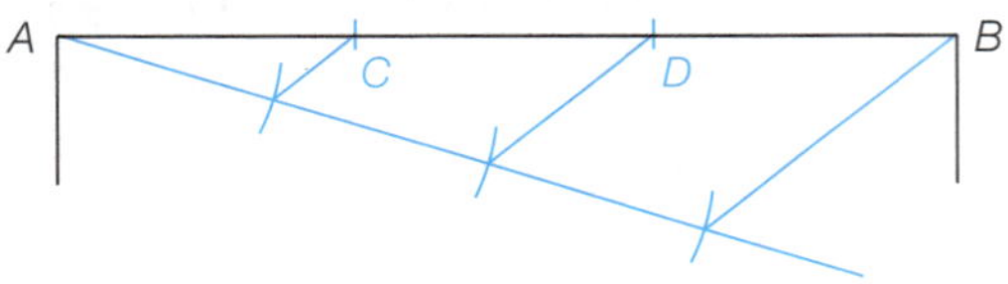

2º) Construa os ângulos *C* e *D* com medida 60° e faça os arcos $\overset{\frown}{AE}$ e $\overset{\frown}{BF}$ com raio $\dfrac{AB}{3}$ e com centros em *C* e *D*, respectivamente.

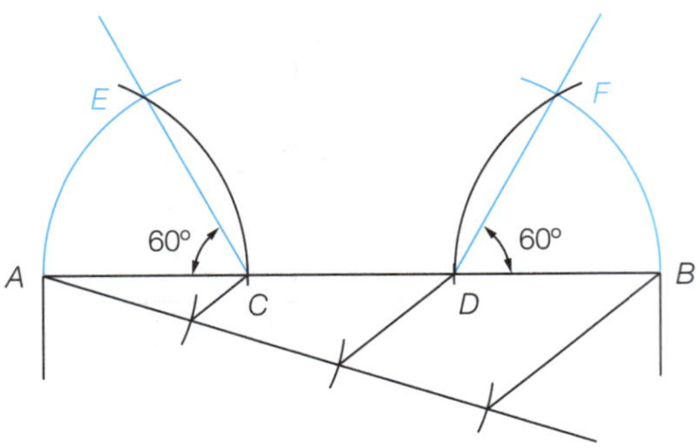

3º) Construa por *E* e por *F* retas perpendiculares a $\overline{CE}$ e $\overline{DF}$, respectivamente, e determine o ponto *G* na interseção delas.

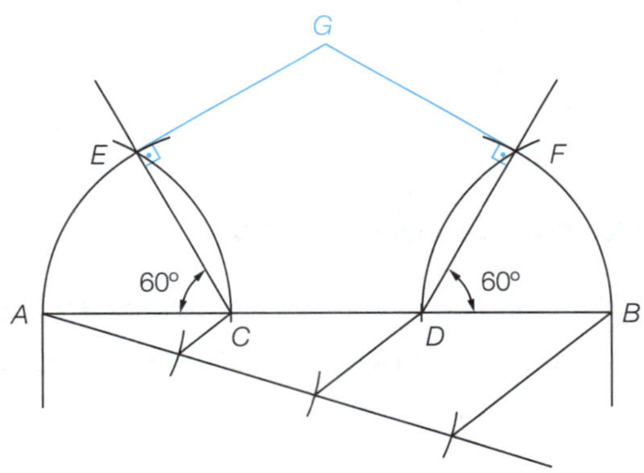

Para você construir:

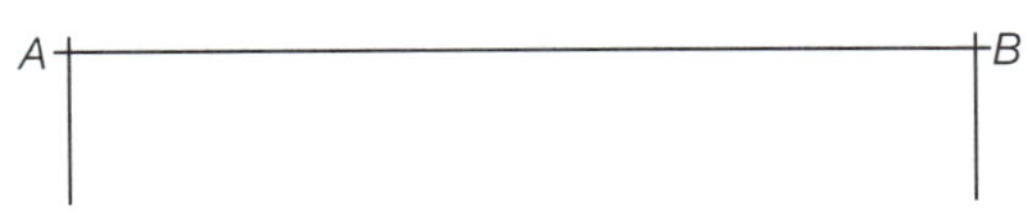

Construção de um arco abatido (asa de balaio)

Myra Thompson/Shutterstock

Arco abatido em janela com vista para jardim.

No arco abatido, a flecha tem medida menor que a metade da medida do vão.

- **Dados:**

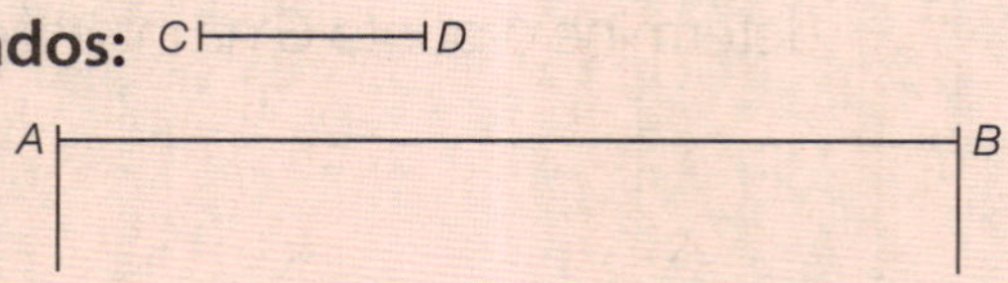

- **Construir:** arco abatido (asa de balaio) com vão $\overline{AB}$ e flecha $\overline{CD}$

Passos da construção:

1º) Construa a mediatriz de $\overline{AB}$ (m_1) e marque $\overline{CD}$, sendo D o ponto médio de $\overline{AB}$. Trace $\overline{CA}$ e $\overline{CB}$.

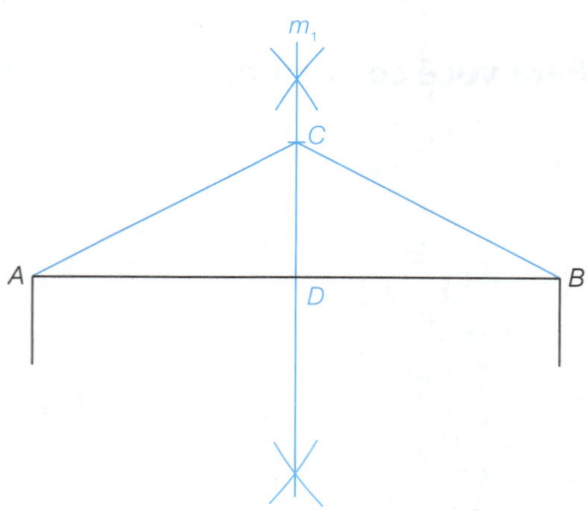

2º) Desenhe a semicircunferência EF com centro em D e com raio DC, determinando E e F em $\overline{AB}$. Trace o arco $\overset{\frown}{GH}$ com centro em C e com raio de medida AE.

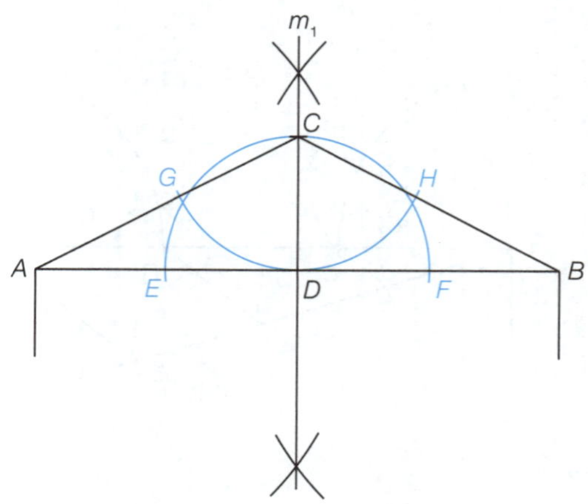

3º) Construa a mediatriz de $\overline{AG}$ (m_2) e a de $\overline{HB}$ (m_3), que determinarão O_1 e O_2 em $\overline{AB}$ e O_3 onde se cruzarem.

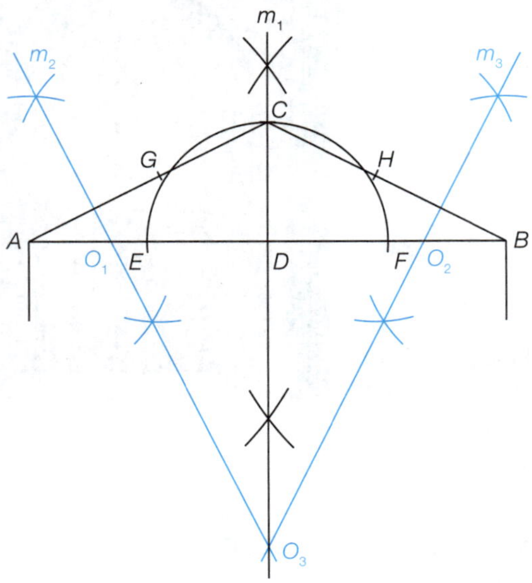

4º) Desenhe os arcos: $\widehat{AI}$ com centro O_1; $\widehat{BJ}$ com centro O_2; $\widehat{IJ}$ com centro O_3.

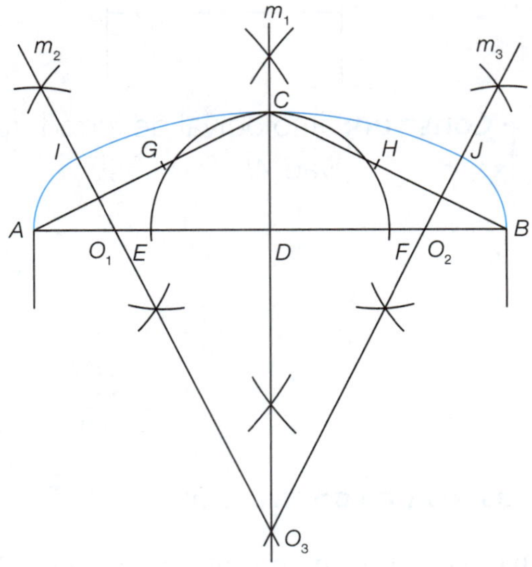

Para você construir:

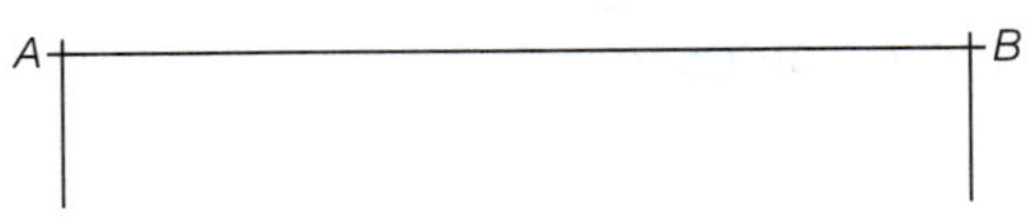

Construção de um arco ogival de ferradura

• **Dado:**

• **Construir:** arco ogival de ferradura de vão $\overline{AB}$

Igor Godlewski/Shutterstock

Porta do Palácio Real em Fez, Marrocos.

Passos da construção:

1º) Construa *m*, mediatriz de $\overline{AB}$. Por *O*, ponto médio de $\overline{AB}$, trace a semicircunferência *AB* que intersecta *m* no ponto *C*.

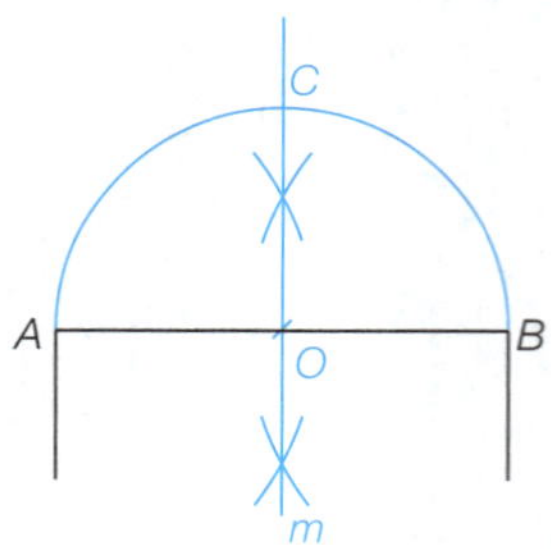

2º) Trace $\overrightarrow{AC}$ e $\overrightarrow{BC}$. Desenhe os arcos $\overset{\frown}{AD}$ e $\overset{\frown}{BE}$ com centro em *C* e com raio *CA*.

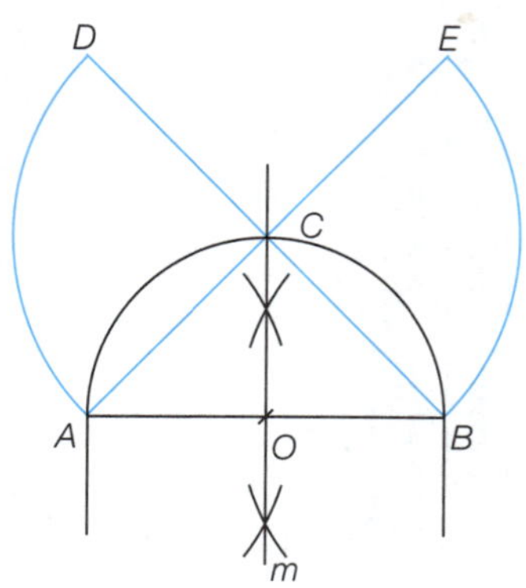

3º) Trace $\overset{\frown}{EF}$ com centro em *A* e $\overset{\frown}{DF}$ com centro em *B*. O ponto *F* está na mediatriz *m*.

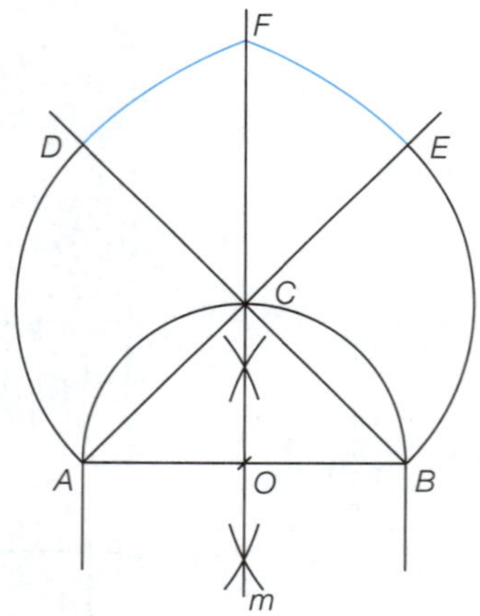

Para você construir:

Você em ação

1 Construa uma espiral de quatro centros, dados dois deles.

O_1 + +O_2

2 Construa uma oval irregular dado seu eixo menor $\overline{AB}$ de medida 5,5 cm.

A + +B

3 Construa uma espiral de seis centros dados.

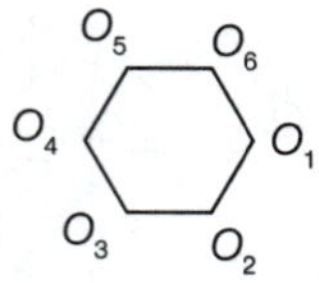

4 Construa uma oval regular sabendo que a medida do seu eixo maior $\overline{AB}$ é 8 cm.

5 Construa duas ovais irregulares com o mesmo eixo menor $\overline{AB}$ dado, em sentidos opostos.

Qual é a figura encontrada? ....

6 Construa um arco romano de vão $\overline{AB}$ dado e um arco ogival de vão $\overline{CD}$ dado.

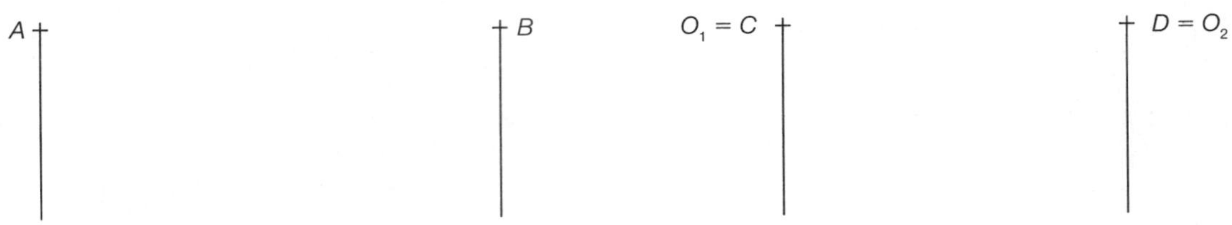

7 Construa um arco otomano de vão $\overline{AB}$ medindo 8 cm.

8 Construa um arco ogival de ferradura com vão $\overline{XY}$ de medida 57 mm.

9 Construa um arco asa de balaio que tenha vão $\overline{AB}$ de medida 10 cm e flecha $\overline{CD}$ de medida 2,5 cm.

10 **Complete os desenhos a seguir, construindo:**

a) três arcos góticos de vãos: $\overline{RS}$, $\overline{ST}$ e $\overline{RT}$.

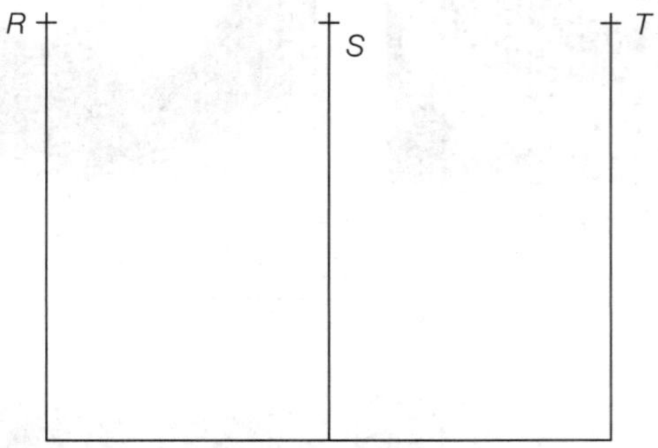

b) duas ovais irregulares (eixos $\overline{AB}$ e $\overline{CD}$) e uma espiral de dois centros: E e F.

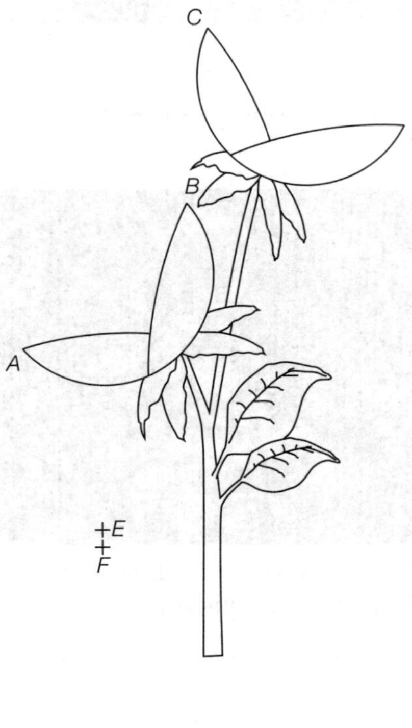

c) um arco abatido de vão $\overline{AB}$ dado e de flecha $\overline{CD}$ com medida 1,9 cm.

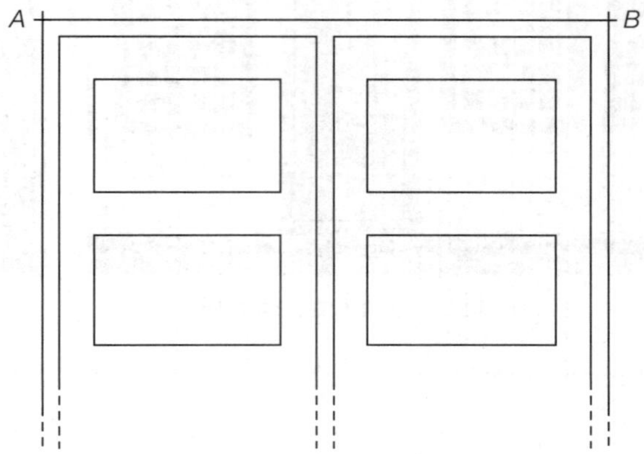

d) um arco ogival de ferradura de vão $\overline{CD}$.

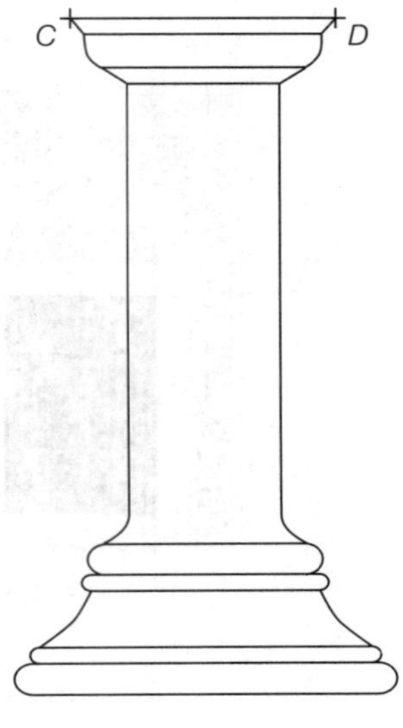

Olhando ao redor

1 Destaque as situações que lembram concordância nas imagens e indique os nomes.

As imagens não estão representadas em proporção.

sergiobocardo/Shutterstock

Fachada de casa em Parati (RJ).

....

iStockphoto/Getty Images

Coliseu, Roma, Itália.

....

Oqbas/Shutterstock

....

Vaughan Sam/Shutterstock

Portão de Tânger, Volubilis, Marrocos.

....

Iakov Filimonov/Shutterstock

....

David Ionut/Shutterstock

....

James Kirkikis/Shutterstock

Vitral da Capela Ação de Graças, Dallas, Estados Unidos.

....

2 **O símbolo *yin-yang*, originário da filosofia chinesa, representa a unidade formada pelo equilíbrio de duas forças opostas e de igual intensidade, simbolizando a dualidade do Universo e o paradoxo da vida. O círculo, dividido em duas partes iguais e delineado em perfeito equilíbrio, representa a unidade essencial de todo ser.**

A forma do *yin-yang* é de um círculo dividido por duas semicircunferências, resultando em duas figuras invertidas e de linhas concordantes.

Siga o roteiro para desenhar esse símbolo. Veja como é fácil.

- Desenhe uma circunferência de centro *O* e raio *OA*.
- Trace o diâmetro $\overline{AB}$ e determine os pontos médios dos raios $\overline{OA}$ (*C*) e $\overline{OB}$ (*D*).
- Trace a semicircunferência *AO* de centro *C* e a semicircunferência *OB* de centro *D* no sentido contrário.

A+ +O

Você sabia?

- O *yin-yang* está representado na bandeira da Coreia do Sul.

Aminilla/Shutterstock

- Essa bandeira traz nos cantos barras que representam os quatro pontos cardeais e os quatro mares que limitam o globo. As três linhas inteiras representam o céu, e as três linhas quebradas do lado oposto, a terra. No outro canto inferior há duas linhas inteiras, com uma partida no meio, que simbolizam o fogo e, do lado contrário, a água.

3 Os **brasões** ou **escudos** são insígnias pessoais ou emblemas hereditários concedidos a famílias, podendo representar também instituições, cidades, estados e países.

Os elementos principais dos brasões são o **contorno** ou a forma exterior que limita o **campo**, no qual são dispostas as **peças** (figuras humanas ou partes delas, animais, vegetais, minerais, objetos, astros, etc.).

As cores e as peças conferem o caráter simbólico da heráldica, a arte de fazer e de estudar os brasões.

Banco de imagens/Arquivo da Editora

Brasão de Goiás.

Banco de imagens/Arquivo da Editora

Brasão de Mato Grosso.

Desenhe um brasão usando o modelo da próxima página. Faça a parte simétrica aplicando as regras de concordância. Complete-o com peças e cores que representem a sua personalidade e simbolizem suas realizações e seus sonhos, fazendo deste brasão sua marca pessoal.

Observe os brasões a seguir, que podem servir de inspiração para você desenhar o seu.

Lima.

Guatemala.

Montreal.

Winnipeg.

Libreville.

Los Angeles.

Lourenço Marques.

Bucareste.

Banco de imagens/Arquivo da Editora

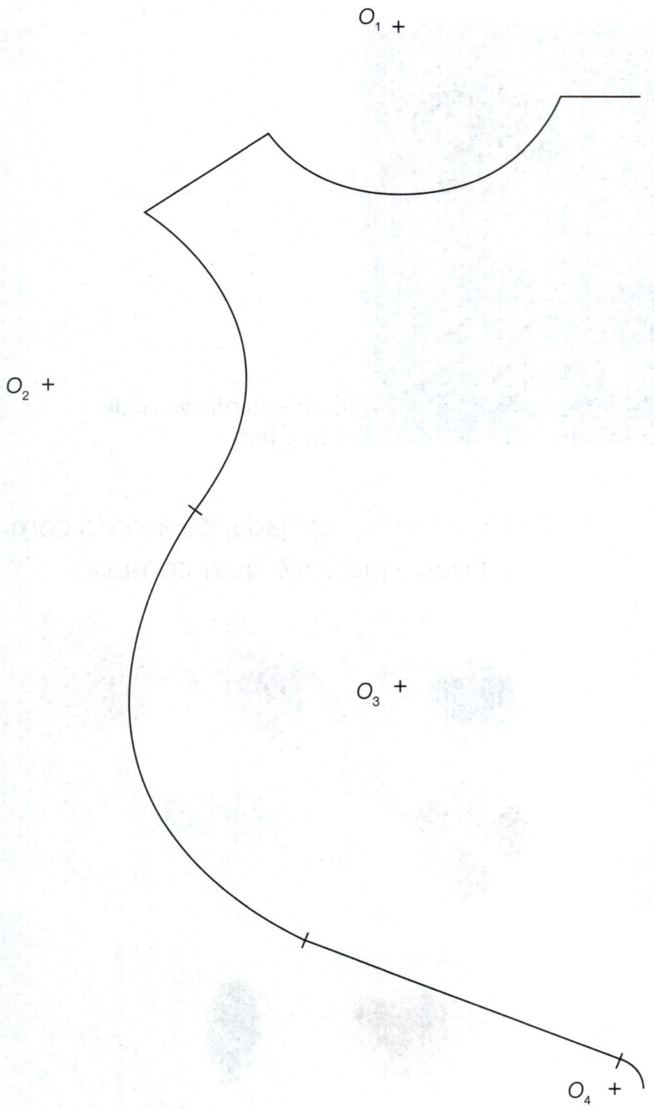
O_1
O_2
O_3
O_4

4 ***Quilling*** **é a arte de colagem feita com tiras de papel enrolado, formando figuras em relevo. Note no exemplo que as formas são resultantes da concordância de linhas curvas, mas você também pode usar segmentos de retas concordantes com curvas.**

Para fazer um trabalho de *quilling*, você precisará de tiras de cartolina em várias cores, um papel encorpado para o suporte, um pincel ou lápis para enrolar as tiras, tesoura e cola.

Acervo do autor/Arquivo da editora

E o barquinho vai..., de Sonia Jorge.

Proceda da seguinte maneira:

1º) Trace linhas paralelas na margem da cartolina, para formar tiras com 0,5 cm de largura, e recorte-as.

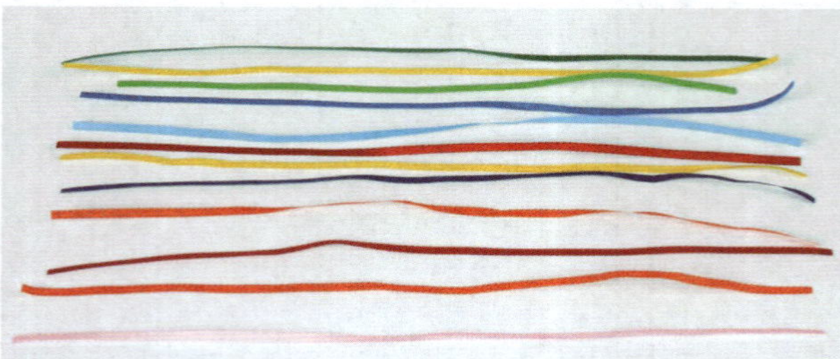

Acervo do autor/Arquivo da editora

2º) Enrole as tiras usando um pincel ou um lápis.

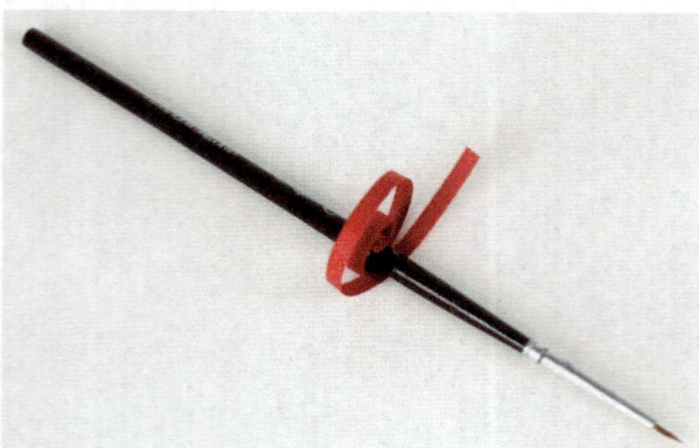

Acervo do autor/Arquivo da editora

3º) Dê a forma desejada, de acordo com a figura que você quer compor.

Acervo do autor/Arquivo da editora

Acervo do autor/Arquivo da editora

4º) Por fim, cole as figuras sobre o papel encorpado, tomando cuidado ao passar a cola e ao pressionar os rolinhos.

5 **Uma prova de ciclismo será disputada na pista apresentada parcialmente por alguns de seus trechos de reta.**

Complete a pista desenhando:

a) a curva dobrada, determinada por $\overset{\frown}{AB}$ e $\overset{\frown}{CB}$;

b) a curva da lagoa, com raio de medida 0,9 cm;

c) a curva dos pinheiros, composta de dois arcos de sentidos opostos: $\overset{\frown}{KY}$ e $\overset{\frown}{YP}$.

O raio do arco $\overset{\frown}{KY}$ mede 1,5 cm, e o outro arco passa por W.

Roteiro

Construção

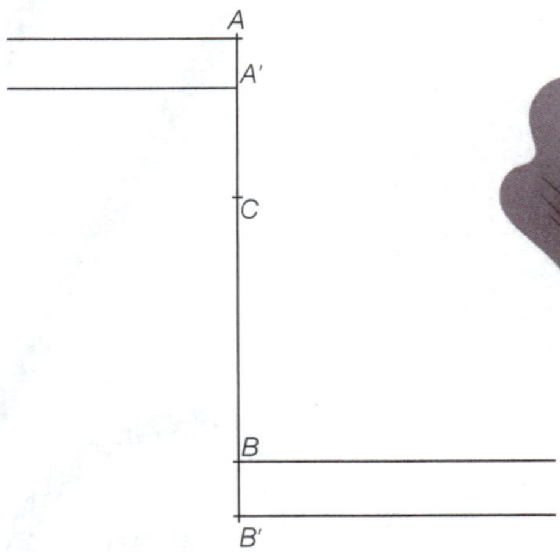

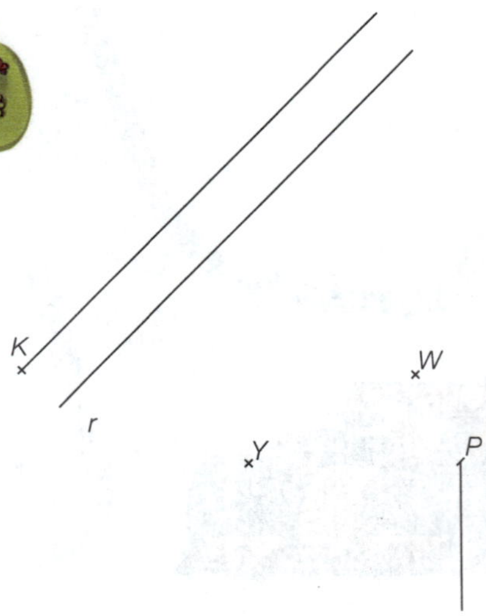

6 **O Grande Prêmio Brasil de Fórmula 1 é disputado anualmente no autódromo de Interlagos, em São Paulo (SP).**

Complete o desenho desse circuito construindo:

a) a curva do Mergulho, da qual se conhece um dos pontos de concordância (*T*);

b) a reta oposta, que concorda com a curva do Sol, de centro *B*, no ponto *P*;

c) o "S" do Senna, que começa no ponto *C*, passa pelo ponto *D* e termina em *E*.

Roteiro

Construção

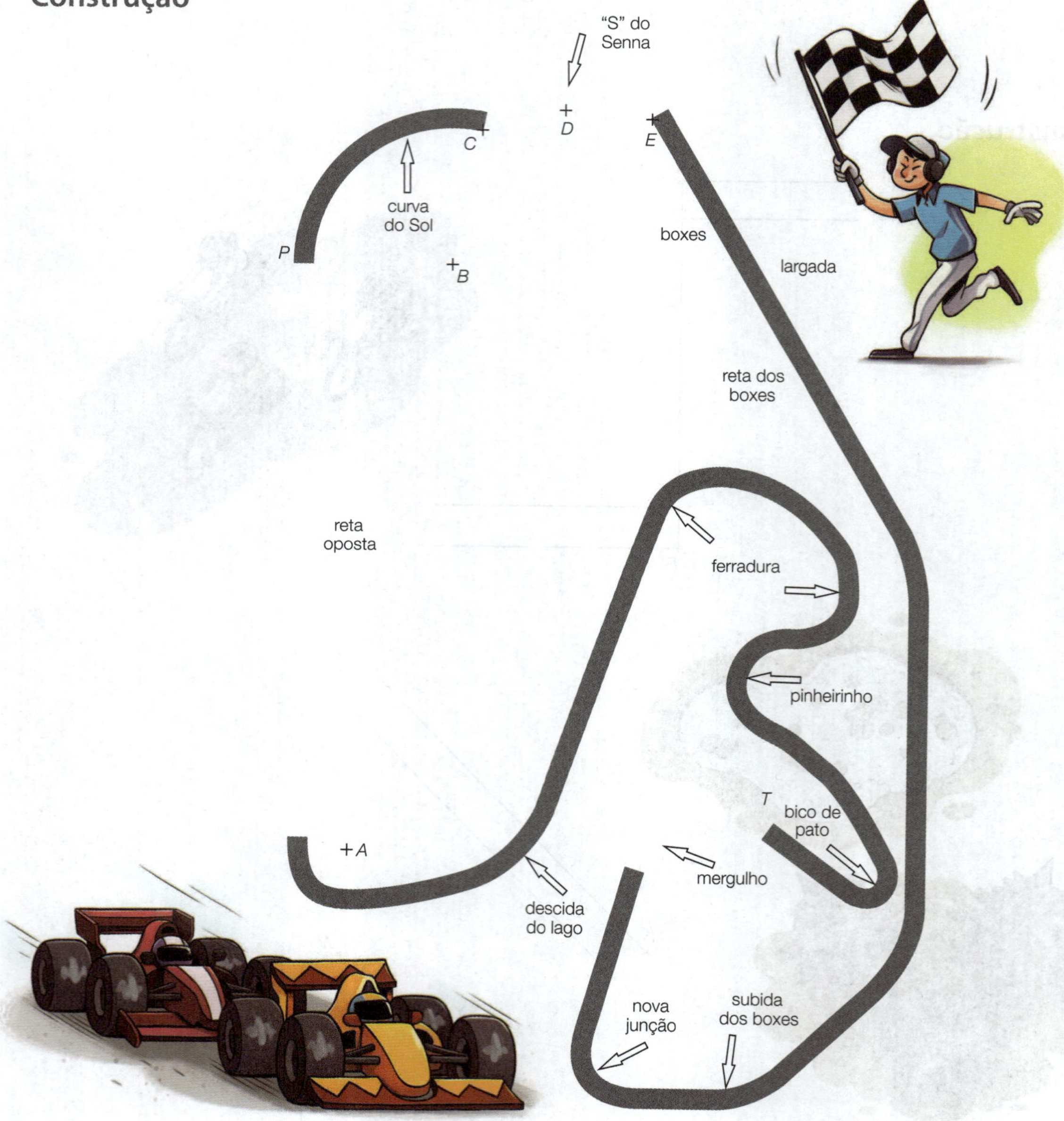

CAPÍTULO 4

Segmentos proporcionais

O Universo é infinito e fascinante. A comparação do tamanho da Terra com o de outros planetas e com o do Sol e do Sol com o de outras estrelas não deixa de ser uma prova de nossa insignificância diante do Universo. Você gostaria de visualizar essa impressionante realidade? Basta estudar este capítulo.

Computer Earth/Shutterstock

(Representação esquemática. Uso de cores fantasia.)

Compreendendo ideias

Razão e proporção

Acompanhe a situação a seguir.

Em uma classe, há 9 meninos e 18 meninas.

Dizemos que o número de meninos (a) está para o número de meninas (b) na **razão** de 1 para 2, pois: $\frac{a}{b} = \frac{9}{18} = \frac{1}{2}$.

Em outra classe, há 12 meninos e 24 meninas.

Dizemos que o número de meninos (c) está para o número de meninas (d) na razão de 1 para 2, pois: $\frac{c}{d} = \frac{12}{24} = \frac{1}{2}$.

Note que a razão obtida nos dois casos é igual:

$$\frac{a}{b} = \frac{1}{2} \text{ e } \frac{c}{d} = \frac{1}{2}$$

Uma igualdade entre duas razões é chamada de **proporção**.

Existe uma proporção entre a, b, c, d; e pode ser indicada assim:

$$\frac{a}{b} = \frac{c}{d} \text{ ou } a : b = c : d$$

(Lê-se: a está para b assim como c está para d.)

Toda proporção tem quatro termos:

$$\frac{a}{b} = \frac{c}{d}$$

1º termo: a; 2º termo: b; 3º termo: c; 4º termo: d

O primeiro e o quarto termo são chamados de **extremos**; o segundo e o terceiro são chamados de **meios**.

meios

$a : b = c : d$

extremos

ou

$\frac{a}{b} = \frac{c}{d}$

meios → ← extremos

Propriedade

Propriedade fundamental das proporções

Em toda proporção, o produto dos extremos é igual ao produto dos meios.

No exemplo das classes de alunos:

$$a : b = c : d$$

$$9 : 18 = 12 : 24$$

$18 \cdot 12 = 216$

$9 \cdot 24 = 216$

Com a proporção escrita na forma $\frac{a}{b} = \frac{c}{d}$, temos:

$$\frac{9}{18} = \frac{12}{24} \Leftrightarrow 18 \cdot 12 = 9 \cdot 24 = 216$$

Proporcionalidade entre segmentos

◆ Considere os quatro segmentos representados a seguir.

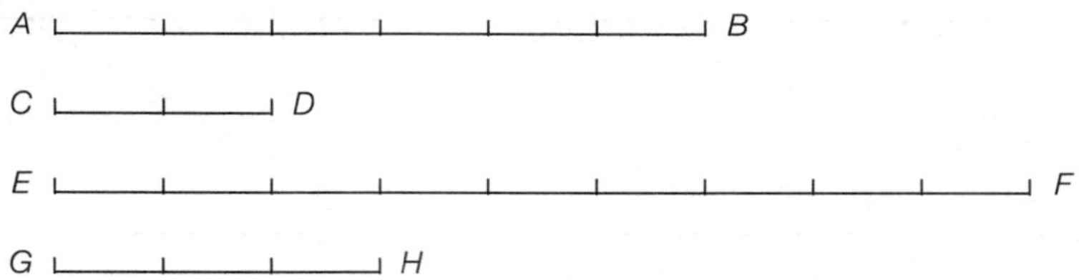

Quando são medidos na mesma unidade de medida $\vdash\!\overset{x}{\text{—}}\!\dashv$ formam a proporção $\frac{AB}{CD} = \frac{EF}{GH}$, pois:

$$\frac{m(\overline{AB})}{m(\overline{CD})} = \_\_\_ = \_\_\_ \quad \text{e} \quad \frac{m(\overline{EF})}{m(\overline{GH})} = \_\_\_ = \_\_\_$$

Então:

$$\frac{AB}{CD} = \frac{EF}{GH} = \_\_\_$$

O exemplo acima atende à propriedade fundamental das proporções? Justifique.

....

Portanto, podemos dizer que os segmentos $\overline{AB}$ e $\overline{CD}$ são proporcionais aos segmentos $\overline{EF}$ e $\overline{GH}$ nessa ordem.

Teorema de Tales

Quando um feixe (conjunto) de retas paralelas (figura 1) é intersectado por duas retas transversais (não paralelas às anteriores) (figura 2), ficam determinados segmentos de reta proporcionais (figura 3).

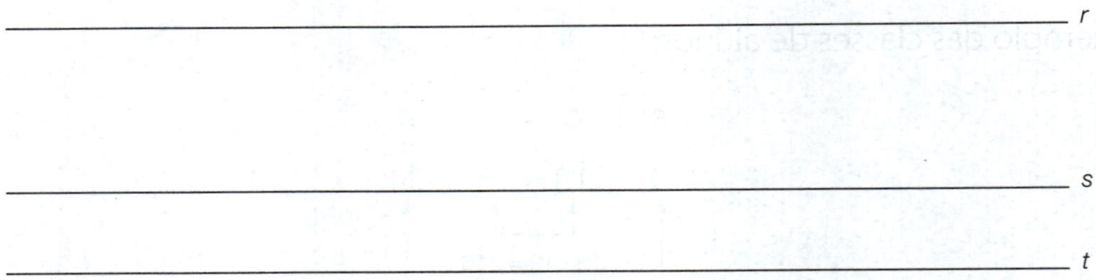

Figura 1

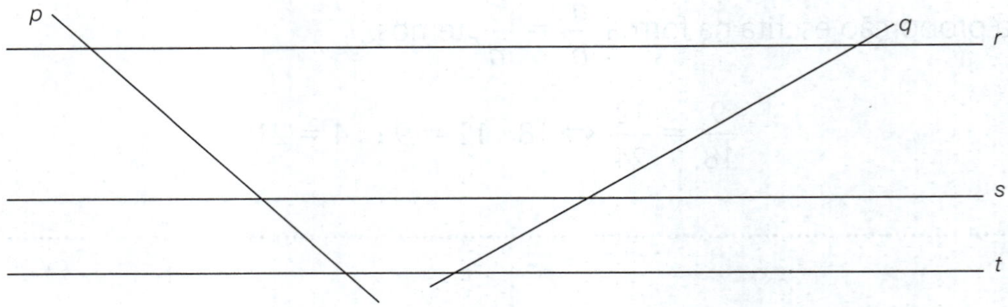

Figura 2

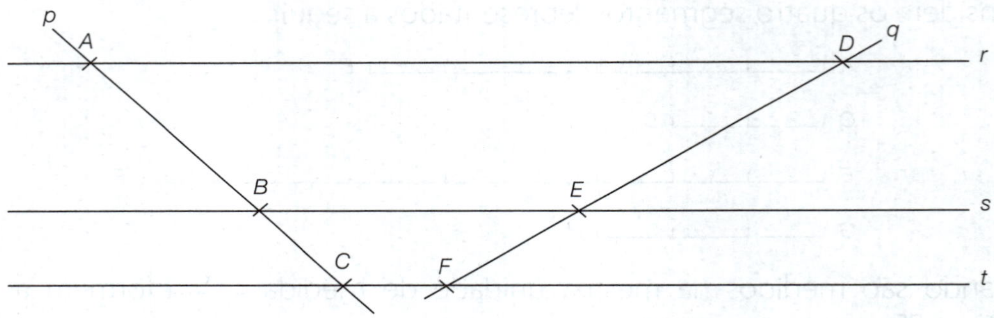

Figura 3

Na figura 3, temos as seguintes proporções: $\frac{AB}{BC} = \frac{DE}{EF}$, $\frac{AB}{DE} = \frac{BC}{EF}$, $\frac{AC}{AB} = \frac{DF}{DE}$ e $\frac{AC}{BC} = \frac{DF}{EF}$

- Com o auxílio de uma régua, meça os segmentos de reta indicados e verifique a veracidade da afirmação acima.

$AB =$ ....; $BC =$ ....; $DE =$ ....; $EF =$ ....; $AC =$ ....; $DF =$ ....

Em $\frac{AB}{BC} = \frac{DE}{EF}$, temos: $\frac{\quad}{\quad} = \frac{\quad}{\quad} \Leftrightarrow$ .... · .... = ... · .... = ...

Em $\frac{AB}{DE} = \frac{BC}{EF}$, temos: $\frac{\quad}{\quad} = \frac{\quad}{\quad} \Leftrightarrow$ .... · .... = ... · .... = ...

Em $\dfrac{AC}{AB} = \dfrac{DF}{DE}$, temos: $\dfrac{\quad}{\quad} = \dfrac{\quad}{\quad} \Leftrightarrow$ .... · .... = ... · .... = ...

Em $\dfrac{AC}{BC} = \dfrac{DF}{EF}$, temos: $\dfrac{\quad}{\quad} = \dfrac{\quad}{\quad} \Leftrightarrow$ .... · .... = ... · .... = ...

Tales de Mileto foi um sábio que viveu entre 624 a.C. e 548 a.C. Nasceu na cidade grega de Mileto, mas viveu também no Egito e na Babilônia.

Desenvolveu um procedimento para descobrir a altura dos objetos sem medi-los diretamente; foi o primeiro a estudar o magnetismo e elaborou a teoria segundo a qual o Universo é formado por quatro elementos básicos: ar, água, terra e fogo.

Formulou importantes proposições geométricas, entre as quais a que ficou conhecida como **teorema de Tales**.

> Um feixe de retas paralelas divide duas ou mais retas transversais em segmentos proporcionais.

Hulton Archive/Getty Images

Gravura de Tales de Mileto.

Divisão proporcional de segmentos

Todo segmento de reta pode ser dividido em segmentos proporcionais.

O segmento $\overline{AB}$ está dividido pelos pontos C e D em três segmentos: $\overline{AC}$, $\overline{CD}$ e $\overline{DB}$, proporcionais aos números 2, 1 e 3.

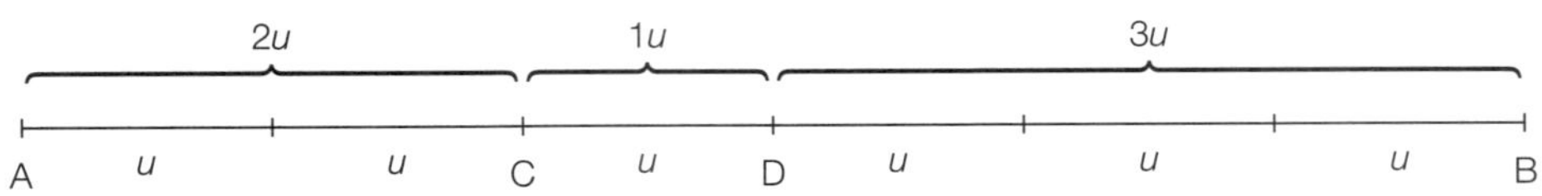

A divisão de um segmento de reta também pode ser proporcional a segmentos dados. Por exemplo, considere os segmentos XY, WZ, RS abaixo.

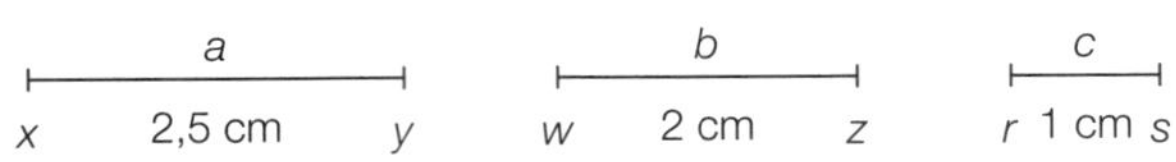

O segmento $\overline{MT}$ está dividido pelos pontos P e Q em três segmentos: $\overline{MP}$, $\overline{PQ}$ e $\overline{QT}$, cujas medidas são proporcionais às medidas dos segmentos dados acima.

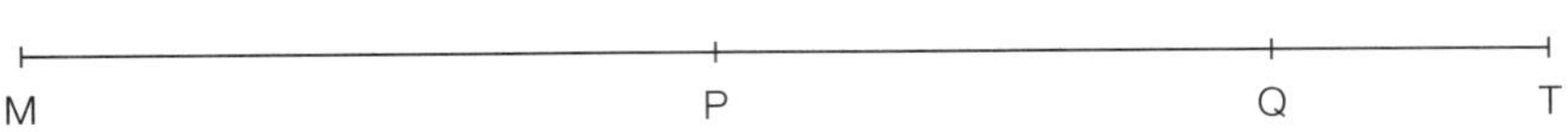

Construindo imagens

Divisão de um segmento de reta em partes proporcionais a números dados

• **Dados:** $\overline{AB}$; divisões proporcionais aos números 1, 2 e 4

• **Construir:** $\overline{PC}$, $\overline{AP}$ e $\overline{CB}$ proporcionais aos números 1, 2 e 4

Passos da construção:

1º) Trace uma reta *r* qualquer pelo ponto *A* (distinta de $\overline{AB}$).

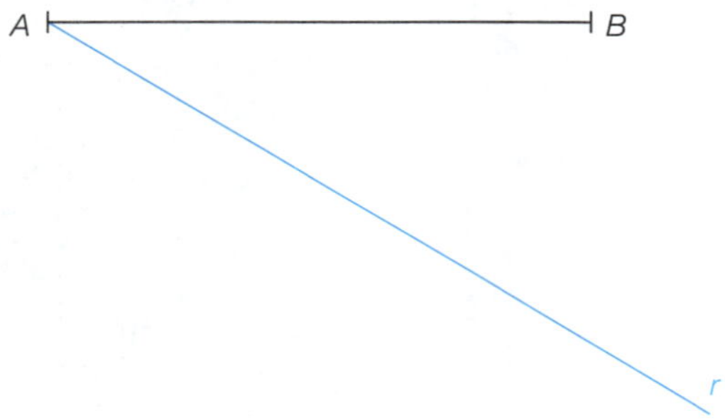

2º) Adote *u* (unidade de medida arbitrária) e marque 2*u*, 1*u* e 4*u* na reta *r*, a partir do ponto *A*, determinando *X*, *Y* e *Z*.

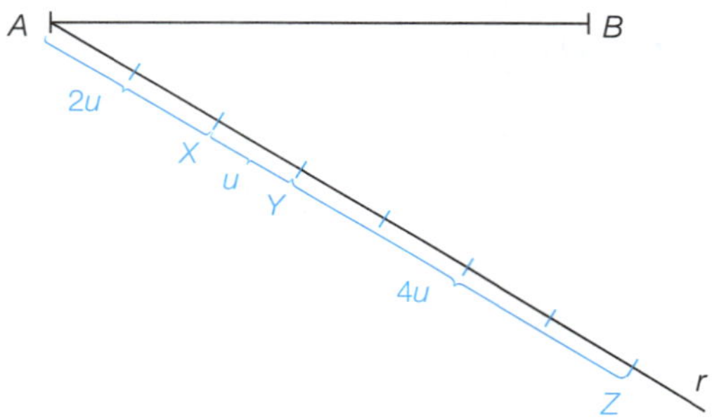

3º) Trace $\overline{ZB}$ e as paralelas por *X* e por *Y*, com o auxílio do par de esquadros, determinando *P* e *C* em $\overline{AB}$.

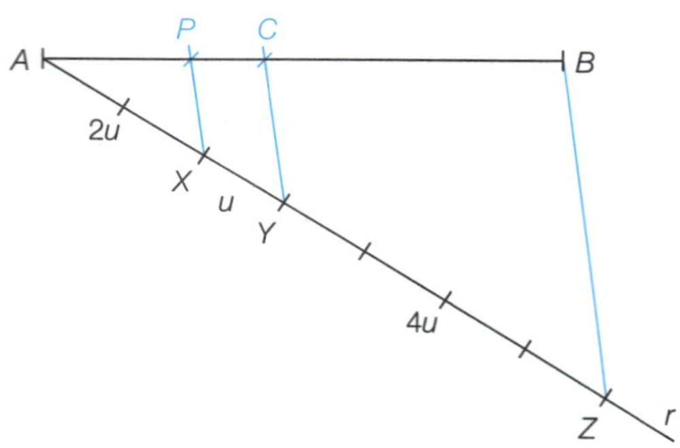

Justificativa:

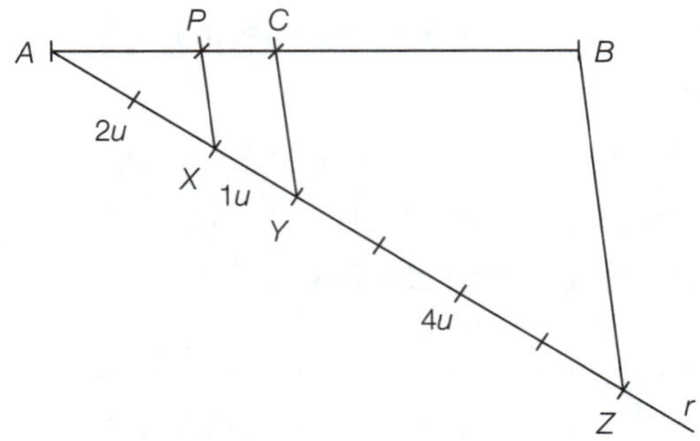

$\overline{AX}$, $\overline{XY}$ e $\overline{YZ}$ são proporcionais aos números 2, 1 e 4.

Sendo $\overline{PX}$, $\overline{CY}$ e $\overline{BZ}$ paralelos, pelo teorema de Tales, $\overline{AP}$, $\overline{PC}$ e $\overline{CB}$ também são proporcionais a 2, 1 e 4.

Para você construir:

Divisão de um segmento de reta em segmentos proporcionais a segmentos dados

• **Dados:**

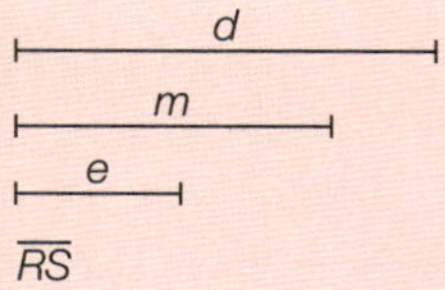

• **Construir:** $\overline{RG}$, $\overline{GH}$, $\overline{HS}$ proporcionais aos segmentos de medidas *d*, *m* e *e*

Passos da construção:

1º) Trace uma reta *r* qualquer pelo ponto *R* (distinta de $\overline{RS}$).

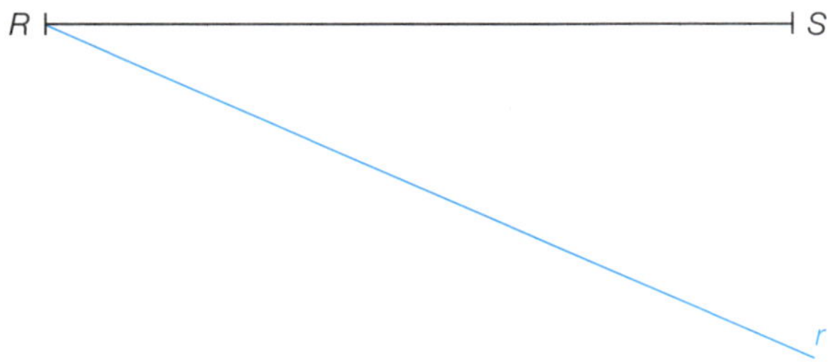

2º) Transporte com o compasso as medidas *d*, *m* e *e* para a reta *r*, a partir do ponto *R*, determinando *X*, *Y* e *Z*.

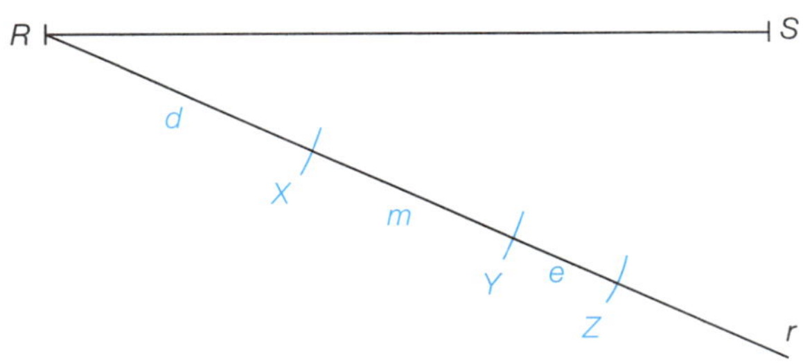

3º) Trace $\overline{ZS}$ e as paralelas por *X* e por *Y* com o auxílio do par de esquadros, determinando *G* e *H* em $\overline{RS}$.

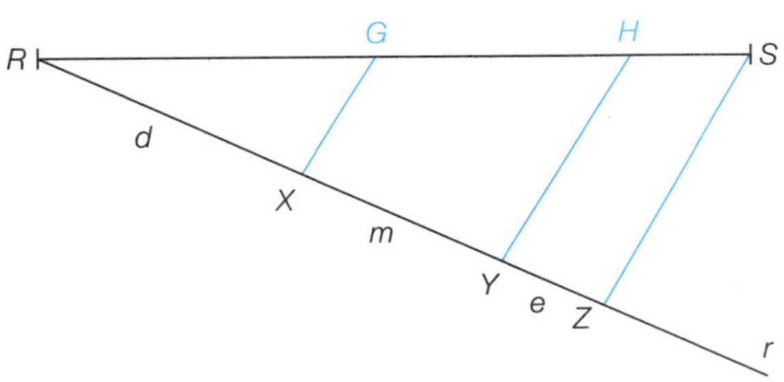

Justificativa:

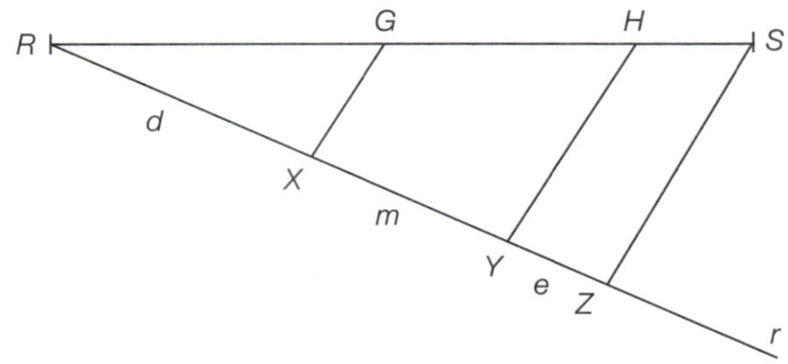

$\overline{XG}$, $\overline{YH}$ e $\overline{ZS}$ são paralelos.

Pelo teorema de Tales, podemos afirmar que: $\dfrac{RX}{RG} = \dfrac{XY}{GH} = \dfrac{YZ}{HS}$.

Então, $\overline{RG}$, $\overline{GH}$ e $\overline{HS}$ são proporcionais a *d*, *m* e *e*.

Para você construir:

Você em ação

1 Meça os segmentos dados $\overline{XY}$, $\overline{RS}$, $\overline{TU}$.

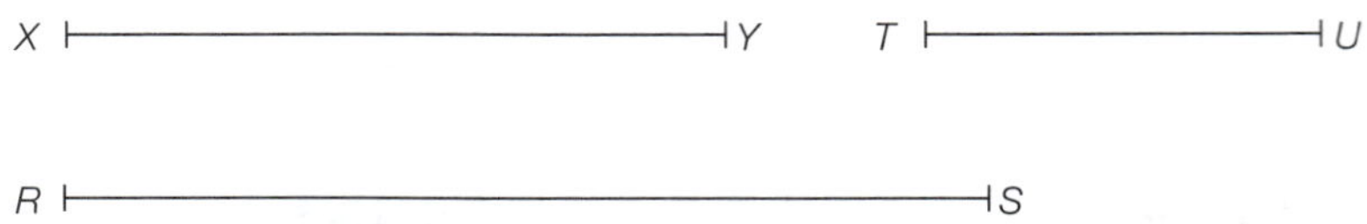

Agora, determine as razões:

a) entre *XY* e *RS*;

b) entre *RS* e *TU*;

c) entre *XY* e *TU*;

d) entre *TU* e *RS*.

2 De acordo com a figura dada, indique as razões entre os segmentos.

a) $\frac{AB}{BE}$

b) $\frac{AE}{EG}$

c) $\frac{GA}{FA}$

d) $\frac{BC}{AG}$

3 Dados os segmentos a seguir, indique se as proporções são verdadeiras (V) ou falsas (F).

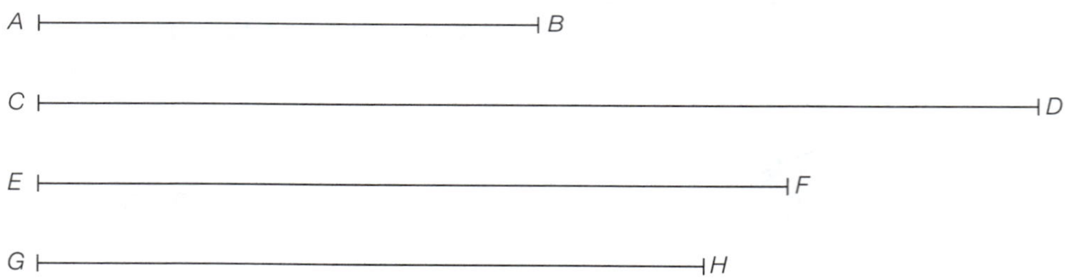

a) $\frac{AB}{GH} = \frac{EF}{CD}$ (..................)

b) $\frac{AB}{CD} = \frac{EF}{GH}$ (..................)

c) $\frac{GH}{AB} = \frac{EF}{CD}$ (..................)

d) $\frac{CD}{GH} = \frac{EF}{AB}$ (..................)

4 Com base na figura dada, complete as proporções de acordo com o teorema de Tales.

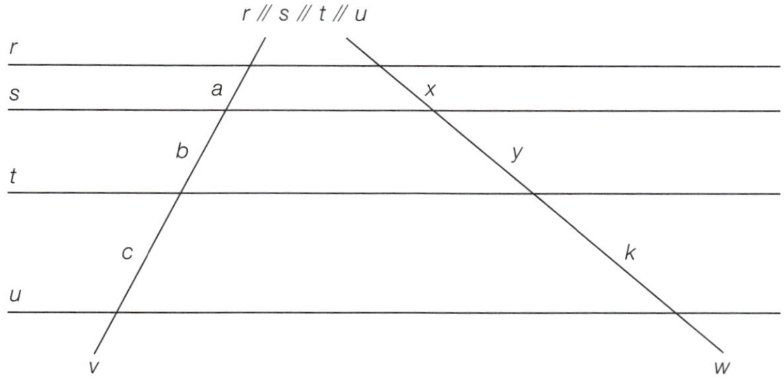

a) $\frac{a}{x} = \frac{b}{y} = $ ___

b) $\frac{a}{b} = $ ___

c) $\frac{x}{k} = $ ___

d) $\frac{c}{b} = $ ___

e) $\frac{y}{x} = $ ___

f) $\frac{c}{a} = $ ___

5 Escreva cinco das proporções possíveis na figura com base no teorema de Tales.

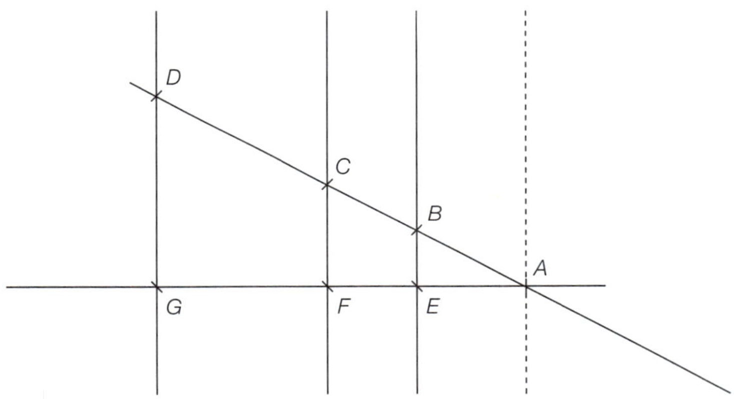

6 No triângulo *ABC* dado, temos a proporção $\frac{BP}{PC} = \frac{BQ}{QA}$. Determine o ponto *Q*.

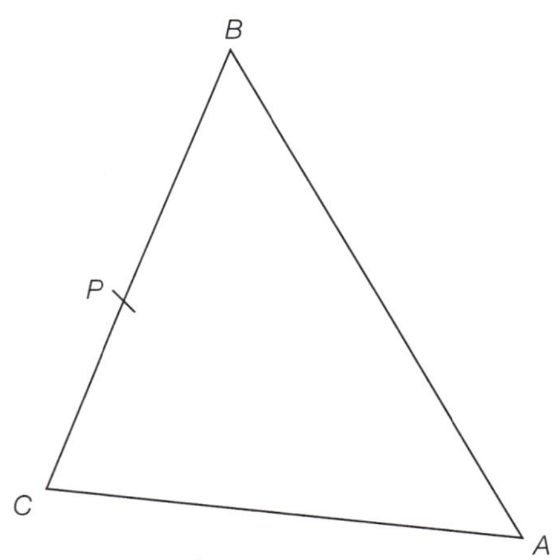

Note que aqui você pode ver uma aplicação do teorema de Tales:

"Em todo triângulo, um segmento .... a um dos lados determina nos outros dois lados

...."

Complete as proporções de acordo com a figura ao lado.

$\frac{BP}{BC} = $ ___ $\qquad \frac{BC}{} = \frac{}{QA}$

7 Efetue a divisão:

a) do segmento *XY* em segmentos de medidas proporcionais aos números 3, 4 e 2.

b) do segmento *RS* em segmentos de medidas proporcionais aos segmentos de medidas *a*, *b* e *c*.

8 Para embrulhar três presentes, será preciso dividir o material disponível. Divida a fita, representada por $\overline{AD}$, em partes proporcionais às dimensões das caixas de presentes, sabendo que a caixa A precisa do dobro de fita que a caixa B; a caixa B precisa de uma fita com o triplo de *x*; e a caixa C precisa da metade da fita utilizada em B.

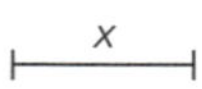

9 Construa um triângulo RST, tal que $\frac{r}{a} = \frac{s}{b} = \frac{t}{c}$ e sabendo que $AB = r + s + t$.

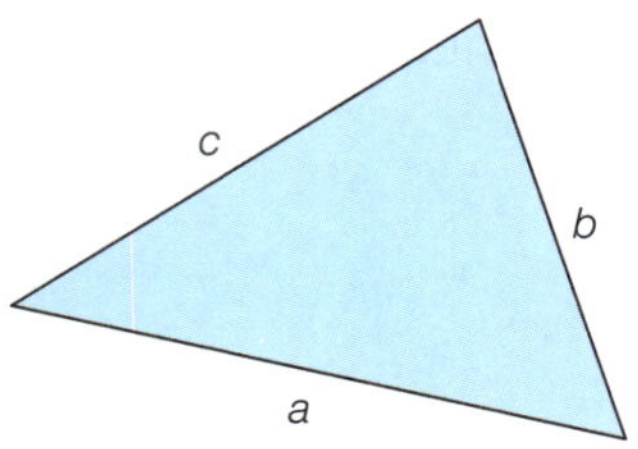

10 A medida do segmento $\overline{AB}$ corresponde ao perímetro do retângulo $CDEF$ cujos lados medem x e y. Sabendo que $\frac{x}{y} = \frac{5}{3}$, construa o retângulo $CDEF$.

Compreendendo ideias

Quarta proporcional

Três segmentos possuem medidas conhecidas (a, b, c). Um quarto segmento, de medida x, que forma uma proporção com os três primeiros, é chamado de **quarta proporcional** entre eles.

A ordem em que os segmentos são mencionados é o que determina a proporção. Então, o 1º termo é a, o 2º termo é b e o 3º termo é c.

O segmento desconhecido (de medida x) é o 4º termo dessa proporção, que pode ser representada por: $\frac{a}{b} = \frac{c}{x}$.

A quarta proporcional x é o produto das medidas de dois segmentos ($b \cdot c$) dividido pela medida do terceiro (a).

De fato: $\frac{a}{b} = \frac{c}{x} \Leftrightarrow ax = bc \Leftrightarrow x = \frac{bc}{a}$

Terceira proporcional

São conhecidas as medidas de dois segmentos (m e d). Um terceiro segmento, de medida y, que forma uma proporção com os dois primeiros na ordem em que foram dados, é chamado de **terceira proporcional** entre eles.

Como qualquer outra, essa proporção tem quatro termos, sendo os meios iguais. Ela é chamada de **proporção contínua** e pode ser representada por:

meios iguais → $$\frac{m}{d} = \frac{d}{y}$$

A terceira proporcional y é o quadrado da medida de um segmento (d^2) dividido pela medida do outro segmento (m).

De fato: $\frac{m}{d} = \frac{d}{y} \Leftrightarrow my = dd \Leftrightarrow y = \frac{d^2}{m}$

Construindo imagens

Construção da quarta proporcional entre três segmentos de medidas conhecidas

- **Dados:**

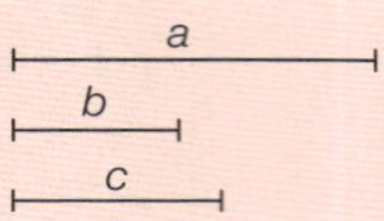

- **Construir:** segmento de medida x, sendo $x = \frac{bc}{a}$

Passos da construção:

1º) Mude a expressão $x = \frac{bc}{a}$ dada

$ax = bc$ (extremos: ax; meios: bc)

para a forma $\frac{a}{b} = \frac{c}{x}$. ($x$: sempre o 4º termo)

2º) Trace as retas r e s concorrentes no ponto O.

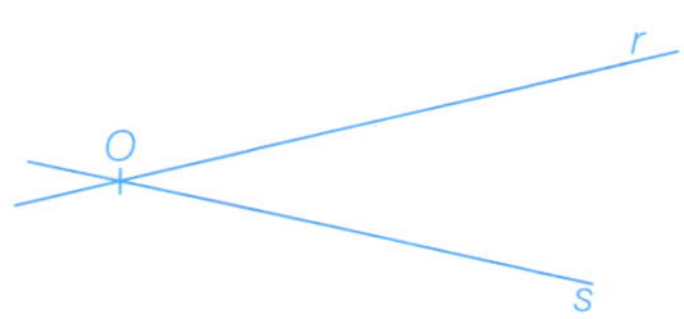

3º) Marque sucessivamente as medidas a e b na reta r e a medida c na reta s, determinando os pontos P e Q na reta r e o ponto E na reta s.

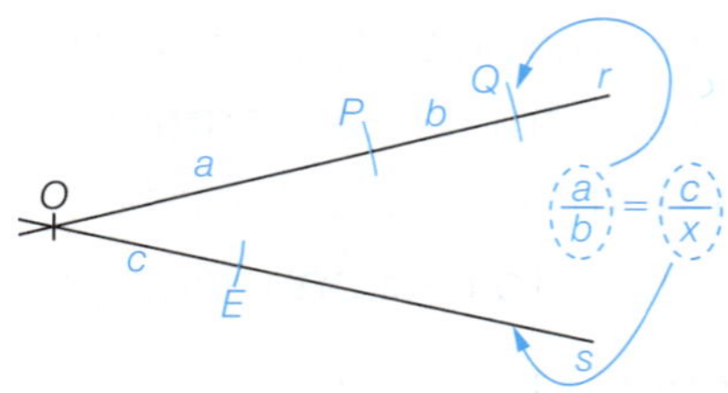

4º) Trace $\overline{PE}$ e uma paralela a ele por Q, determinando o ponto H na reta s.

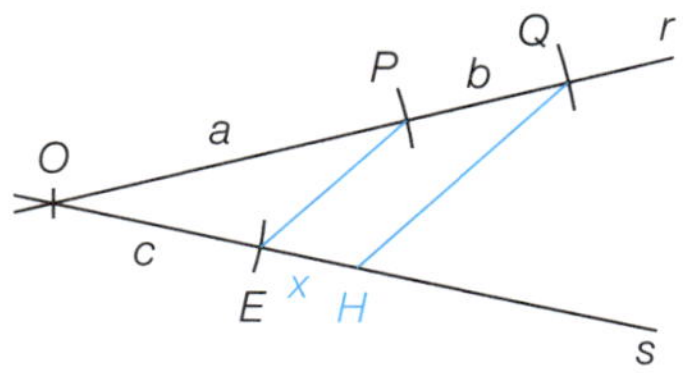

$$EH = x$$

$\overline{EH}$ é a quarta proporcional entre os segmentos de medidas a, b e c.

Justificativa:

Sendo $\overline{PE} \parallel \overline{QH}$, pelo teorema de Tales podemos afirmar que:

$$\frac{OP}{PQ} = \frac{OE}{EH} \Rightarrow \frac{a}{b} = \frac{c}{x}$$

Nota: Para uma construção gráfica precisa, é necessário definir bem o ponto considerado.

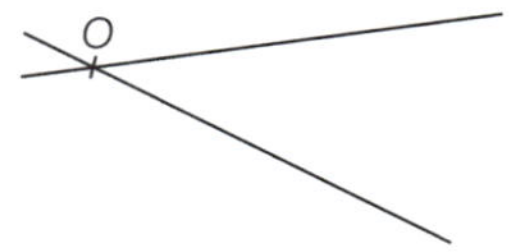

Ponto O bem definido.

Para você construir:

Construção da terceira proporcional entre dois segmentos de medidas conhecidas

• **Dados:**

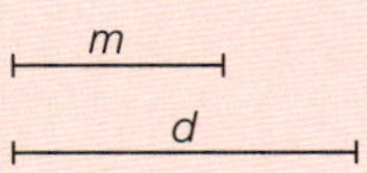

• **Construir:** segmento de medida y, sendo $y = \frac{m^2}{d}$

Passos da construção:

1º) Transforme $y = \frac{m^2}{d}$

$$dy = mm$$

extremos — meios

na forma $\frac{d}{m} = \frac{m}{y}$.

sempre o 4º termo

2º) Trace as retas r e s concorrentes em O. Marque as medidas d e m na reta r e a medida m na reta s, determinando os pontos A e B na reta r e o ponto C na reta s.

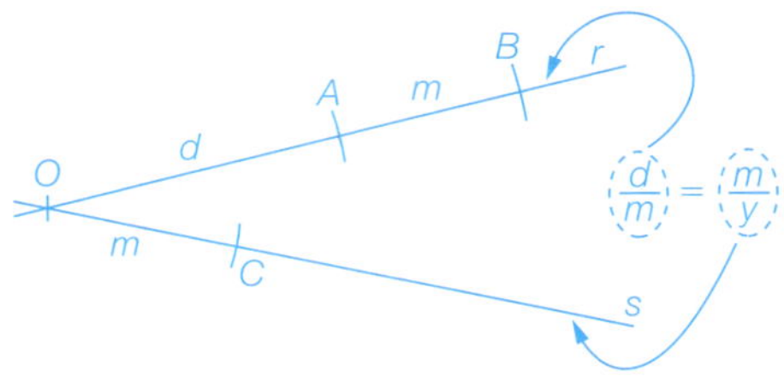

3º) Trace $\overline{AC}$ e uma paralela por *B*, determinando *D* na reta *s*.

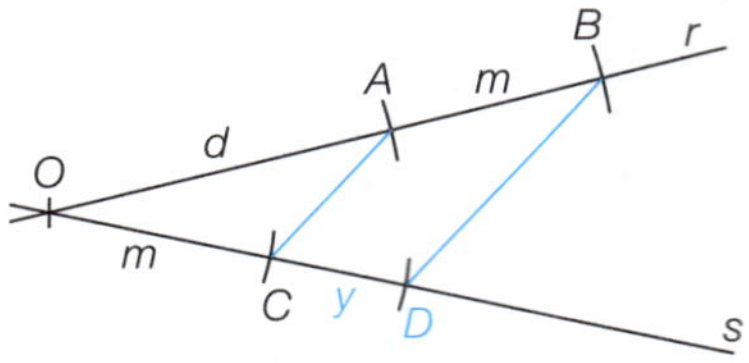

$$CD = y$$

$\overline{CD}$ é a terceira proporcional entre os segmentos de medidas *m* e *d*.

Para você construir:

Você em ação

1 Construa um segmento de medida *x*, quarta proporcional entre os segmentos de medidas $a = 2$ cm, $b = 3$ cm, $c = 4$ cm.

- Agora, calcule *x* algebricamente e compare com a resposta gráfica.

$$\frac{a}{b} = \frac{c}{x} \Rightarrow \frac{2\text{ cm}}{3\text{ cm}} = \frac{4\text{ cm}}{x} \Rightarrow$$

2 Construa um segmento de medida y, terceira proporcional entre os segmentos de medidas $s = 2$ cm e $n = 4$ cm.

- Agora, calcule y algebricamente e compare com a resposta gráfica.

3 Complete.

a) Os meios da proporção $x = \frac{a^2}{b}$ são: .... e ....

b) Os extremos da proporção $\frac{n}{t} = \frac{s}{y}$ são: .... e ....

c) Se x é o .... de c e b dividido por a, então x é a .... proporcional entre ....

d) Em uma proporção, h representa a terceira proporcional. Qual dos termos dessa proporção é h? ....

e) A quarta proporcional entre x, y e w é o segmento de medida k. Represente-a:

$\frac{\quad}{\quad} = \frac{\quad}{\quad}$

f) Os termos de uma proporção contínua são f, m e n. Represente-a:

$\frac{\quad}{\quad} = \frac{\quad}{\quad}$

g) Escreva as proporções de outra forma e identifique-as.

- $m = \frac{he}{r} \Leftrightarrow$
- $\frac{p}{n} = \frac{f}{k} \Leftrightarrow$
- $\frac{s}{u} = \frac{u}{t} \Leftrightarrow$
- $x = \frac{ab}{x} \Leftrightarrow$
- $v = \frac{c^2}{d} \Leftrightarrow$

4 Construa as expressões pedidas, sendo dados os segmentos de medidas *a*, *b* e *c*.

a) $x = \dfrac{ca}{b}$

c) $y = \dfrac{c^2}{a}$

b) $z = \dfrac{ab}{c}$

d) $w = \dfrac{a^2}{b}$

5 Construa uma circunferência de centro em *A* e raio de medida *r*, sendo $r = \dfrac{s^2}{t}$.
Dados: $s = 24$ mm, $t = 22$ mm.

Olhando ao redor

1 As bandeiras são símbolos muito significativos. Quando representam nações, exprimem muito de suas culturas e histórias. A bandeira francesa, por exemplo, apresenta três cores correspondentes ao lema da Revolução Francesa: liberdade (vermelho), fraternidade (azul) e igualdade (branco). A "Union Jack", como é chamada a bandeira da Grã-Bretanha, é a conjugação da cruz diagonal de São Patrício com a cruz de São Jorge. O círculo vermelho da bandeira japonesa simboliza o Sol, já que o Japão é chamado "País do Sol Nascente". Os países muçulmanos incluem o verde, cor-símbolo do profeta Maomé. Na bandeira etíope, as cores simbolizam as virtudes teológicas: fé (vermelho), esperança (verde) e caridade (amarelo).

França

Grã-Bretanha

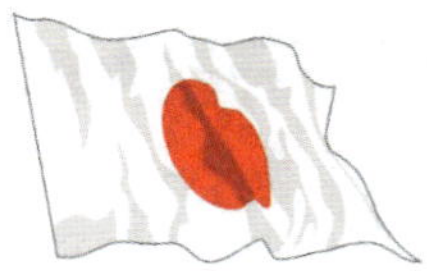
Japão

Arábia Saudita

Etiópia

a) Com base nos desenhos das bandeiras apresentadas a seguir, complete a razão $k = \dfrac{\text{vermelho}}{\text{branco}}$.

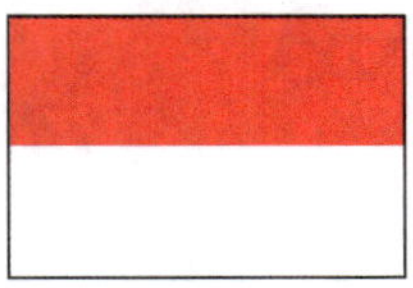
Indonésia

Peru

Áustria

....

b) A bandeira da Suécia foi desenhada nas medidas indicadas. Complete as proporções.

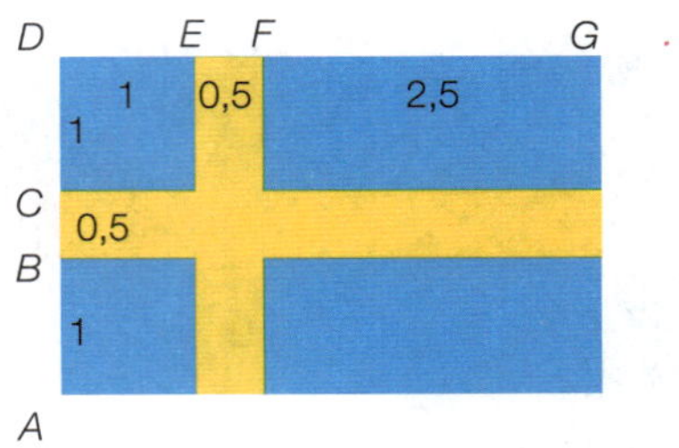

- $\dfrac{AB}{BC} = \dfrac{DE}{}$
- $\dfrac{DC}{DA} =$
- $\dfrac{DB}{CB} =$

2 Algumas das praias mais bonitas do Brasil ficam no litoral do Ceará. Observe estas imagens.

Luis Salvatore/Pulsar Imagens

Praia de Lagoinha, Paraipaba.

Erica Catarina Pontes/Shutterstock

Jericoacoara.

marcianelsis/Shutterstock

Praia de Morro Branco, Beberibe.

Pedra Furada, Jericoacoara.

No litoral leste (Fortaleza-Ponta Grossa), há uma praia famosa por suas areias coloridas. Descubra pelo mapa turístico abaixo qual é a praia (Y), sabendo que no mapa: $\frac{FC}{FY} = \frac{2}{1}$.

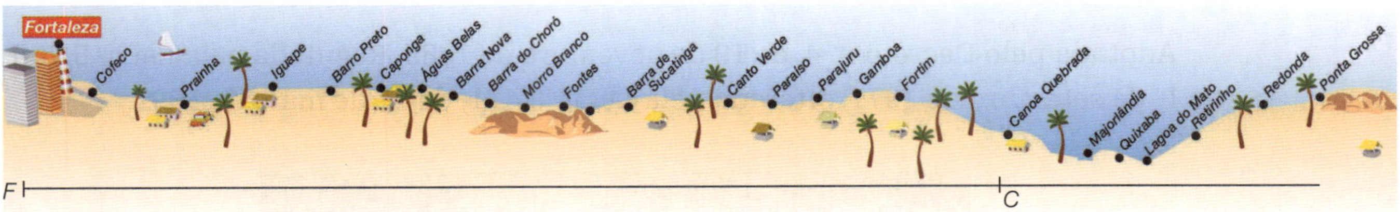

O ponto Y indica a praia ....

A praia que você vê na fotografia ao lado é muito procurada pelos turistas, pois nela se pode passear de bugue, de quadriciclo, de jegue ou de jangada. Descubra pelo mapa turístico abaixo qual é o nome (X) dessa praia, sabendo que no mapa: $\frac{JA}{JL} = \frac{AB}{LX}$.

T. Fernandes/Fotoarena

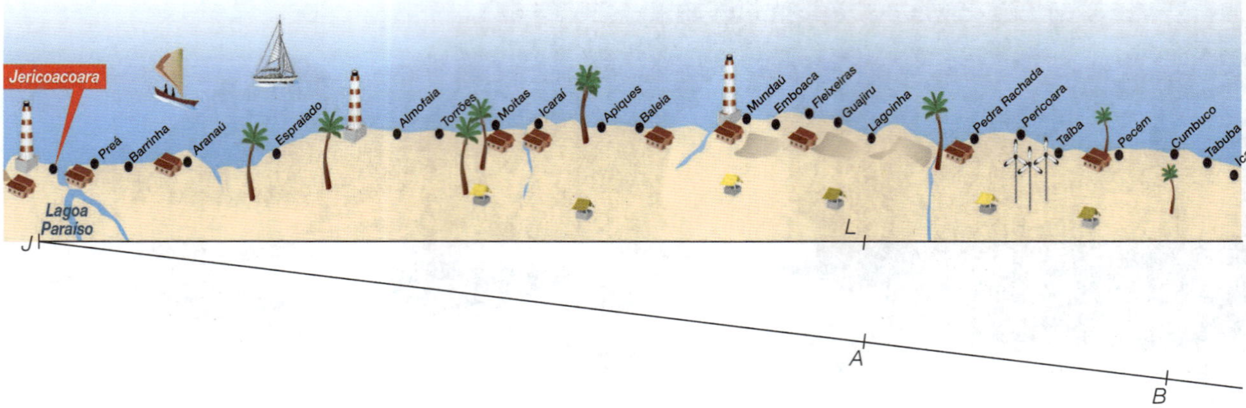

O ponto X indica a praia ....

3 Leia atentamente as informações a seguir, publicadas pelo *Noticiário do Exército*.

Bandeira do Brasil.

Adotada pelo Decreto nº 4, de 19 de novembro de 1889. Regulada pela Lei nº 5.700, de 1º de setembro de 1971, alterada pela Lei nº 8.421, de 11 de maio de 1992.

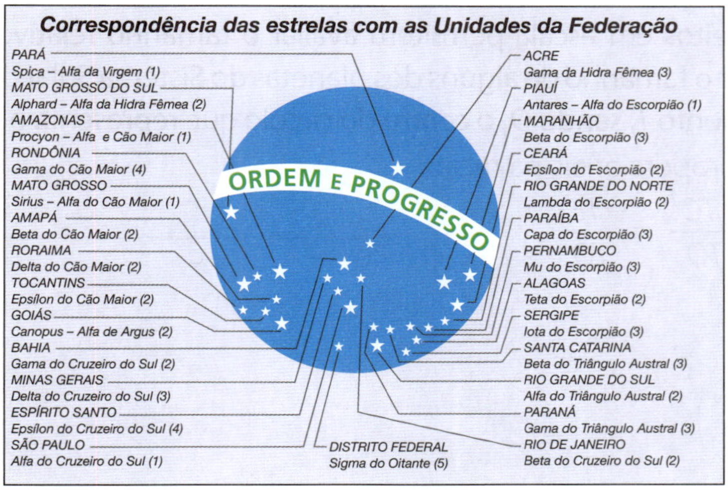

Desenho modular

M (módulo) é um segmento retilíneo arbitrário consoante o tamanho da bandeira. Assim, 14 *M* será sua largura, 20 *M* será seu comprimento e 3,5 *M*, o raio do círculo.

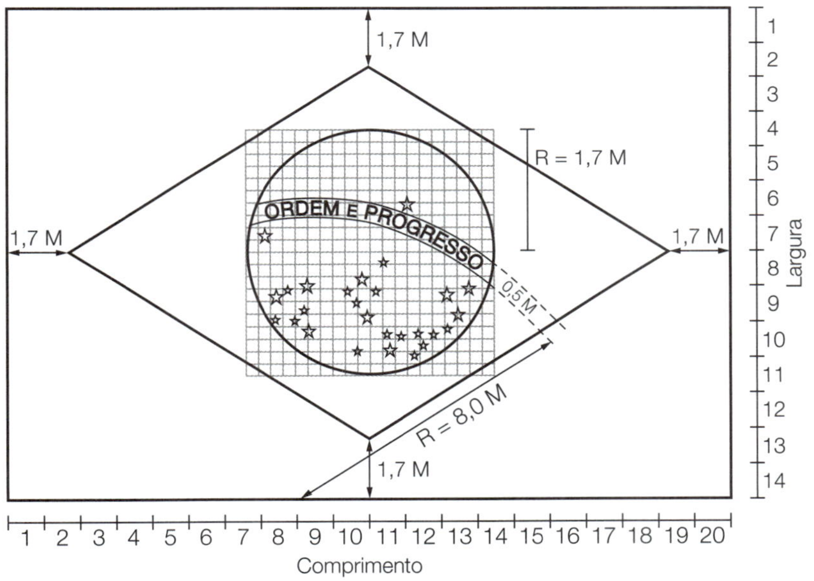

Responda:

a) Qual é a razão entre a largura e o comprimento? ....

b) Se a largura for 2,80 m, qual deve ser o comprimento? ....

c) Se o comprimento tiver 1,50 m, qual deve ser a largura? ....

d) Onde está localizado o centro dos arcos da faixa branca? ....

....

Agora, que tal desenhar a bandeira do Brasil em uma folha à parte? É fácil, basta obedecer às proporções dela.

4 **Os desenhos feitos em escala permitem avaliar o tamanho relativo dos objetos. Você pode comparar o tamanho de alguns dos planetas do Sistema Solar desenhando círculos tangentes no ponto T, sendo O_1 o centro do círculo que representa o maior dos planetas.**

Os raios são proporcionais na razão:

$$k = \frac{TA}{TO_1} = \frac{TC}{TO_3} = \frac{TE}{TO_5}$$

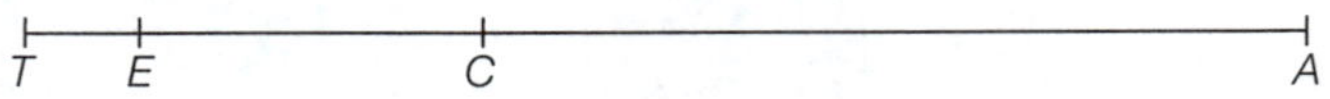

Neste desenho, 1 cm equivale a 10 000 km; isto é o mesmo que escrever que a escala é 1 : 1 000 000 000.

Observados por instrumentos, os planetas desenhados apresentam cores diferentes. Em ordem crescente, segundo as dimensões, temos:

- Terra – azulada;
- Urano – cinza-chumbo;
- Júpiter – vermelho-tijolo.

Agora, pinte os círculos de acordo com as orientações acima.

Você sabia?

- A Terra, como Mercúrio, Vênus e Marte, é um planeta telúrico (de formação rochosa). Esses planetas estão mais próximos do Sol e têm maior densidade que os planetas gasosos Júpiter, Saturno, Urano e Netuno.
- As imagens a seguir mostram uma comparação de tamanho entre os planetas do Sistema Solar e das estrelas a partir do Sol.

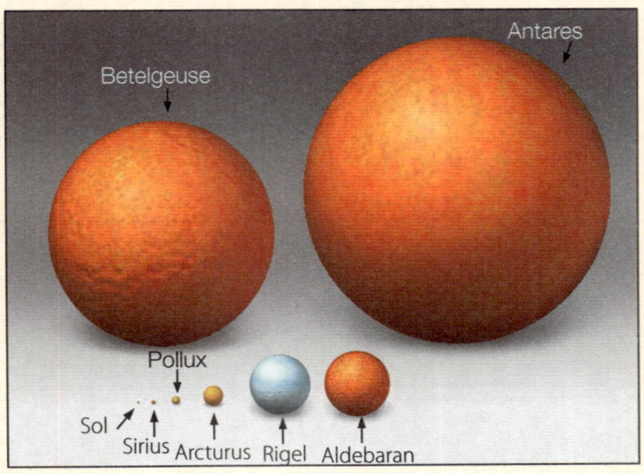

5 **Quatro amigos compraram um terreno, onde pretendem construir uma galeria de lojas. Eles querem que todas as lojas tenham frente para a avenida, mas o tamanho de cada uma deve ser proporcional às cotas adquiridas pelos sócios.**

Com base nestas pistas, descubra o tipo de loja e o número de cotas de cada sócio. Preencha o quadro, colocando S (sim) para os dados positivos e N (não) para os dados negativos. Note que um dado positivo permite marcar vários negativos.

Pistas:

- Lívio comprou o maior número de cotas.
- O sócio que possui 2 cotas vai montar uma sapataria.
- André será o dono da farmácia, loja de menor área.
- Marcílio não terá uma lanchonete nem venderá roupas.
- A maior loja não será a de roupas.

		Sócios			
		Lívio	**Marcílio**	**André**	**Sérgio**
Lojas	**sapataria**				
	roupas				
	farmácia				
	lanchonete				
Cotas	**1**				
	2				
	4				
	5				

Desenhe as lojas retangulares sabendo que a menor delas ficará na esquina, seguida pelas outras por ordem crescente de tamanho.

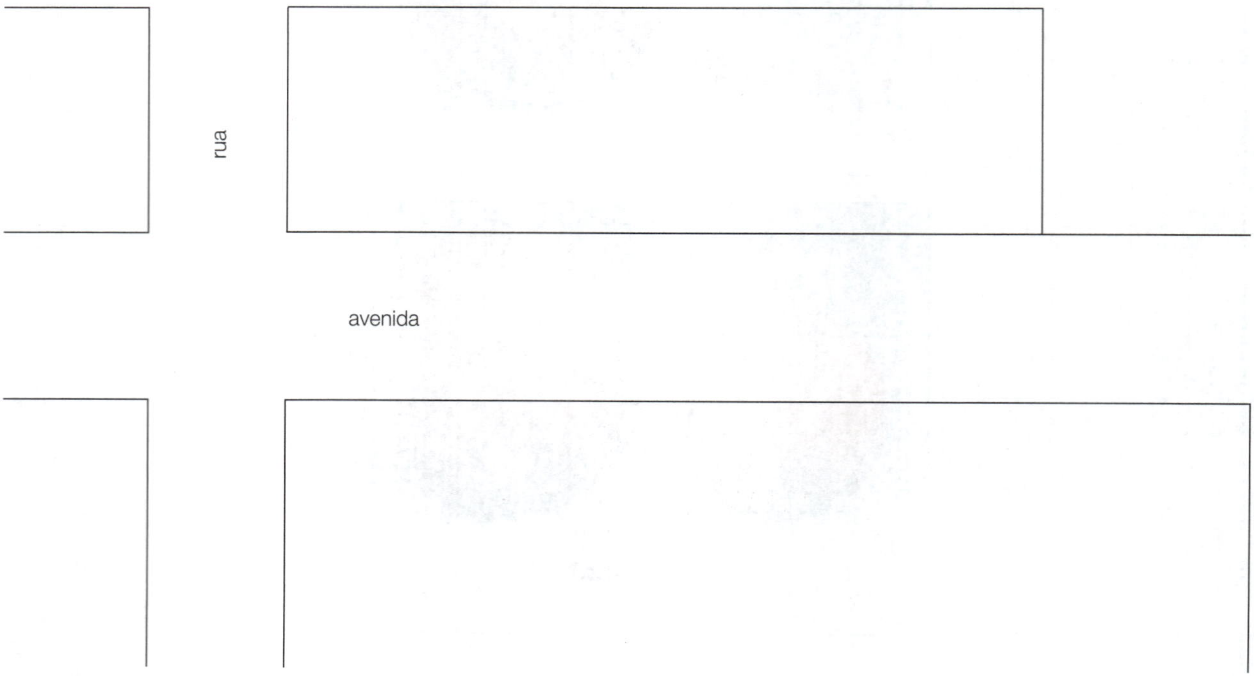

CAPÍTULO

5 Semelhança e homotetia

Você já estudou a isometria – transformação geométrica em que uma figura muda de posição, mas seu formato, suas medidas e suas propriedades são mantidas.

Neste capítulo, você vai estudar figuras semelhantes e a **homotetia** – transformação geométrica na qual as figuras mantêm seu formato e suas propriedades, porém sofrem alterações nas medidas e na posição no plano.

Que relação geométrica pode haver entre as figuras, seus tamanhos e suas posições? Vamos descobrir?

Peshkova/Shutterstock

Compreendendo ideias

O que são figuras semelhantes?

Você já estudou que figuras de formatos e medidas iguais são chamadas **congruentes**.

Agora, vamos estudar as figuras chamadas **semelhantes**.

Entre figuras semelhantes existe uma correspondência ordenada de elementos, que são chamados **homólogos**.

◆ Considere os triângulos *RST* e *LMN*.

As medidas dos pares de ângulos homólogos são:

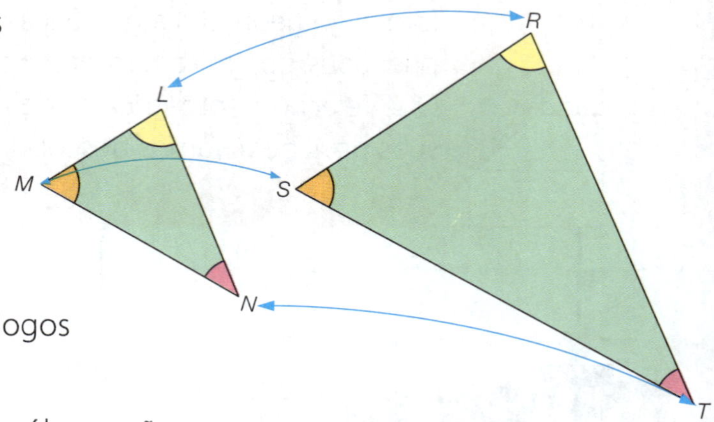

$m(\hat{R})$ = ... e $m(\hat{L})$ = ...

$m(\hat{S})$ = ... e $m(\widehat{M})$ = ...

$m(\hat{T})$ = ... e $m(\widehat{N})$ = ...

As medidas dos ângulos homólogos são ....

As medidas dos pares de lados homólogos são:

$m(\overline{RS})$ = ... e $m(\overline{LM})$ = ... $m(\overline{ST})$ = ... e $m(\overline{MN})$ = ...

$m(\overline{TR})$ = ... e $m(\overline{NL})$ = ...

As razões entre essas medidas dos lados homólogos são:

$\frac{RS}{LM} = \frac{3,8}{1,9} = \frac{2}{1} = 2$ $\frac{ST}{MN}$ = ... = ... = ... $\frac{TR}{NL}$ = ... = ... = ...

As razões são iguais; portanto, os lados homólogos são ....

$$\frac{RS}{LM} = \frac{ST}{MN} = \frac{TR}{NL} = k = 2$$

A razão *k* é chamada **razão de semelhança**. O símbolo ~ indica a semelhança.

Usando os símbolos, podemos escrever:

$\Delta RST \sim \Delta LMN$ (Lê-se: O triângulo *RST* é semelhante ao triângulo *LMN*.)

Agora, podemos definir:

> **Figuras semelhantes** são aquelas que têm:
> - ângulos homólogos congruentes;
> - lados homólogos proporcionais.

O que são figuras homotéticas?

Observe os dois polígonos:

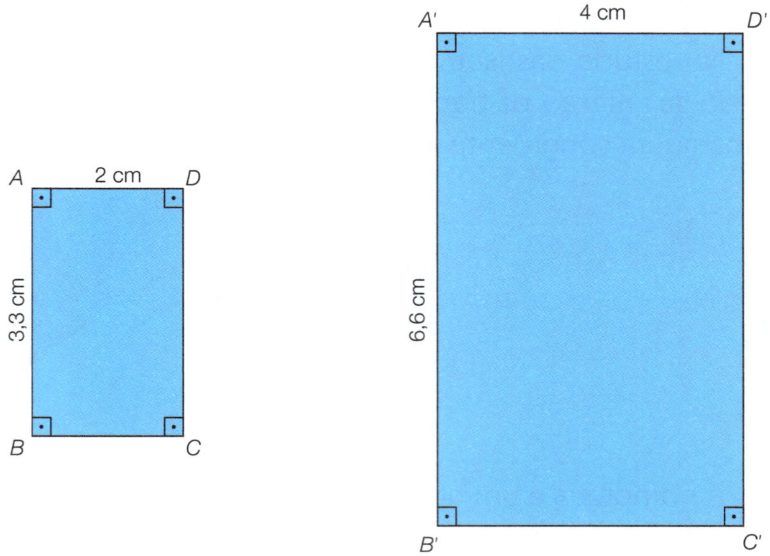

Eles são semelhantes, pois os ângulos homólogos são congruentes e os lados homólogos são proporcionais na razão $k = \frac{2}{1}$.

◆ Verifique se os lados homólogos são paralelos entre si. ....

Dizemos que o polígono *ABCD* é **homotético** ao polígono *A'B'C'D'* e vice-versa, pois **homotetia** = **semelhança** + **paralelismo**.

> **Figuras homotéticas** são aquelas que:
> - são semelhantes;
> - têm lados homólogos paralelos entre si.

◆ Agora, trace as retas que passam pelos vértices homólogos e observe.

Repare que elas se cruzam em um mesmo ponto, chamado **centro de homotetia**, e que os pares de vértices homólogos são colineares com esse centro de homotetia.

◆ Medindo as distâncias do centro de homotetia (*O*) aos vértices dos polígonos e calculando as razões, temos:

$\frac{OA'}{OA} = \frac{11{,}6}{5{,}8} =$ .... $\frac{OB'}{OB} =$ .... = ...

$\frac{OC'}{OC} =$ .... = ... $\frac{OD'}{OD} =$ .... = ...

Os segmentos são .... na razão $k =$ ...., que é chamada **razão de homotetia**.

Note que a **razão de homotetia** *k* (considerada de *A'B'C'D'* para *ABCD*) **é igual à razão de semelhança** dos polígonos.

Homotetia

Ampliação e redução de figuras

No estudo das isometrias, você conheceu e praticou a transformação de figuras por meio da reflexão, da translação e da rotação. O resultado dessas transformações era sempre uma figura congruente à original.

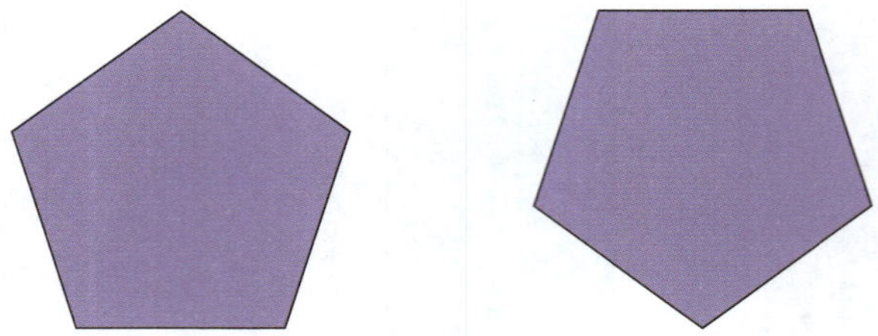

Figuras isométricas (formatos e medidas iguais).

A homotetia é um tipo de transformação na qual as figuras mantêm o formato original, mas suas medidas são ampliadas ou reduzidas, de acordo com a razão de homotetia.

Figuras semelhantes (formatos iguais, medidas proporcionais).

A **ampliação** ocorre quando $|k| > 1$. Isso significa que, se a razão k é maior do que 1 ou menor do que -1, a figura transformada é maior que a figura original.

A **redução** ocorre quando $|k| < 1$. Isso significa que, se a razão ($k \neq 0$) é um número entre -1 e 1, a figura transformada é menor do que a figura original.

Homotetia direta e homotetia inversa

A posição da figura transformada em relação à posição da figura original é determinada pelo sinal da razão.

Se a razão k tem sinal **positivo**, temos **homotetia direta**, na qual os vértices homólogos pertencem à mesma semirreta de origem (O).

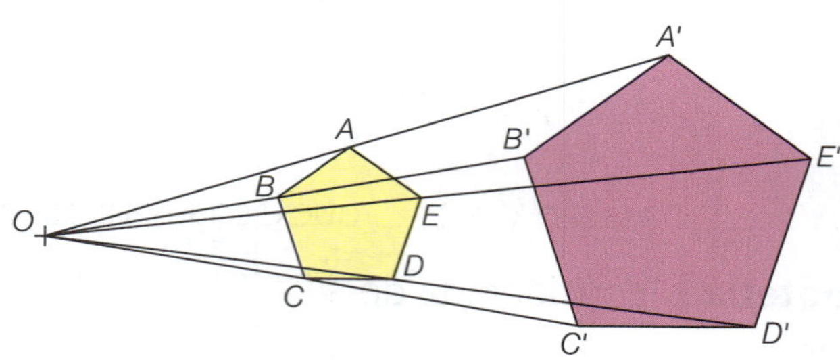

$$k = \frac{2}{1}$$

Se a razão k tem sinal **negativo**, temos **homotetia inversa**, na qual os vértices homólogos pertencem a semirretas opostas de origem (O) e ficam invertidos em relação ao centro de homotetia.

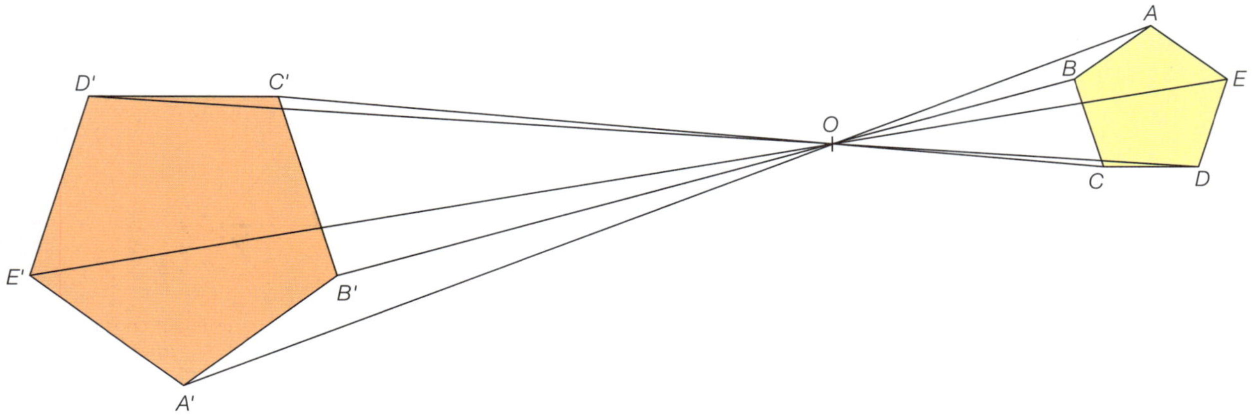

$$k = -\frac{2}{1}$$

Vamos analisar mais alguns exemplos.

O triângulo RPM (original) foi transformado na razão k, cujo módulo é $\frac{5}{2}$ (maior do que 1). Observe que os triângulos $R'P'M'$ e $R''P''M''$ são **ampliações** do original. Porém, para $k = \frac{5}{2}$, a ampliação é **direta** ($R'P'M'$); para $k = -\frac{5}{2}$, a ampliação é **inversa** ($R''P''M''$).

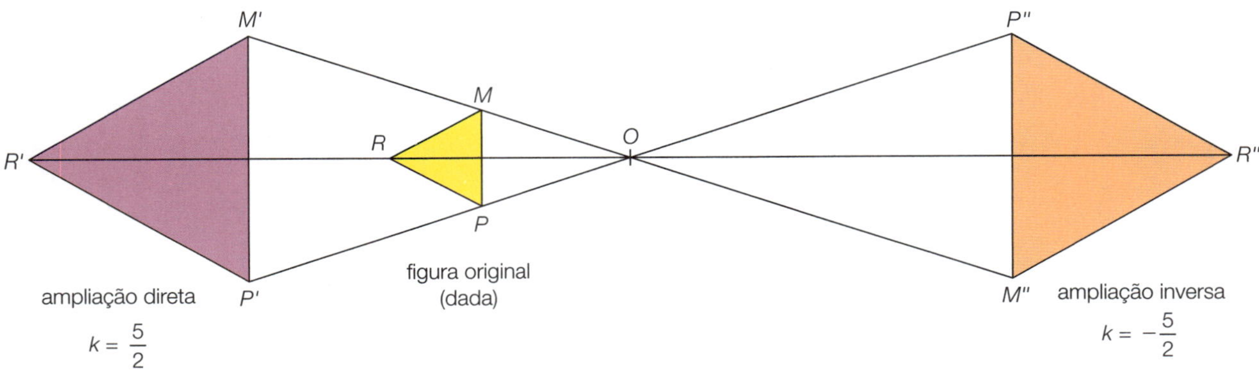

Na **ampliação direta**, o valor da razão k é sempre maior que 1.

ampliação direta $\rightarrow k > 1$

Na **ampliação inversa**, o valor da razão k é sempre menor que -1.

ampliação inversa $\rightarrow k < -1$

O losango *ABCD* (original) foi transformado na razão *k*, cujo módulo é $\frac{3}{7}$ (menor do que 1). Observe que os losangos transformados são **reduções** do original. Porém, para $k = \frac{3}{7}$, a redução é **direta** (*A'B'C'D'*); para $k = -\frac{3}{7}$, a redução é **inversa** (*A''B''C''D''*).

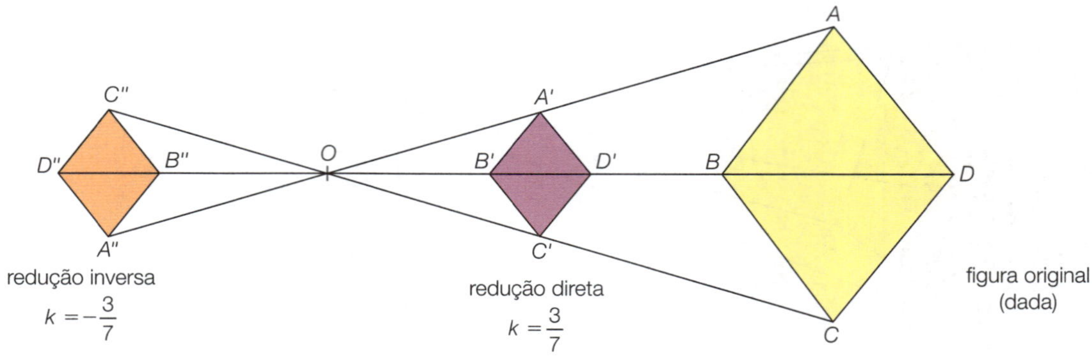

- Na redução direta, o valor da razão *k* está sempre compreendido entre 0 e 1.

redução direta → $0 < k < 1$

- Na redução inversa, o valor da razão *k* está sempre entre −1 e 0.

redução inversa → $-1 < k < 0$

Casos especiais: $|k| = 1$

- Quando a razão $\boldsymbol{k} = \mathbf{1}$, a figura transformada coincide com a figura original.

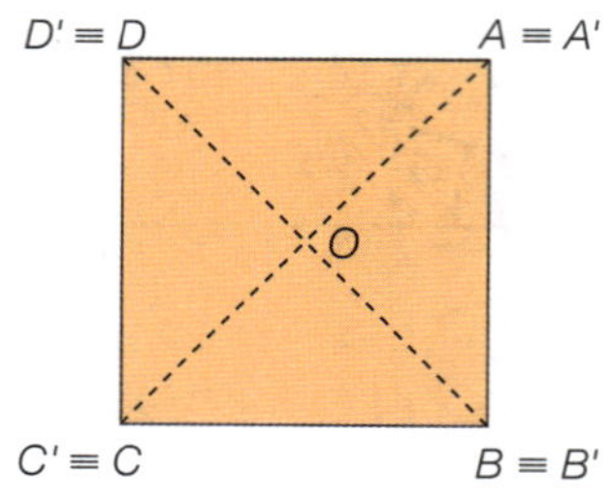

Quadrado original *ABCD*
Quadrado transformado *A'B'C'D'*
Figuras coincidentes

- Quando a razão $\boldsymbol{k} = \mathbf{-1}$, a figura transformada é simétrica à figura original, por simetria central.

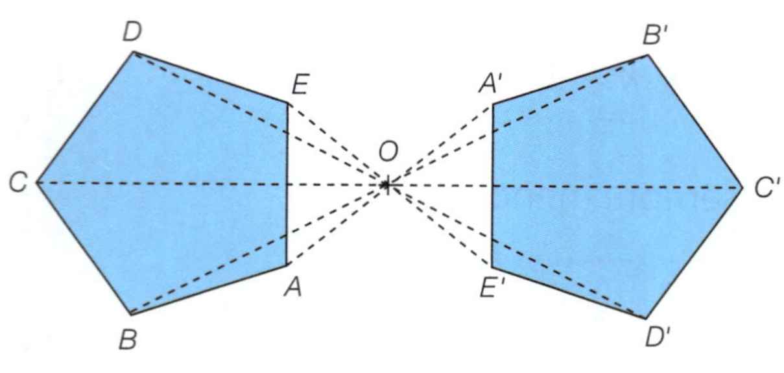

Pentágono original *ABCDE*
Pentágono transformado *A'B'C'D'E'*
Figuras congruentes (simetria central)

Construindo imagens

Construção de uma figura homotética a uma figura dada, em uma razão *k* positiva

- **Dados:** $\triangle ABC$; centro O; $k = 3$
- **Construir:** $\triangle A'B'C'$ homotético do $\triangle ABC$ na razão $k = 3$

Passos da construção:

1º) Trace $\overrightarrow{OA}$, $\overrightarrow{OB}$ e $\overrightarrow{OC}$.

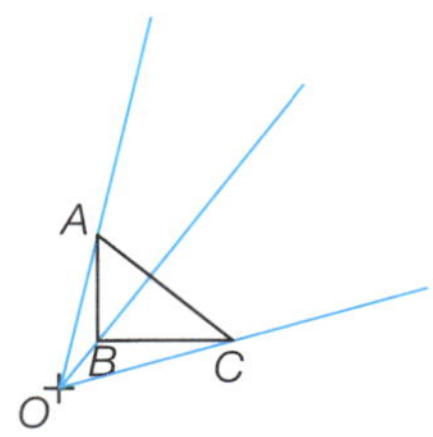

2º) Determine A' em $\overrightarrow{OA}$, sendo $OA' = 3OA$.

Determine B' em $\overrightarrow{OB}$, sendo $OB' = 3OB$.

Determine C' pelo mesmo procedimento.

Importante: Considere as medidas sempre a partir do centro O de homotetia.

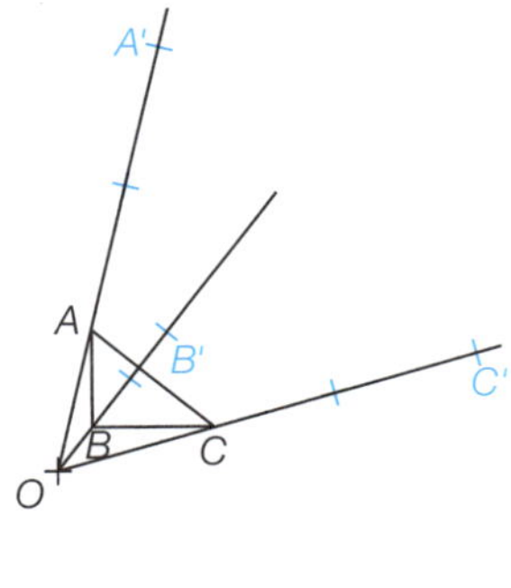

3º) Desenhe o $\triangle A'B'C'$ homotético do $\triangle ABC$. Note que os lados homólogos são paralelos.

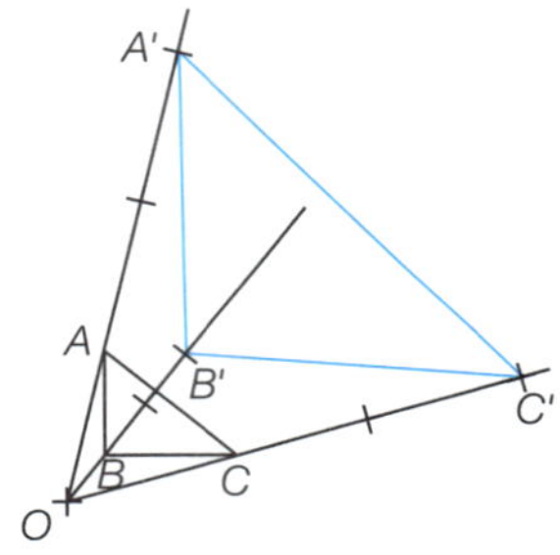

Para você construir:

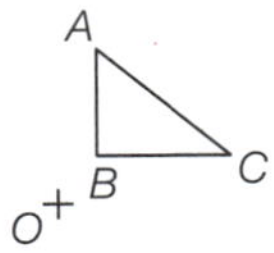

Construção de uma figura homotética a uma figura dada, em uma razão de valor entre 0 e 1

• **Dados:** $\overline{GH}$, centro O, $k = \frac{3}{4}$

• **Construir:** $\overline{G'H'}$ homotético de $\overline{GH}$ na razão $k = \frac{3}{4}$

Passos da construção:

1º) Trace $\overrightarrow{OG}$ e $\overrightarrow{OH}$.

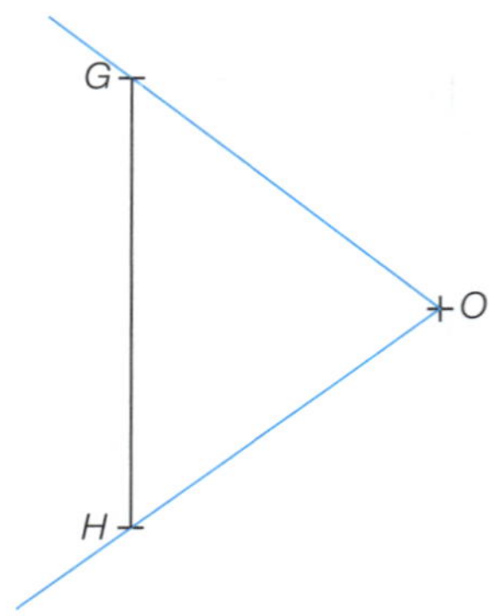

2º) Divida $\overrightarrow{OH}$ por 4, determinando H' a $\frac{3}{4}$ na medida $\overrightarrow{OH}$, a contar do centro de homotetia.

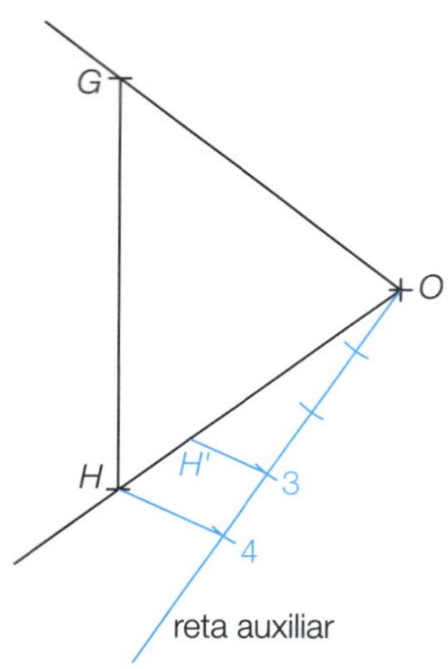

3º) Pelo ponto H', trace uma paralela a $\overline{GH}$ (as figuras homotéticas são paralelas). Determine G' na interseção dessa paralela com $\overrightarrow{OG}$. Note que $\overline{G'H'}$ é menor que GH (redução direta).

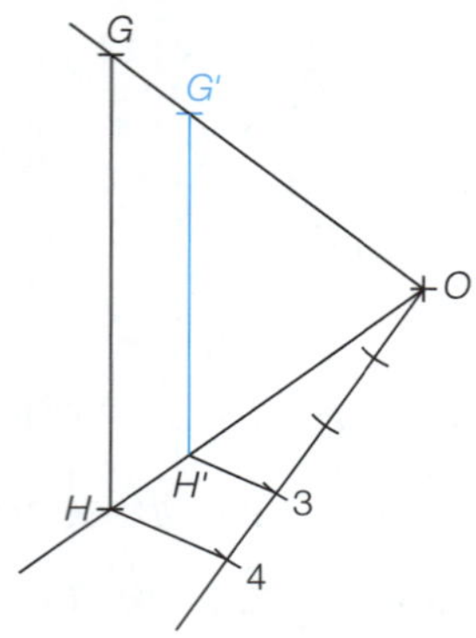

Para você construir:

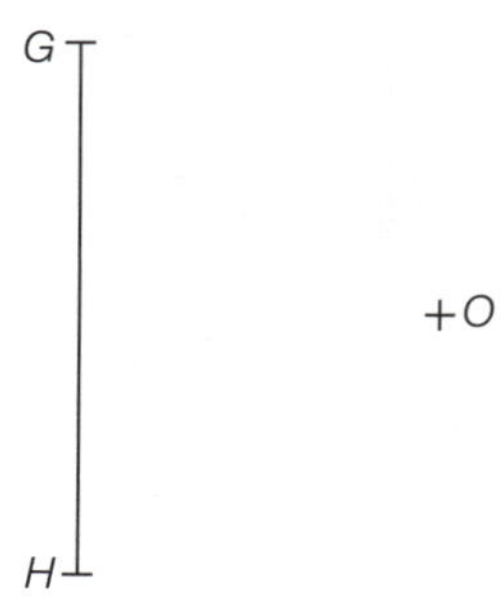

Usando tecnologia

Construção de uma figura homotética a uma figura dada, em uma razão *k* negativa

Nesta seção, você fará a construção de uma figura homotética a outra, por meio da ampliação inversa, dada a razão $k = -2$, utilizando o *software* de geometria dinâmica GeoGebra, que pode ser encontrado no endereço <https://www.geogebra.org>.

Passos da construção:

1º) Utilizando a ferramenta 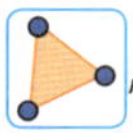, construa um triângulo qualquer, clicando em três pontos não colineares da tela. Depois que clicar nos três pontos, para criar o polígono você deve clicar novamente no primeiro ponto criado. Em seguida, utilizando a ferramenta , determine o ponto que será o centro da homotetia. Para renomear o ponto, clique com o botão direito do *mouse* em cima dele, selecione a opção "Renomear" e nomeie o ponto como *O*.

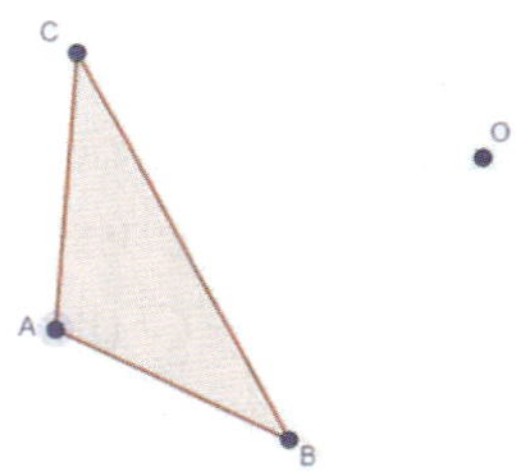

2º) Utilizando a ferramenta 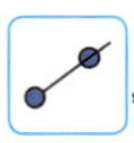, trace $\overleftrightarrow{AO}$, $\overleftrightarrow{BO}$ e $\overleftrightarrow{CO}$.

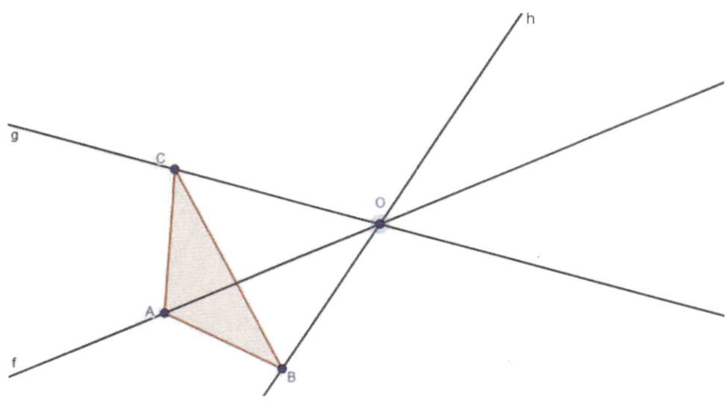

3º) Como a razão dada é $k = -2$, sabemos que a figura será ampliada. Assim, para obter os vértices da nova figura, utilize a ferramenta 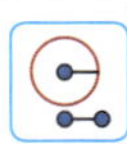, clique em *A*, em *O* e novamente em *O*, construindo a circunferência de centro *O* e raio $\overline{AO}$. Em seguida, utilizando a ferramenta , marque o ponto *D*, interseção entre a circunferência e a mediatriz $\overline{AO}$. Utilize novamente a ferramenta 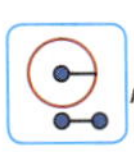, clique em *O*, em *D* e novamente em *D* para construir a circunferência de centro *D* e raio $\overline{OD}$.

Agora, utilizando a ferramenta, marque o ponto E, interseção entre a circunferência e a mediatriz $\overline{AO}$. Esse ponto é um dos vértices do triângulo homotético ao triângulo ABC. Antes de seguir para as próximas construções, esconda as construções auxiliares. São elas: as duas circunferências e o ponto D.

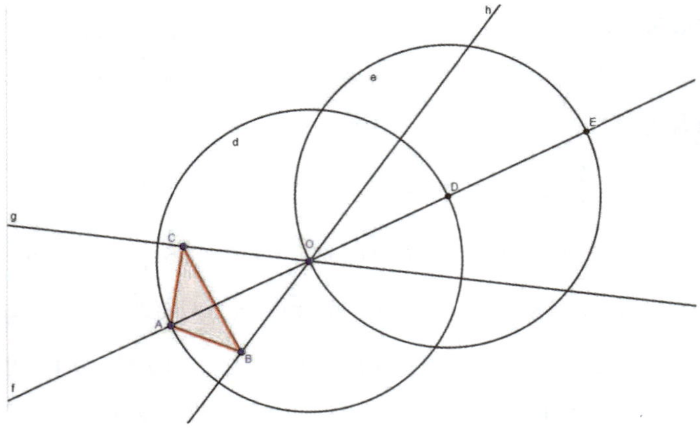

4º) Para obter os outros vértices do triângulo homotético ao triângulo ABC, repita o procedimento descrito no 3º passo. Esconda as construções auxiliares: as circunferências e os pontos F e H. Por fim, construa o triângulo EGI utilizando a ferramenta e selecionando o ponto E, o ponto G, o ponto I e, novamente, o ponto E para fechar o polígono.

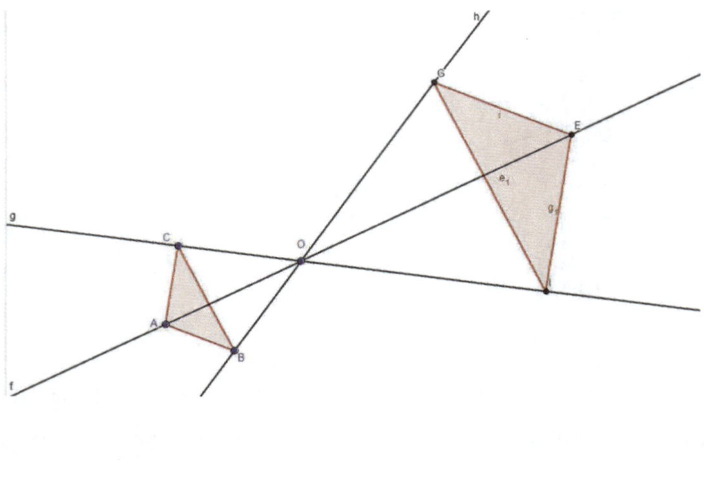

Para você construir:

Construa, em um *software* de geometria dinâmica, um pentágono homotético a outro, por meio da redução inversa, dada a razão $k = -\frac{1}{2}$.

Construindo imagens

Construção de uma reta homotética a uma reta dada, com razão *k*

- **Dados:** reta *a*; $k = -\frac{3}{2}$; centro *O*
- **Construir:** reta *a'* homotética à reta *a* na razão *k*

Passos da construção:

1º) Marque um ponto *P* qualquer na reta *a* e trace $\overrightarrow{PO}$.

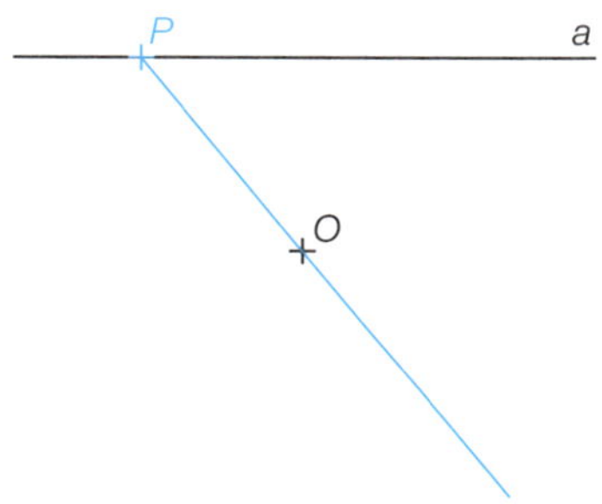

2º) Trace uma reta auxiliar passando por *O* e marque 2*u* para o lado de *P* e 3*u* para o lado oposto. Ligue o ponto de número 2 com *P* e trace uma paralela pelo ponto de número −3, determinando *P'* em $\overrightarrow{PO}$.

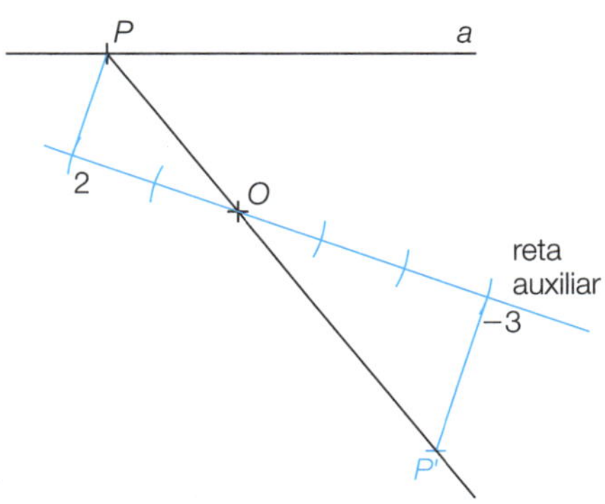

3º) Desenhe a reta *a'* paralela à reta *a* pelo ponto *P'*. Houve uma ampliação da distância da reta ao centro de homotetia.

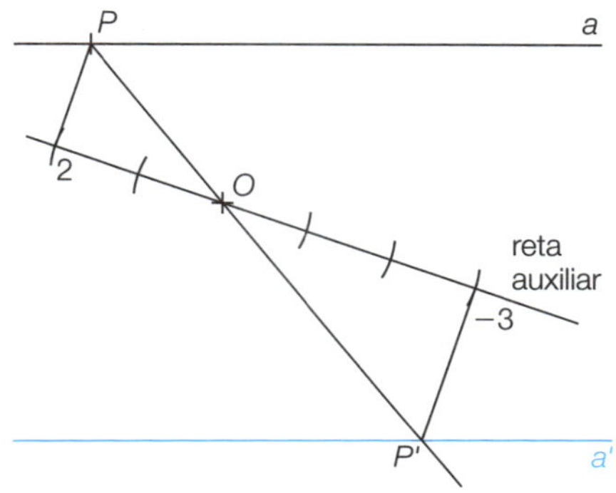

Justificativa:

Pelo teorema de Tales: $\frac{OP'}{OP} = \frac{OB}{OA} = -\frac{3}{2}$

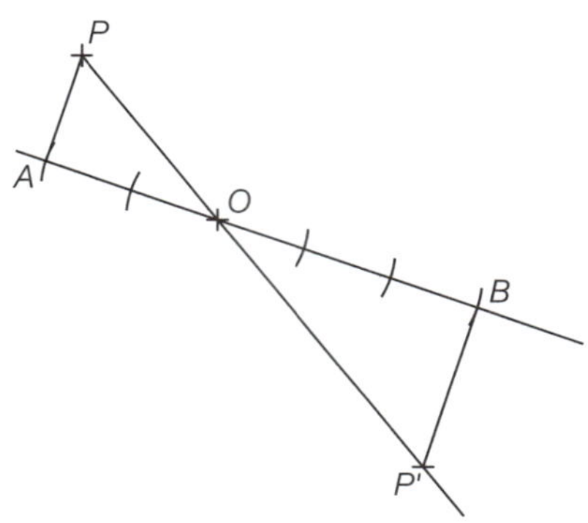

Para você construir:

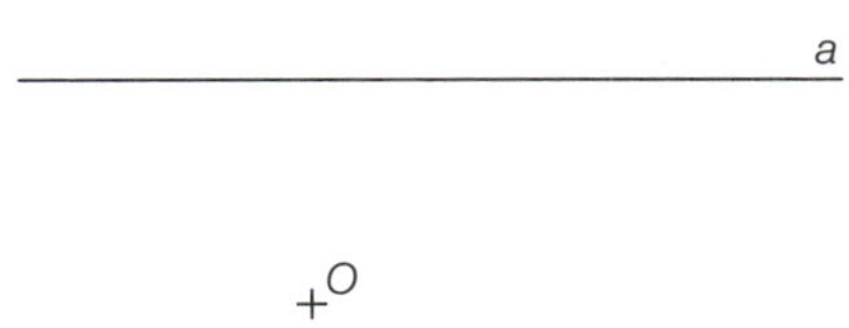

Construção de dupla transformação de um ponto dado por homotetia

- **Dados:** ponto A; centro O; $k = \frac{3}{2}$; $k' = -1$
- **Construir:** A' homotético de A na razão k, A'' homotético de A' na razão k'

Passos da construção:

1º) Trace $\overleftrightarrow{OA}$.

2º) Divida $\overline{OA}$ por 2 obtendo M, ponto médio de $\overline{OA}$.

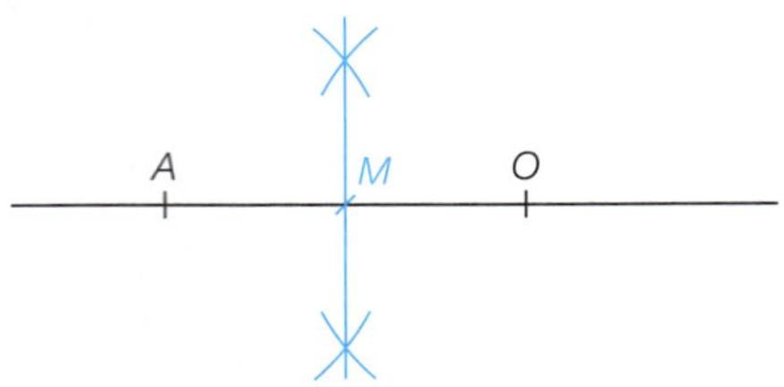

3º) Determine A' com $OA' = 3OM$.

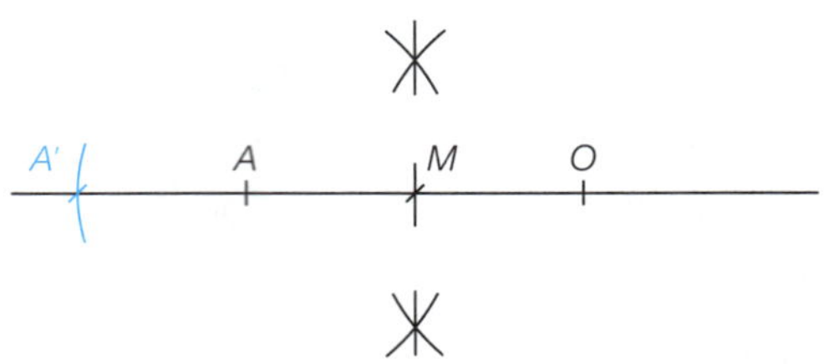

4º) Determine A'' inverso a A' com $OA'' = OA'$.

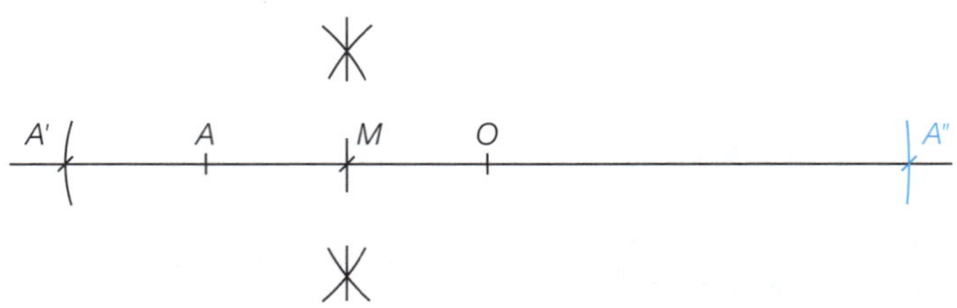

Para você construir:

Você em ação

1 Analise os paralelogramos *DEFG* e *D'E'F'G'*. Em seguida, responda às questões.

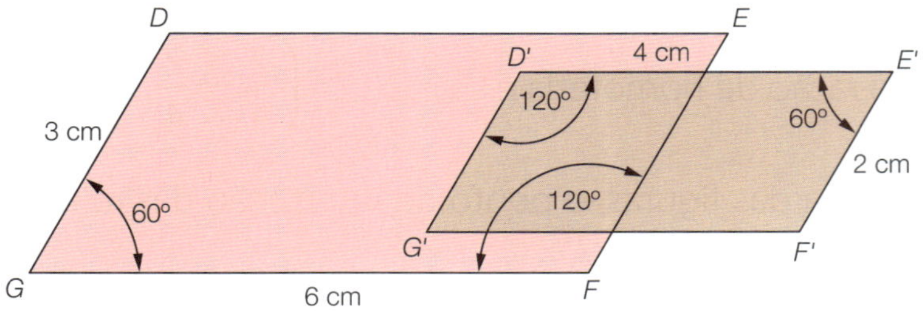

a) Eles são semelhantes? Justifique. ....

....

....

b) Eles são homotéticos? Justifique. ....

....

c) Qual é a razão entre os paralelogramos? ....

2 Observe as figuras homotéticas dadas e complete as afirmações.

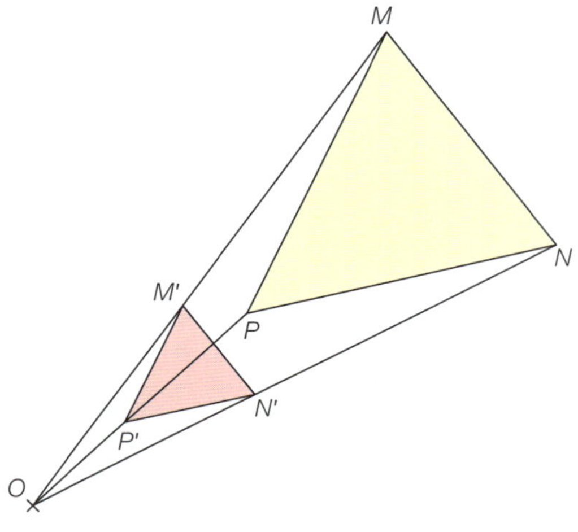

Figura 1

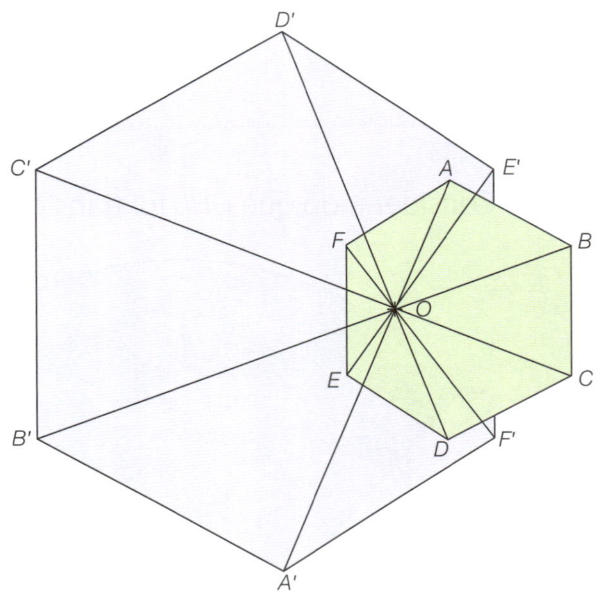

Figura 2

a) Na figura 1, observa-se uma .... do triângulo *MNP* na razão ....

$\left(\frac{7}{3}, \frac{3}{7}, -\frac{7}{3}, -\frac{3}{7}\right)$

b) Na figura 2, ocorre homotetia .... do hexágono *ABCDEF* para o hexágono *A'B'C'D' E' F'*, e a razão de homotetia é .... $\left(\frac{2}{4}, -\frac{2}{4}, \frac{4}{2}, -\frac{4}{2}\right)$

c) Em qualquer uma das figuras, o ponto de interseção das retas determinadas pelos vértices homólogos é o ....

3 **Dadas as figuras homotéticas, determine o centro de homotetia e indique se é um caso de homotetia direta ou de homotetia inversa.**

a) Considerando que *ABCDEF* foi transformado em *A'B'C'D' E' F'*.

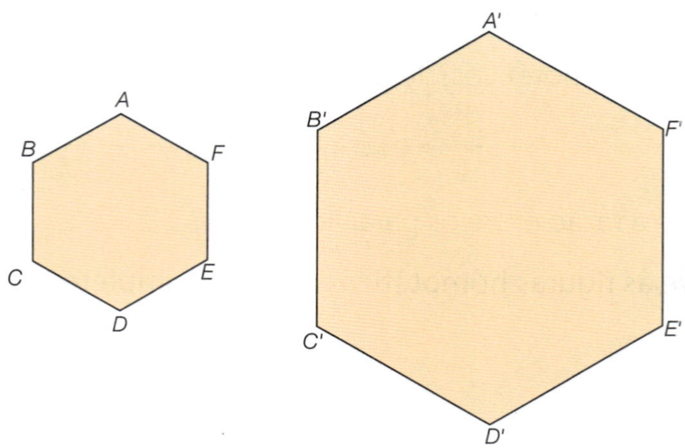

....

b) Considerando que *GHIJ* foi transformado em *G'H'I'J'*.

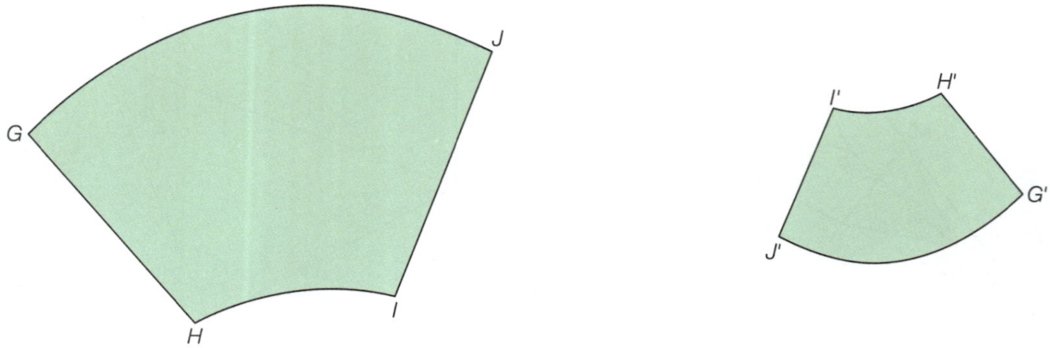

....

4 Desenhe a transformação destes pontos por homotetia de centro *O* e razão *k* dada.

a) $k = \frac{8}{5}$

b) $k = -\frac{5}{4}$

5 Construa a dupla transformação da figura dada, sendo *O* o centro e as razões de homotetia $k = -\frac{2}{5}$ e $k' = -2$.

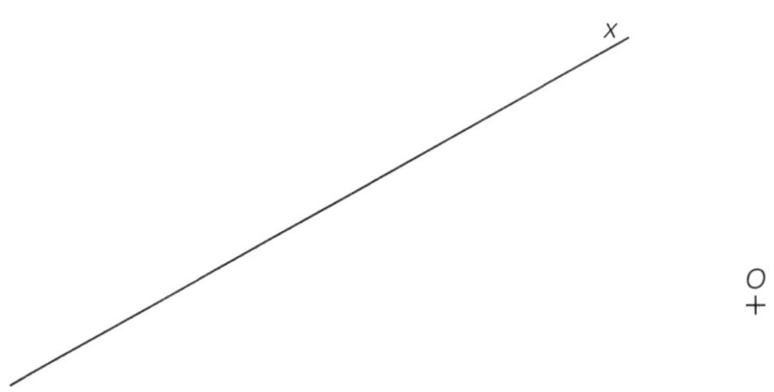

6 Construa a figura homotética da figura dada, na razão $k = -2$, sendo O o centro de homotetia.

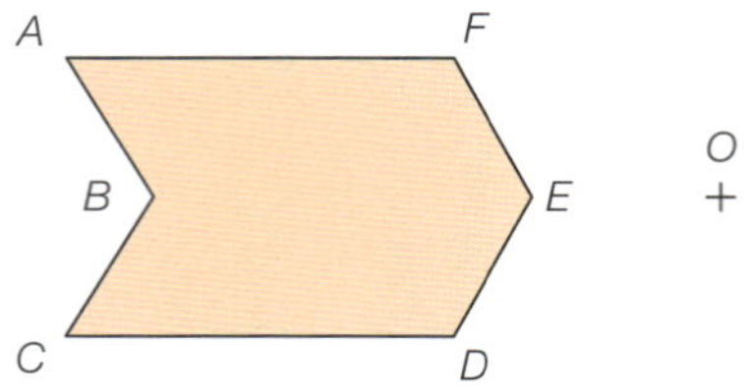

7 Amplie homoteticamente a figura dada na razão $k = -\frac{9}{4}$.

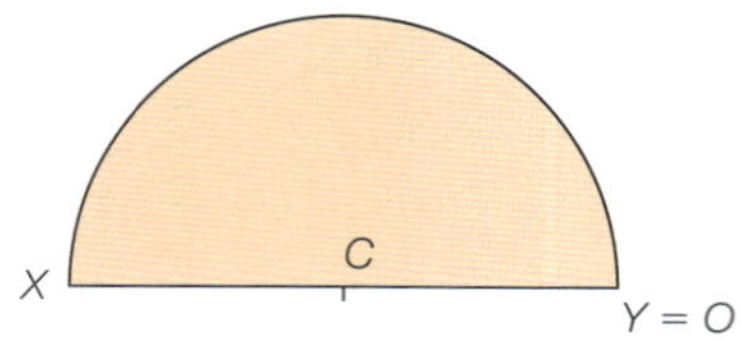

8 Faça transformações por homotetia, de modo que em cada figura os elementos indicados fiquem com as medidas pedidas.

a) Diagonal $\overline{A'C'}$ ($A'C' = 3{,}5$ cm).

b) Altura relativa ao lado *a* com o dobro da medida da altura original.

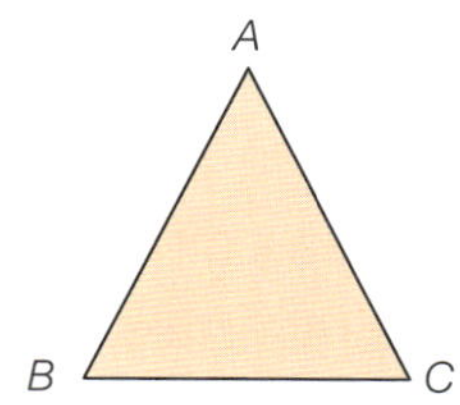

c) Base menor com 6 cm de comprimento.

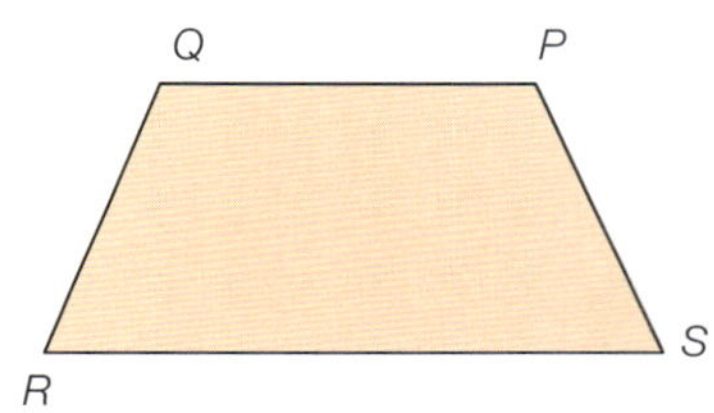

d) Mediana relativa à hipotenusa com 4 cm de comprimento.

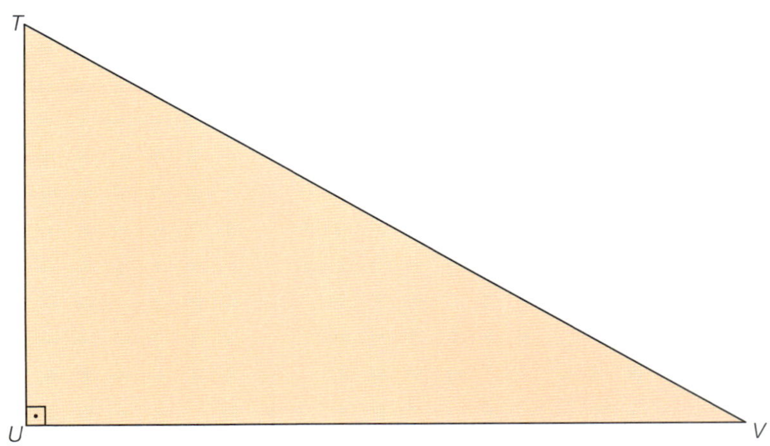

Olhando ao redor

1 **O Empire State Building, situado em Nova York (EUA), tem 381 m de altura e foi inaugurado em 1931. Por mais de 40 anos, esse edifício manteve o título de mais alto do mundo. Porém, as megaconstruções mais recentes ultrapassam os 400 m de altura, e hoje o Burj Khalifa, em Dubai (Emirados Árabes Unidos), é o edifício mais alto do mundo.**

Usando seus conhecimentos sobre semelhança de triângulos, complete o desenho e determine a altura do Burj Khalifa, comparando-o com um edifício de 100 m de altura e com as sombras projetadas por ambos. Justifique sua resposta.

(Croqui sem escala.)

2 **A visão é um sentido muito importante para nossa percepção do mundo. Quando vemos um objeto, a imagem formada em nossa retina é invertida.**

Porém, não percebemos essa inversão, uma vez que nosso cérebro interpreta a imagem recebida, evitando que tenhamos a visão de um mundo "de pernas para o ar".

As imagens não estão representadas em proporção.

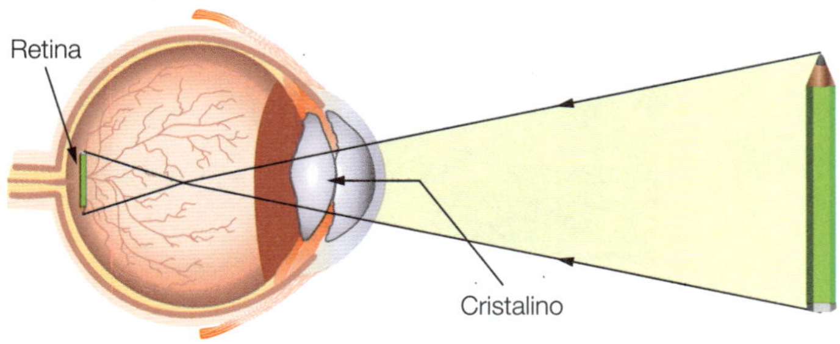

O objeto real e sua imagem na retina são figuras homotéticas.

A câmera fotográfica analógica funciona de modo semelhante ao olho humano. A imagem registrada no filme é invertida em relação ao objeto fotografado. Esse fenômeno é explicado pelo princípio de propagação retilínea da luz. Observe os raios no esquema a seguir.

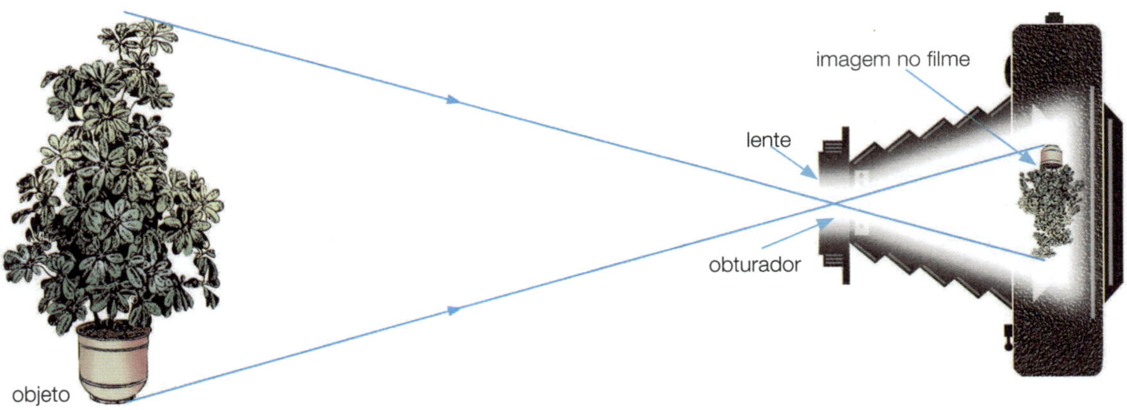

Faça o desenho de um objeto e considere-o como imagem original. Mostre como nosso olho a vê.

Desenhe aqui.

3 Muitos instrumentos já foram inventados para facilitar os processos de ampliação e redução de imagens. Um deles, o pantógrafo (do grego *pantos* = "tudo" + *graphein* = = "escrever"), foi criado em 1603 pelo astrônomo e jesuíta alemão Christoph Scheiner (1573-1650).

Bettmann Archive/Getty Images

Pantógrafo aperfeiçoado e usado por Thomas Jefferson (1743-1826).

Esse instrumento é composto de quatro réguas de madeira articuladas, tendo numa das extremidades um lápis que acompanha os movimentos de um pino que deve ser passado sobre os contornos da figura original.

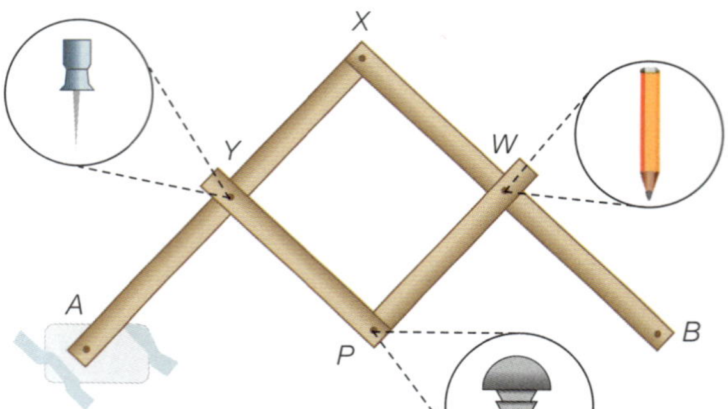

Quer aprender a construir e usar um pantógrafo? Assista aos vídeos:

- <https://www.youtube.com/watch?v=Ji7YorM_t_0&feature=youtu.be>;
- <http://www3.gobiernodecanarias.org/medusa/ecoblog/mrodperv/2o-eso/geometria/pantografo/>.

4 **Vamos elaborar um cartaz? Escolha uma figura de revista e desenhe-a ampliada para ilustrar o cartaz, de modo que ela fique pelo menos 5 vezes maior do que o seu tamanho original. Aproveite o cartaz para transmitir uma mensagem positiva que estimule as pessoas a adotar atitudes que colaborem para uma sociedade mais justa, harmônica e fraterna.**

CAPÍTULO 6

Resolução gráfica de expressões algébricas

Na natureza, encontramos formas harmoniosas em animais, em vegetais e em formações rochosas. A fotografia que você vê abaixo é de um brócolis romanesco, um vegetal fractal.

Neste capítulo, você vai aprender fractais e retângulos especiais denominados retângulos áureos.

Thinkstock/Getty Images

Brócolis romanesco: cruzamento entre brócolis e couve-flor.

Compreendendo ideias

As expressões algébricas e os problemas de D.G.

Alguns problemas encontrados em Desenho Geométrico são resolvidos a partir de expressões algébricas deduzidas das relações entre os elementos das figuras. Nessas expressões, a incógnita é a medida de um segmento que se deve obter graficamente.

As expressões algébricas que aparecem mais frequentemente nos problemas de D.G. são as das seguintes formas:

- $x = a + b$ ou $x = a - b$ ou $x = a + b - c$ (adição e subtração de segmentos);
- $x = 4c$ ou $x = \dfrac{b}{3}$ (produto e quociente da medida de um segmento por um número);
- $x = \dfrac{ab}{c}$ ou $x = \dfrac{a^2}{b}$ (quarta e terceira proporcionais);
- $x = \sqrt{ab}$ (média geométrica);
- $x = \sqrt{a^2 \pm b^2}$ (expressão pitagórica);
- $x = a\sqrt{3}$ (segmentos de medida $a\sqrt{n}$).

Como você já conhece as três primeiras, vamos estudar a seguir a **média geométrica**, a **expressão pitagórica** e os **segmentos de medida** $a\sqrt{n}$.

Média geométrica (ou média proporcional)

Dizemos que uma proporção é contínua quando seus meios são iguais. A **média geométrica** ou média proporcional (x) é o meio comum de uma proporção contínua.

$$\frac{a}{x} = \frac{x}{b}$$

← meios

Sendo conhecidos os segmentos de medidas a e b, a medida x do segmento que forma uma proporção com os dois promeiros corresponde à raiz quadrada do produto das medidas a e b.

$$x^2 = a \cdot b \Rightarrow x = \sqrt{a \cdot b}$$

Para que você compreenda a resolução gráfica da média geométrica, observe as figuras a seguir.

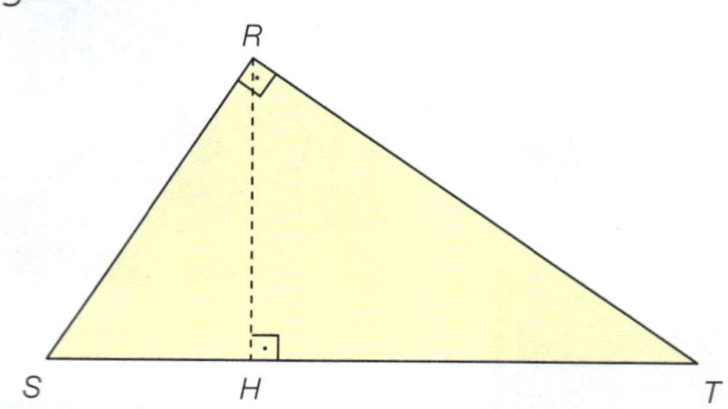

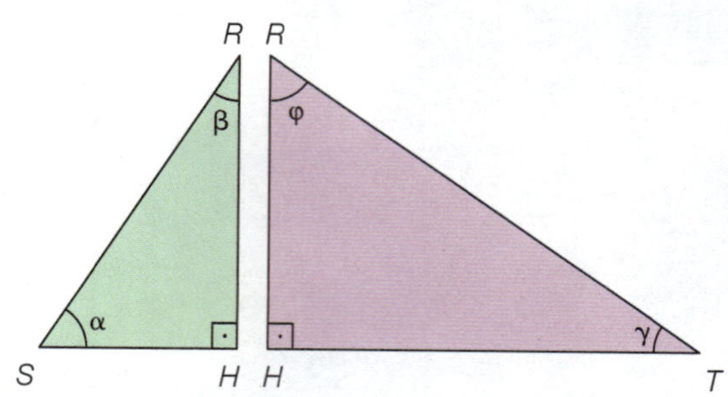

O triângulo TRS é retângulo, pois $m(\hat{R}) = 90°$.

A altura $\overline{RH}$ divide esse triângulo em outros dois: $\triangle RSH$ e $\triangle TRH$, ambos retângulos em $\hat{H}$.

Os três triângulos são semelhantes, pois têm ângulos homólogos congruentes.

$$\left.\begin{array}{l}\alpha + \beta = 90° \\ \alpha + \gamma = 90°\end{array}\right\} \Rightarrow \cancel{\alpha} + \beta = \cancel{\alpha} + \gamma \Rightarrow \beta = \gamma$$

$$\left.\begin{array}{l}\alpha + \gamma = 90° \\ \varphi + \gamma = 90°\end{array}\right\} \Rightarrow \alpha + \cancel{\gamma} = \varphi + \cancel{\gamma} \Rightarrow \alpha = \varphi$$

Relações métricas

Agora, vamos conhecer duas relações métricas no triângulo retângulo.

1ª) A medida x da altura $\overline{RH}$ relativa à hipotenusa $\overline{ST}$ é a média geométrica entre as projeções a e b dos catetos sobre a hipotenusa.

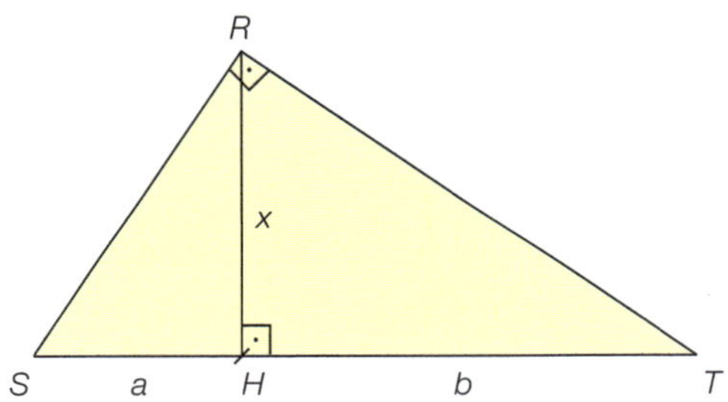

Como $\triangle RSH \sim \triangle TRH$, pois $\triangle RST \sim \triangle HSR$ e $\triangle RST \sim \triangle HRT$, temos:

$$\frac{a}{x} = \frac{x}{b} \Rightarrow x^2 = ab \Rightarrow x = \sqrt{ab}$$

Note que $ST = a + b$.

2ª) A medida x de um cateto é a média geométrica entre a hipotenusa e a projeção desse cateto sobre ela.

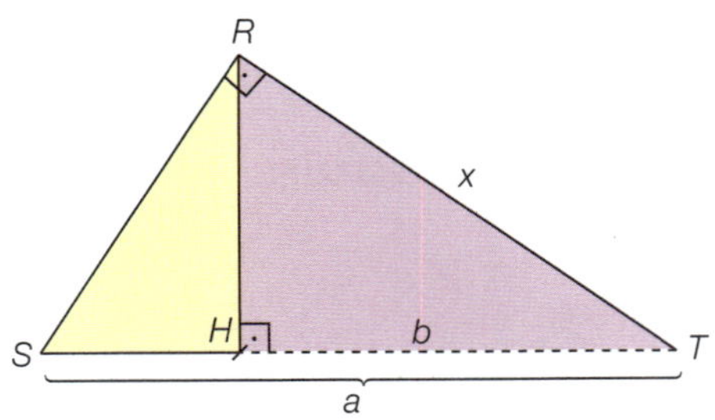

Como $\triangle RST \sim \triangle HRT$, temos:

$$\frac{a}{x} = \frac{x}{b} \Rightarrow x^2 = ab \Rightarrow x = \sqrt{ab}$$

Note que $SH = a - b$.

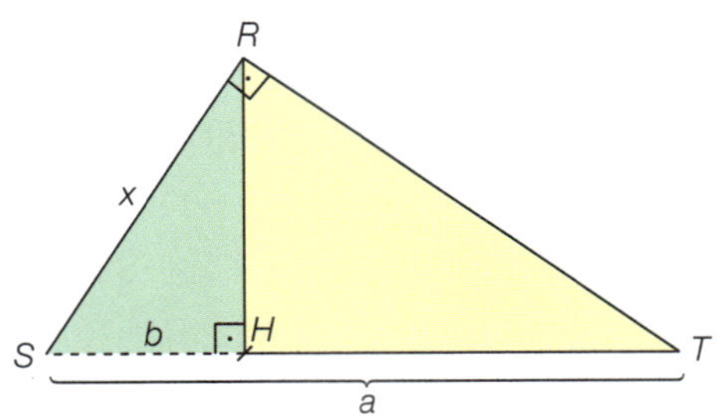

Como $\triangle RST \sim \triangle HRT$, temos:

$$\frac{a}{x} = \frac{x}{b} \Rightarrow x^2 = ab \Rightarrow x = \sqrt{ab}$$

Note que $HT = a - b$.

Observação: Como o triângulo RST é retângulo em $\hat{R}$, dizemos que o vértice R enxerga a hipotenusa $\overline{ST}$ segundo um ângulo de medida 90°. Desse modo, o ponto R está no LG-5 (arcos capazes do ângulo de medida 90° sobre $\overline{ST}$).

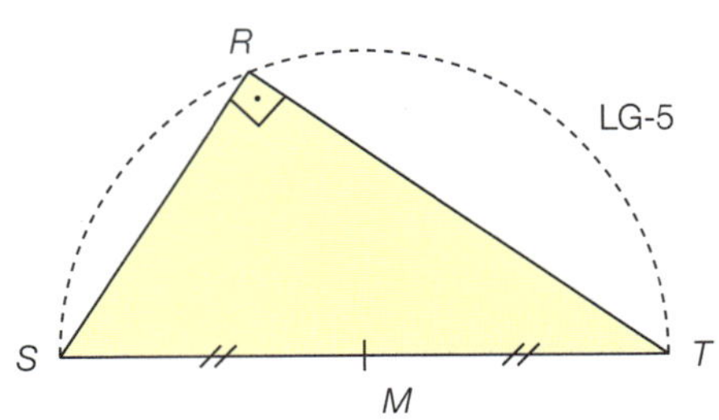

Construindo imagens

Construção da média geométrica entre dois segmentos conhecidos, pelo processo aditivo (ou da altura do triângulo retângulo)

- **Dados:** segmentos a e b
- **Construir:** $x = \sqrt{ab}$

Passos da construção:

1º) Construa $\overline{ST}$ com $ST = a + b$, determinando o ponto H, que será o pé da altura $\overline{RH}$.

2º) Construa o LG-5 com centro em M (ponto médio de $\overline{ST}$) e raio de medida $\frac{ST}{2}$.

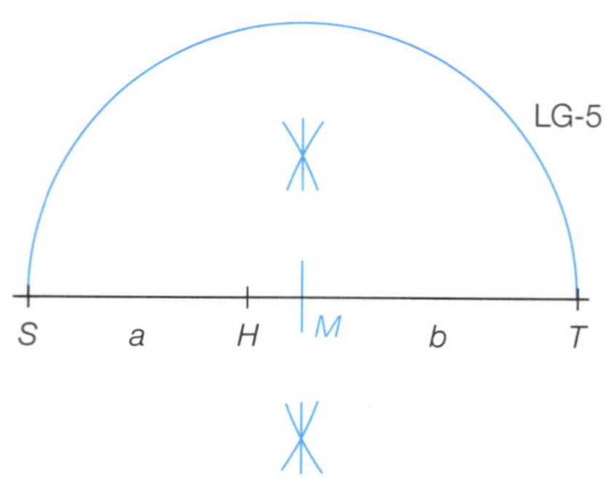

3º) Trace pelo ponto H uma perpendicular à hipotenusa $\overline{ST}$ e determine R no LG-5. Temos que $\overline{RH}$ é altura do $\triangle RST$.

Assim: $RH = x = \sqrt{ab}$.

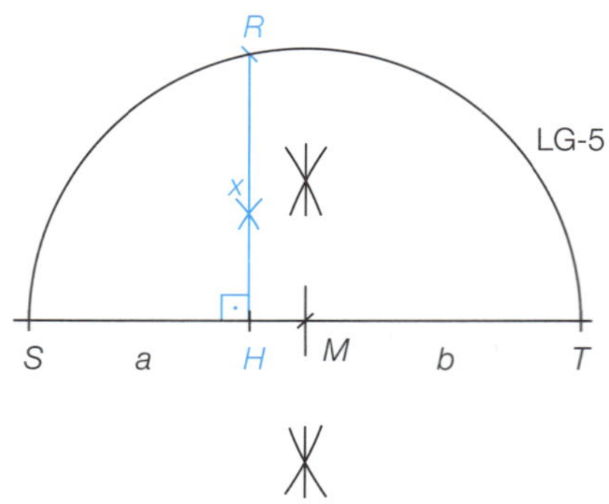

Para você construir:

Construção da média geométrica entre dois segmentos conhecidos, pelo processo subtrativo (ou do cateto do triângulo retângulo)

- **Dados:**

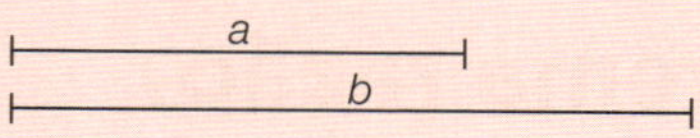

- **Construir:**

$x = \sqrt{ab}$

Passos da construção:

1º) Construa $\overline{ST}$ com $ST = b$ e determine H fazendo $HT = b - a$.

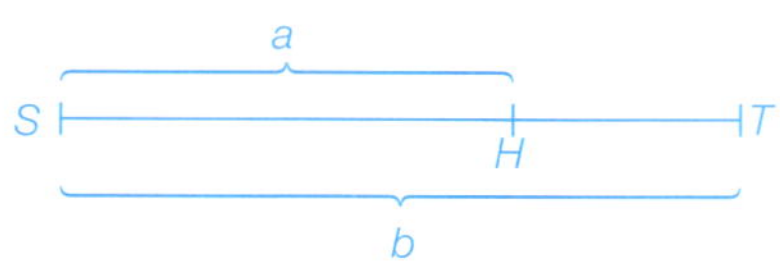

2º) Construa o LG-5 com centro em M (ponto médio de $\overline{ST}$) e raio de medida $\dfrac{ST}{2}$.

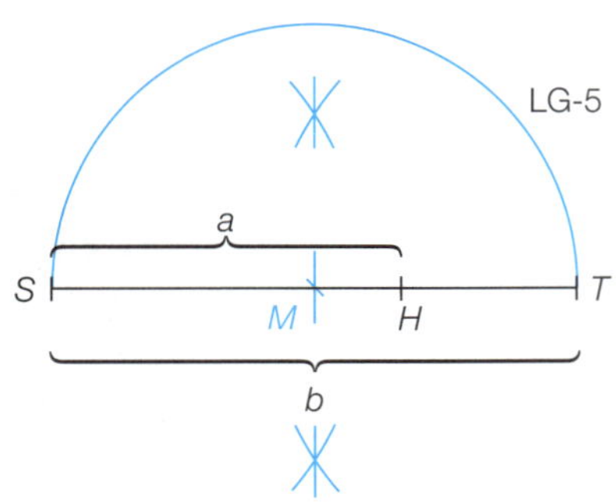

3º) Trace pelo ponto H uma perpendicular à hipotenusa $\overline{ST}$ e determine no LG-5 o ponto R. Temos que $\overline{RS}$ é cateto do $\triangle SRT$.

Assim:

$RS = x = \sqrt{ab}$

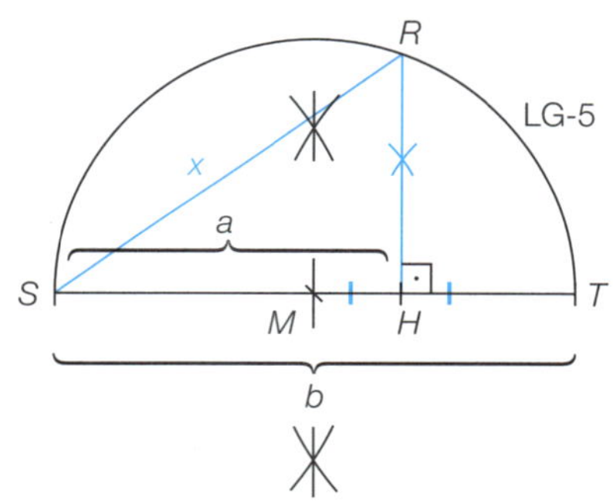

Para você construir:

Nota: Essa construção é recomendada nos casos em que as medidas a e b são muito grandes.

Compreendendo ideias

Segmento áureo (ou média e extrema razão)

Um ponto P divide um segmento AB em média e extrema razão quando podemos afirmar que $\frac{AP}{AB} = \frac{PB}{AP}$.

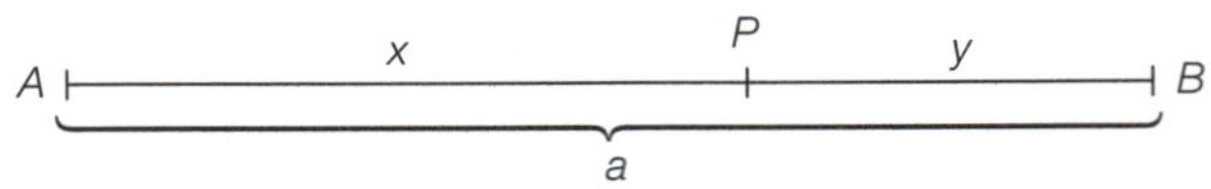

$$\frac{x}{a} = \frac{y}{x} \Rightarrow x^2 = ay \Rightarrow x = \sqrt{ay}$$

(x é a média geométrica entre **a** e y)

O segmento AP de medida x é chamado de **segmento áureo** de $\overline{AB}$.

A razão dessa divisão $\left(\frac{x}{a}\right)$ é chamada de **razão de ouro**.

Essa divisão em média e extrema razão, descoberta por Euclides e posteriormente denominada por Kepler (1571-1630) de **secção áurea**, é uma operação que pode ser efetuada infinitas vezes. Por exemplo:

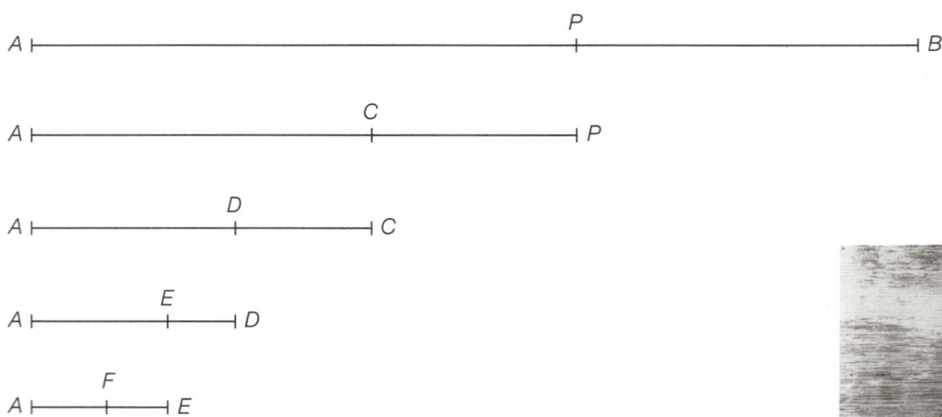

Retrato de Euclides.

$\overline{AP}$ é segmento áureo de $\overline{AB}$.

$\overline{AC}$ é segmento áureo de $\overline{AP}$ ($AC = PB$).

$\overline{AD}$ é segmento áureo de $\overline{AC}$ ($AD = CP$).

$\overline{AE}$ é segmento áureo de $\overline{AD}$ ($AE = DC$).

$\overline{AF}$ é segmento áureo de $\overline{AE}$ ($AF = ED$).

Construindo imagens

Construção do segmento áureo ou divisão de um segmento em média e extrema razão

• **Dado:** $\overline{AB}$ • **Construir:** $\overline{AP}$, segmento áureo de $\overline{AB}$

Passos da construção:

1º) Construa um $\triangle ABC$, retângulo em $\hat{B}$, de cateto $\overline{BC}$ com medida $\frac{AB}{2}$.

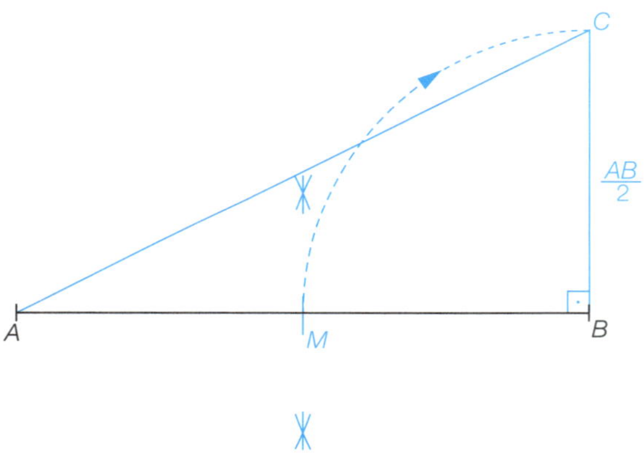

2º) Subtraia $\frac{AB}{2}$ de CA, transportando CB e determinando D na hipotenusa $\overline{AC}$.

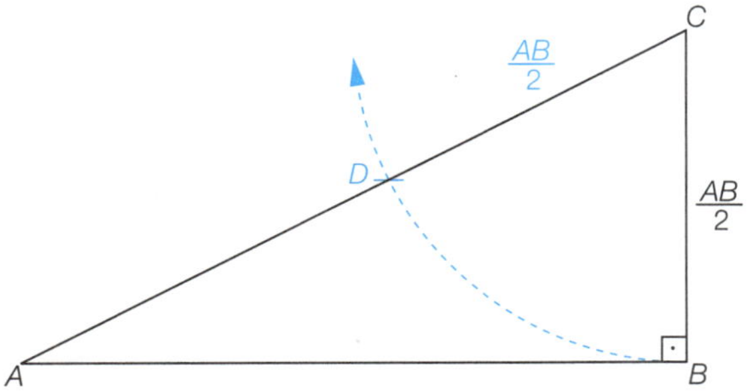

3º) Transporte AD para $\overline{AB}$, determinando o ponto P.
$\overline{AP}$ é o segmento áureo de $\overline{AB}$.

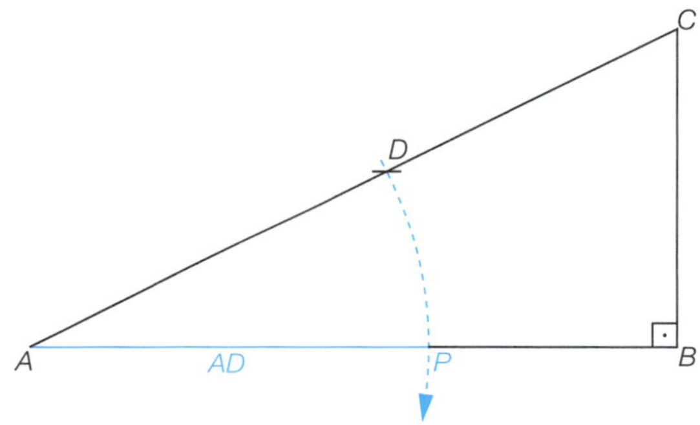

Para você construir:

Nota: Sendo ABC um triângulo retângulo, essa construção se justifica pelo teorema de Pitágoras.

Construção de um retângulo áureo do qual se conhece a medida de um lado

Chamamos de retângulo áureo qualquer retângulo que, se suprimirmos dele um quadrado, o retângulo restante será semelhante ao original.

- **Dado:** $AB = 3$ cm
- **Construir:** retângulo áureo $ABCD$

Passos da construção:

1º) Construa um quadrado *ABPQ* de lado medindo 3 cm.

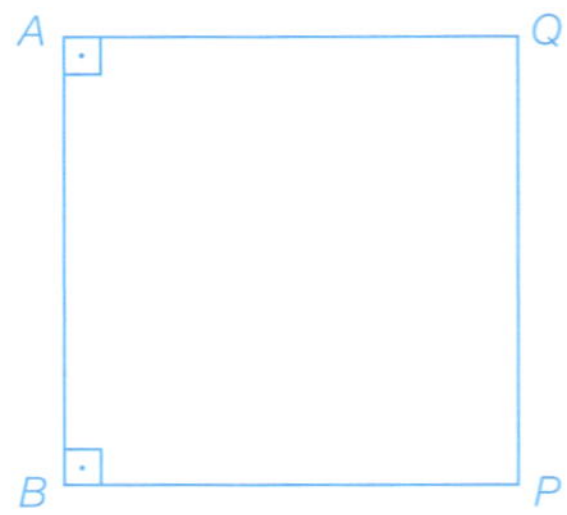

2º) Determine *M*, ponto médio de $\overline{BP}$, e desenhe um arco de centro em *M* e raio de medida *MQ*, determinando *C* no prolongamento de $\overline{BP}$.

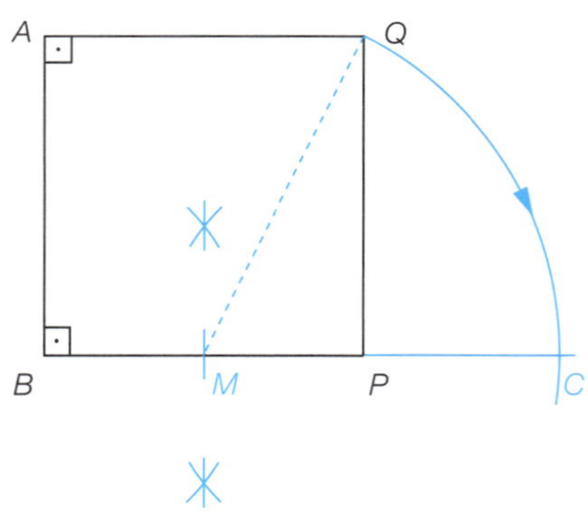

3º) Construa o retângulo *ABCD* sabendo que $\overline{BP}$ é o segmento áureo de $\overline{BC}$.

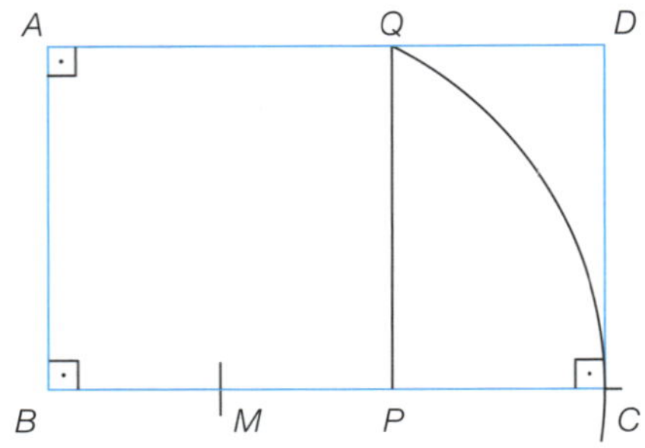

Justificativa:

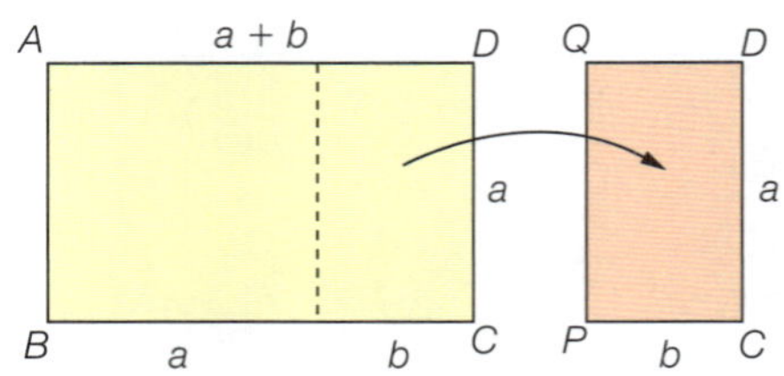

$\square ABCD \sim \square QPCD$

$$\frac{a}{a+b} = \frac{b}{a} \Rightarrow a^2 = (a+b) \cdot b \Rightarrow$$

$$\Rightarrow a = \sqrt{(a+b)} \cdot b \text{ (média geométrica)}$$

Para você construir:

Compreendendo ideias

Expressão pitagórica

A expressão $x = \sqrt{a^2 + b^2}$ é chamada de **expressão pitagórica** porque expressa uma relação métrica entre as medidas dos triângulos retângulos descoberta por Pitágoras, cujo teorema é até hoje um dos mais conhecidos da Matemática.

O enunciado do teorema de Pitágoras é:

"Em qualquer triângulo retângulo, o quadrado da medida da hipotenusa é igual à soma dos quadrados das medidas dos catetos."

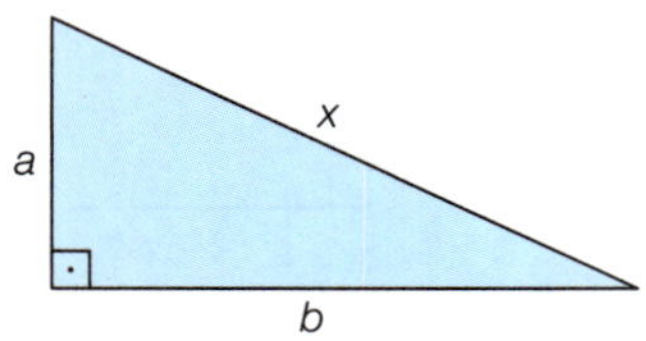

$x^2 = a^2 + b^2$

Retrato de Pitágoras.

Vamos demonstrar essa relação. Observe a figura abaixo.

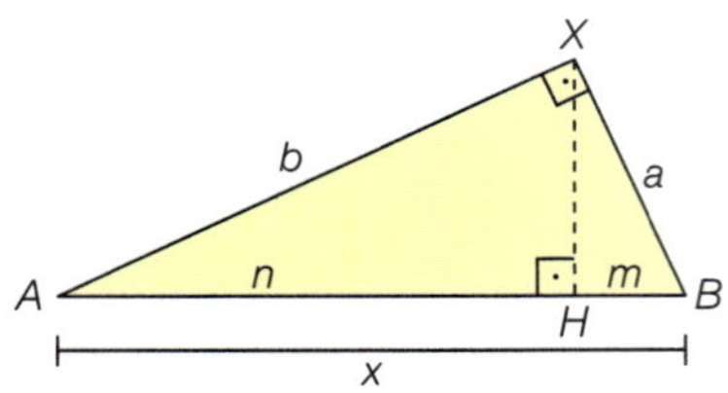

Da semelhança dos triângulos *AXB* e *AHX* e dos triângulos *AXB* e *XHB*, resultam as seguintes proporções:

- $\frac{x}{b} = \frac{b}{n} \Rightarrow b^2 = xn$
- $\frac{a}{x} = \frac{m}{a} \Rightarrow a^2 = xm$

Adicionando as duas equações membro a membro, resulta:

$b^2 + a^2 = xn + xm \Rightarrow b^2 + a^2 = x(n + m)$

Como $n + m = x$, temos:

$b^2 + a^2 = x \cdot x \Rightarrow b^2 + a^2 = x^2$ ou $x^2 = a^2 + b^2 \Rightarrow x = \sqrt{a^2 + b^2}$

A conclusão é que o quadrado da medida da hipotenusa é igual à soma dos quadrados das medidas dos catetos.

Da expressão $x^2 = a^2 + b^2$, podemos tirar:

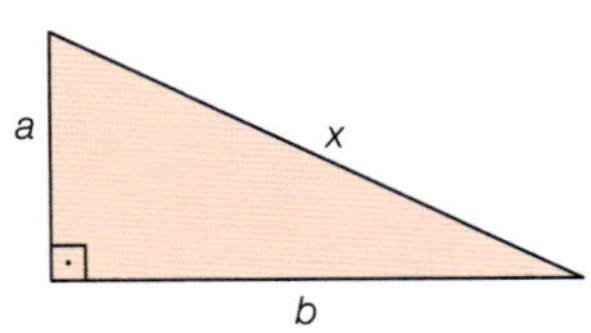

- $a^2 = x^2 - b^2 \Rightarrow a = \sqrt{x^2 - b^2}$
- $b^2 = x^2 - a^2 \Rightarrow b = \sqrt{x^2 - a^2}$

Construindo imagens

Construção da expressão pitagórica $x = \sqrt{a^2 + b^2}$

• **Dados:** a b • **Construir:** x, tal que $x = \sqrt{a^2 + b^2}$

Passos da construção:

1º) Construa um ângulo de 90° e marque sobre seus lados as medidas *a* e *b*.

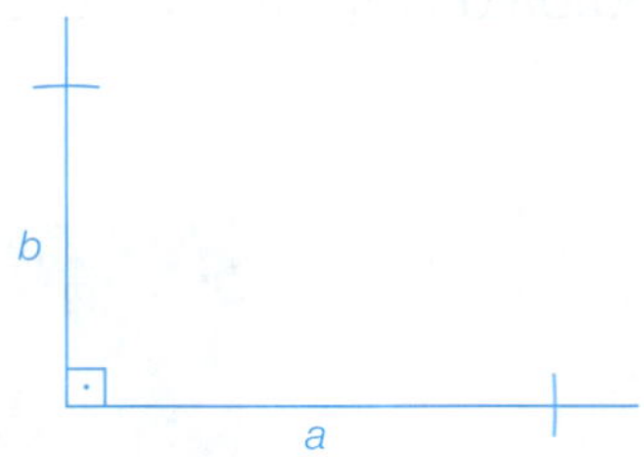

2º) Desenhe a hipotenusa do triângulo cuja medida é *x*, sendo $x^2 = a^2 + b^2$, pelo teorema de Pitágoras.

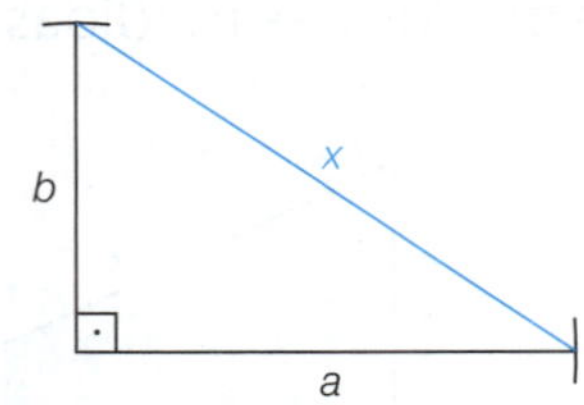

Para você construir:

Construção da expressão $x = \sqrt{a^2 - b^2}$

• **Dados:** a b • **Construir:** x, tal que $x = \sqrt{a^2 - b^2}$

Passos da construção:

1º) Construa um ângulo *R* de 90° e marque a medida *b* sobre um dos lados, determinando o ponto *P*.

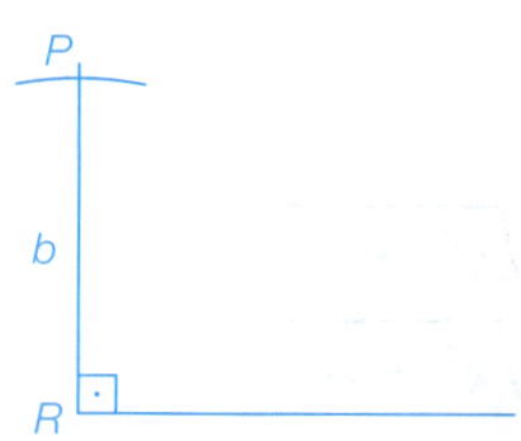

2º) Com centro em *P*, trace um arco de raio de medida *a*, determinando o ponto *Q*. A medida do cateto $\overline{RQ}$ é *x*, sendo $x^2 = a^2 - b^2$, pelo teorema de Pitágoras.

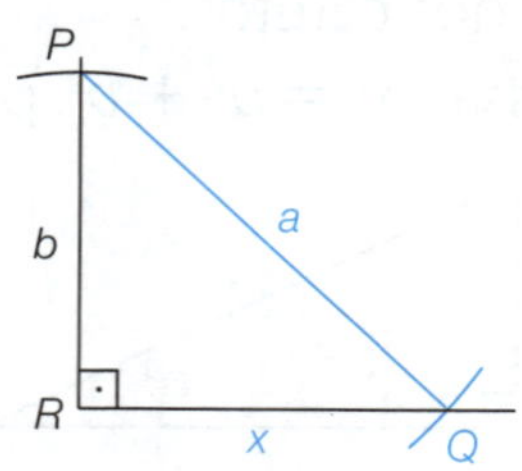

Compreendendo ideias

Segmentos de medida $a\sqrt{n}$

Considere um triângulo retângulo isósceles de catetos com medida a. Qual é a medida x de sua hipotenusa?

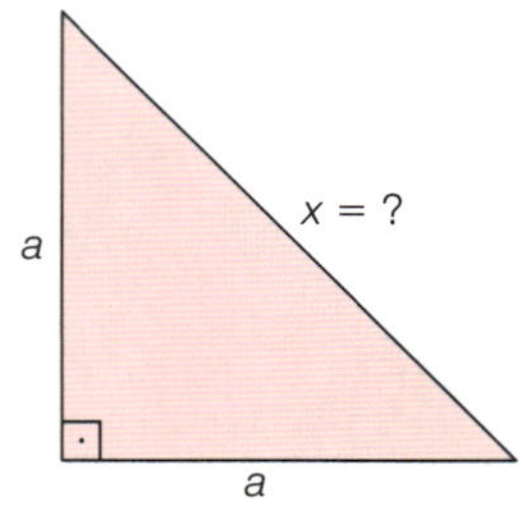

Aplicando o teorema de Pitágoras, temos:

$$x^2 = a^2 + a^2 \Rightarrow x^2 = 2a^2 \Rightarrow x = \sqrt{2a^2} \Rightarrow \boxed{x = a\sqrt{2}}$$

Considere agora um triângulo retângulo de catetos com medidas a e x, sendo $x = a\sqrt{2}$. Qual é a medida y da hipotenusa desse triângulo?

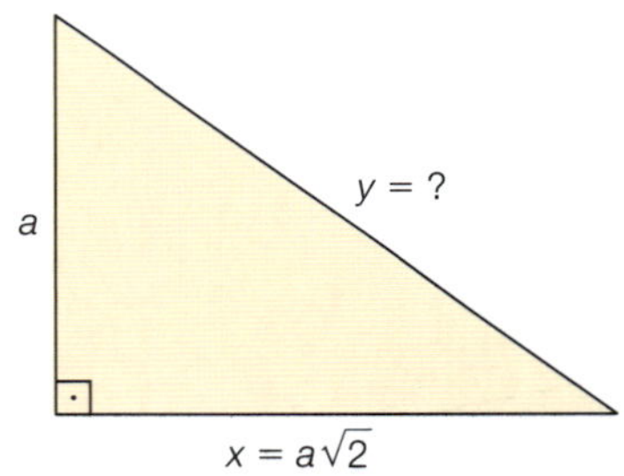

Por Pitágoras, temos:

$$y^2 = a^2 + x^2 \Rightarrow y^2 = a^2 + 2a^2 \Rightarrow y^2 = 3a^2 \Rightarrow y = \sqrt{3a^2} \Rightarrow \boxed{y = a\sqrt{3}}$$

Agora, calcule a medida z da hipotenusa de um triângulo retângulo de catetos com medidas a e y, sendo $y = a\sqrt{3}$.

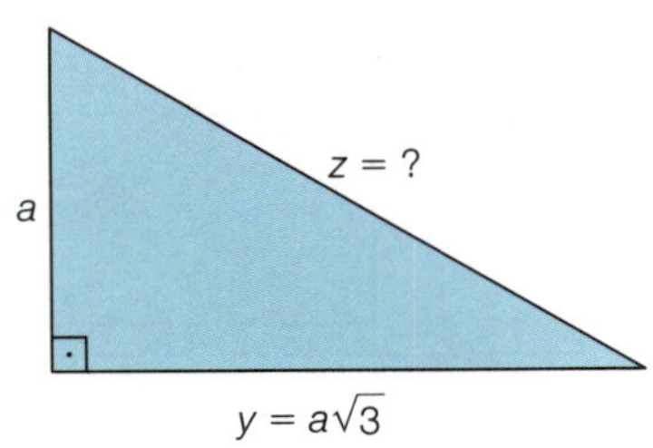

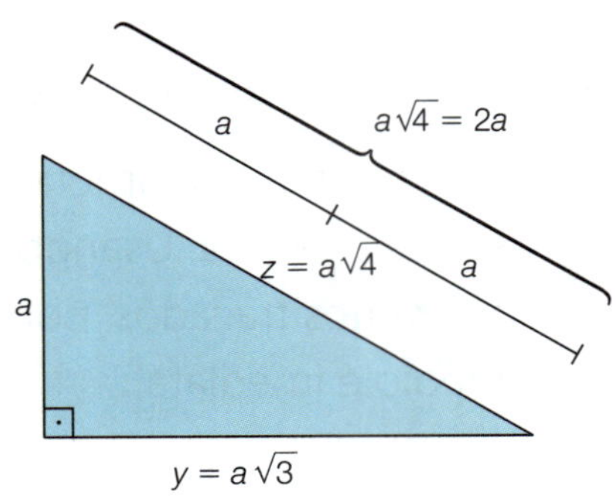

Desse modo, construindo sucessivos triângulos retângulos, determinamos os segmentos $a\sqrt{5}$, $a\sqrt{6}$, $a\sqrt{7}$, etc.

$x = a\sqrt{2}$

$y = a\sqrt{3}$

$z = a\sqrt{4}$

$b = a\sqrt{5}$

$c = a\sqrt{6}$

$d = a\sqrt{7}$

$e = a\sqrt{8}$

$f = a\sqrt{9}$

$g = a\sqrt{10}$

$h = a\sqrt{11}$

$i = a\sqrt{12}$

$j = a\sqrt{13}$

$k = a\sqrt{14}$

$l = a\sqrt{15}$

$m = a\sqrt{16}$

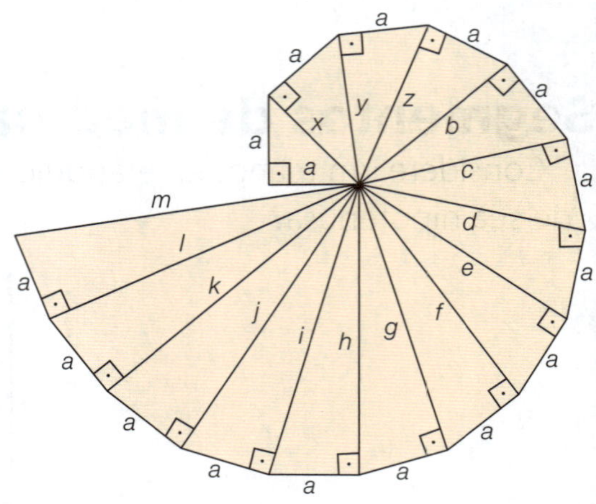

Apesar de interessante, essa construção é muito demorada. Podemos agilizar o processo usando os segmentos de medidas $a\sqrt{4}\,(2a)$, $a\sqrt{9}\,(3a)$, $a\sqrt{16}\,(4a)$, $a\sqrt{25}\,(5a)$, ... como pontos de partida para a construção do triângulo que nos dê o segmento desejado.

Por exemplo, utilizando $a\sqrt{10}$ e $a\sqrt{24}$, temos:

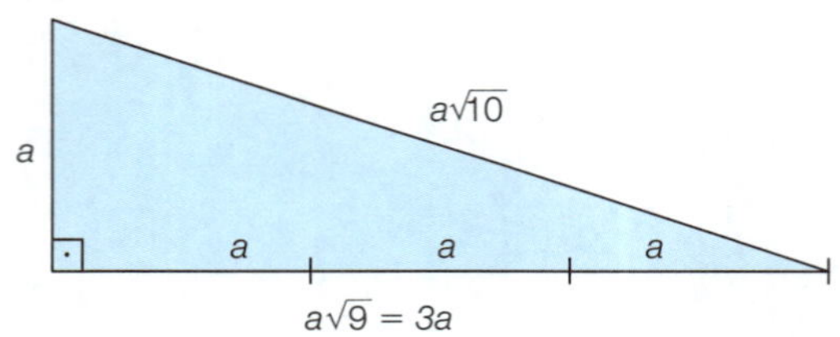

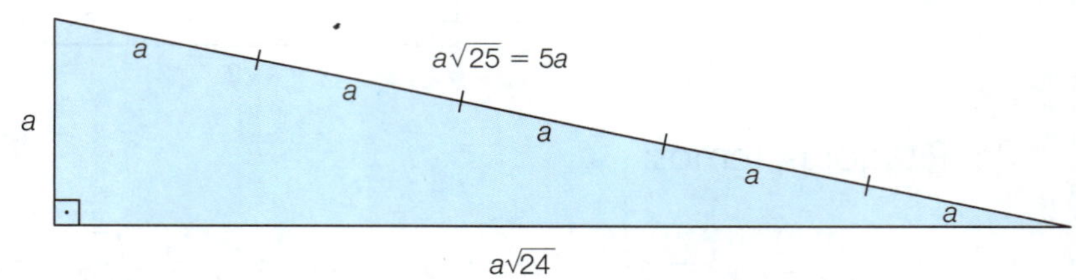

Também podemos obter segmentos $a\sqrt{n}$ por média geométrica.

Veja a seguir um exemplo no qual se obtém o segmento $a\sqrt{12}$.

$$a\sqrt{12} \Rightarrow \sqrt{12a^2} \Rightarrow \sqrt{12a \cdot a} \Rightarrow \sqrt{4a \cdot 3a}$$

Fazemos, então, a média geométrica entre os segmentos de medidas $4a$ e $3a$. Usando o processo subtrativo, economizamos traçados, pois a determinação do ponto médio é imediata.

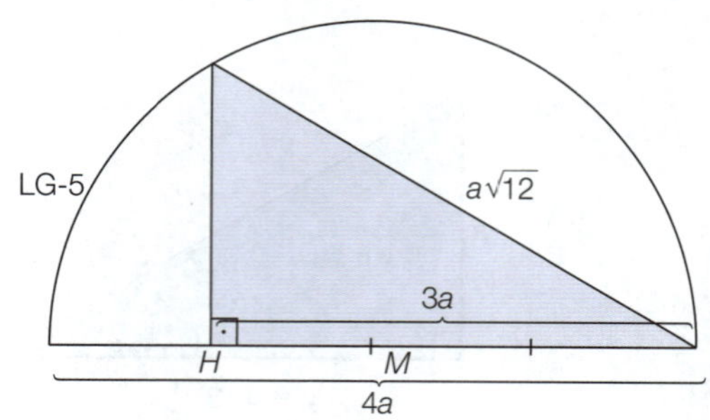

Construindo imagens

Construção dos segmentos de medida $a\sqrt{n}$

• **Dado:** ⊢ a ⊣ • **Construir:** $a\sqrt{2}$, $a\sqrt{3}$, $a\sqrt{4}$, $a\sqrt{5}$, ...

Passos da construção:

1º) Construa um triângulo retângulo de catetos com medida *a*.

A hipotenusa mede $a\sqrt{2}$.

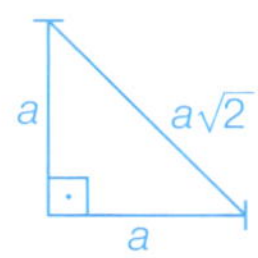

2º) Construa outro triângulo de catetos com medidas *a* e $a\sqrt{2}$.

A hipotenusa mede $a\sqrt{3}$.

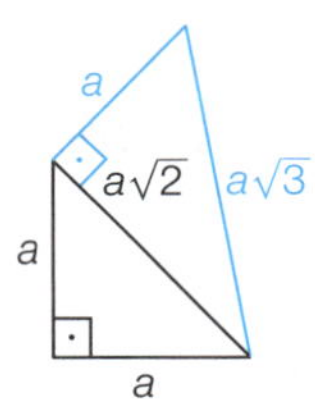

3º) Construa triângulos sucessivos com um dos catetos medindo *a* e o outro, $a\sqrt{3}$, $a\sqrt{4}$, ...

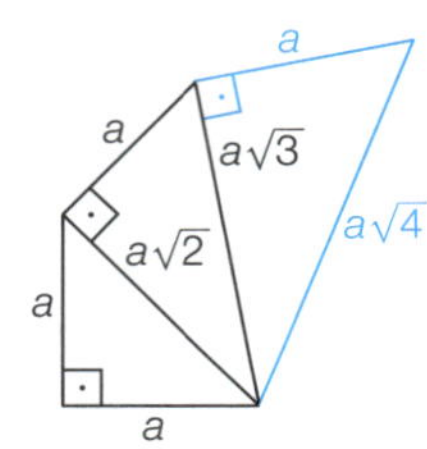

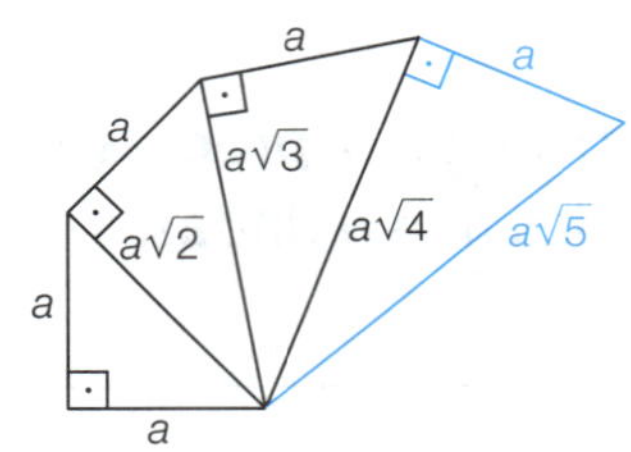

Para você construir:

Nota: As construções dos triângulos são justificadas pelo teorema de Pitágoras.

Você em ação

1. Construa pelo processo aditivo a média geométrica entre $\overline{AB}$ (de medida 2,5 cm) e $\overline{CD}$ (de medida 5,5 cm).

2. Construa pelo processo subtrativo a média geométrica entre os segmentos de medidas *m* e *n* dadas.

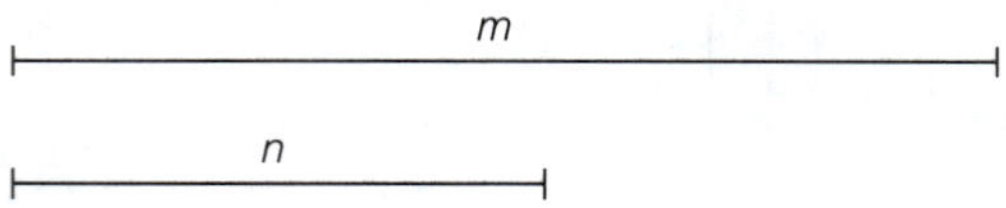

3 Determine a média geométrica x entre os segmentos de medidas $a = 8$ cm e $b = 2$ cm:

a) pelo processo aditivo (ou da altura do triângulo retângulo);

b) pelo processo subtrativo (ou do cateto do triângulo retângulo);

c) algebricamente.

....

Compare os resultados e apresente sua conclusão.

....

4 Construa uma circunferência com diâmetro de medida *x*, sendo *x* a média geométrica entre os lados $\overline{BC}$ e $\overline{CD}$ do retângulo *ABCD*. Obtenha a medida *x* usando qualquer um dos processos. Compare sua resposta com a de seus colegas.

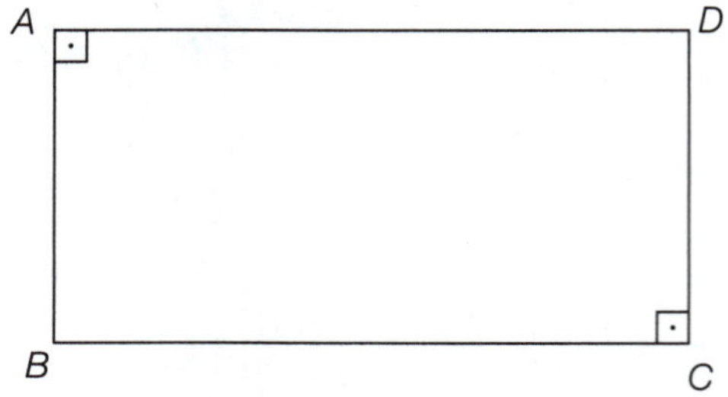

5 Dados os segmentos de medidas *m* e *n*, obtenha *y* tal que:

a) $y = \sqrt{m^2 + n^2}$;

b) $y = \sqrt{m^2 - n^2}$.

6 Sabendo que um segmento *DH* mede 6,7 cm, determine um ponto *A* que divida $\overline{DH}$ em média e extrema razão e indique o segmento áureo de $\overline{DH}$.

7 Construa um triângulo equilátero *FGH* com lados de medida igual à medida do segmento áureo do segmento *AB* dado.

8 Dado $a = 2$ cm, construa:

a) $a\sqrt{3}$;

b) $a\sqrt{7}$;

c) $a\sqrt{5}$;

d) $a\sqrt{14}$;

e) $a\sqrt{8}$.

9 Determine $x = a\sqrt{20}$ por média geométrica, fazendo uma construção com economia de espaço e de traçado.

10 Construa um retângulo *RSTU* com lados medindo *a* e *b*, sendo $a = \sqrt{m \cdot n}$ e $b = \sqrt{c^2 - d^2}$.

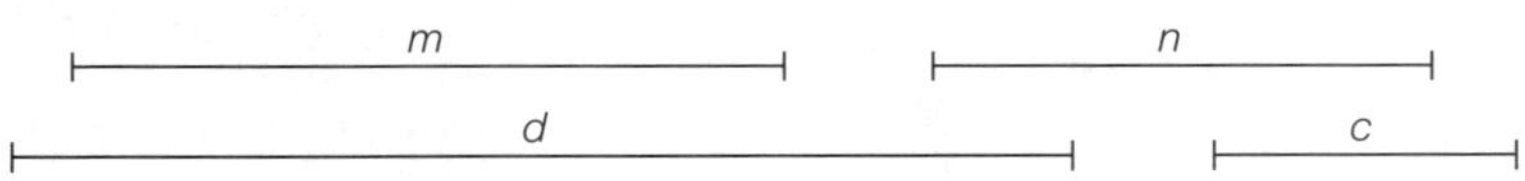

Olhando ao redor

1 *A Escola de Atenas*, afresco de Rafael Sanzio realizado de 1509 a 1511, constitui um autêntico manifesto do Renascimento, colocando o ser humano e sua cultura no centro do Universo.

Nessa obra, Rafael representou sábios de diferentes épocas, dispondo ao centro Platão (cerca de 428 a.C.-347 a.C.) – com as feições de Leonardo da Vinci – e Aristóteles (384 a.C.-322 a.C.).

Rafael também apresentou dois grandes mestres da Geometria em sua pintura. Descubra o nome deles usando as letras que aparecem nos quadros em destaque na resolução das cruzadinhas que completam as frases da página seguinte. Para isso, junte-se aos colegas e façam uma pesquisa.

Nasceu em Samos, uma ilha da										É			
Viveu nos séculos VI e V ..... de Cristo.									N				
Foi o primeiro cientista conhecido a demonstrar que a ..... é redonda.								R					
Foi sua a ideia de que as figuras geométricas são ..... (não concretas).			B	S						S			
Desenvolveu uma ..... musical.	T			R		A							
O ..... era o sinal que os membros de sua ordem usavam para se identificar.						N		A					A
É lembrado pelo famoso teorema do triângulo						G							

Viveu entre os anos 330 e 260 antes de									T		
Estabeleceu uma ..... de Matemática em Alexandria, no Egito.		E		C							
Acredita-se que tenha sido mestre do grande matemático ARQUI..... .	A	R	Q	U	I						
Organizou os conhecimentos de Geometria na obra chamada *Os*					E	M			T		S
Usava um importante instrumento de desenho: o				C		M	P				

Rafael também se representou nesse afresco. Ele é a única pessoa da pintura que olha para você. Descubra-o.

2 Observe os retângulos representados abaixo.

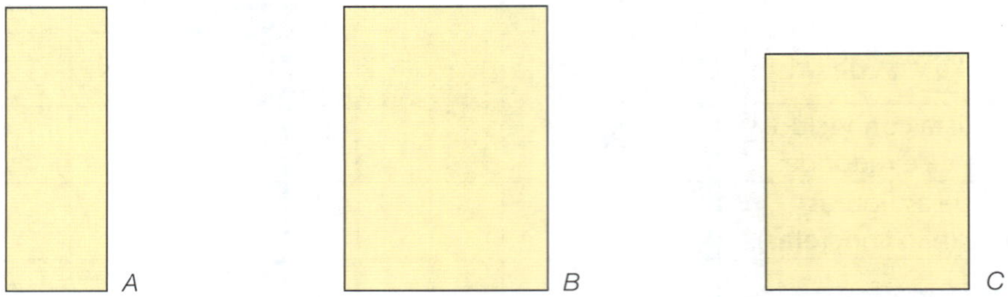

O retângulo *B* tem proporções áureas.

Os gregos antigos perceberam e aplicaram essas proporções perfeitas na Ciência e na Arte. Elas foram posteriormente chamadas de **proporções divinas**.

Veja um bom exemplo na fachada do Partenon (século V a.C.).

Thinkstock/Getty Images

Se construíssemos um retângulo na fachada do Partenon, este seria um retângulo áureo porque seu comprimento (c) está para sua largura (ℓ) assim como a largura (ℓ) está para a diferença entre o comprimento e a largura (c − ℓ):

$$\frac{c}{\ell} = \frac{\ell}{(c - \ell)}$$

Pelo fato de apreciarmos as formas que apresentam proporções áureas, a publicidade, a indústria e o comércio as têm explorado em suas produções.

Observe o formato de livros, revistas, cartões, cartazes publicitários, fotografias.

Utilizando as proporções áureas, desenhe em uma folha de papel sulfite:

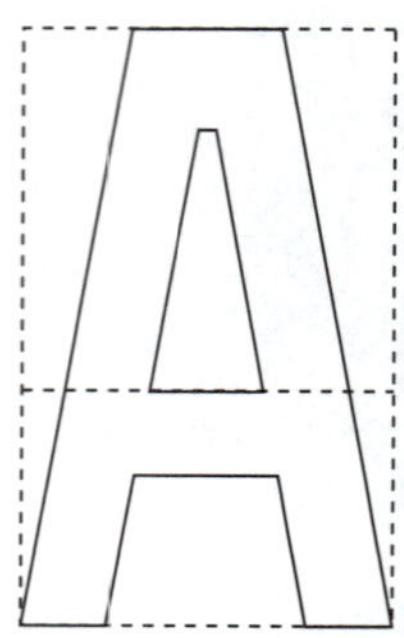

a) um cartão de visita;

b) a capa de um livro ou de uma revista;

c) as iniciais do seu nome.

3 Leonardo da Vinci (1452-1519), considerado o gênio do Renascimento, incorporou a seu trabalho as proporções divinas e estabeleceu medidas corretas para desenhar a figura humana.

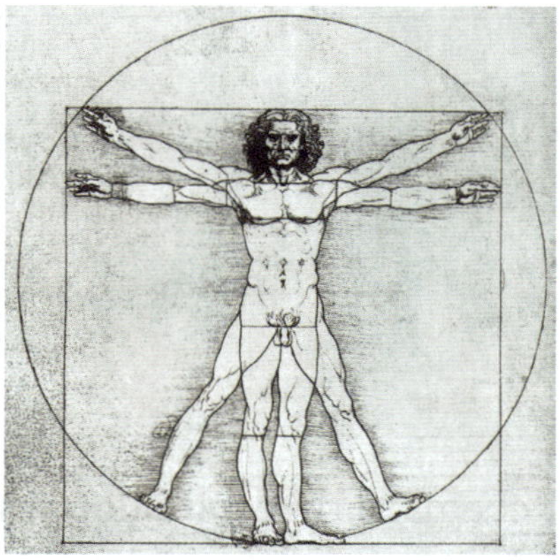

Homem vitruviano, de Leonardo da Vinci.

No século XX, o arquiteto Le Corbusier formulou uma escala de proporções a que chamou de *Modulor*. Essa escala se baseia em um corpo humano cuja altura é dividida em uma secção áurea que começa no umbigo.

De fato, temos relações aproximadamente proporcionais em nosso corpo. Leia atentamente as informações a seguir.

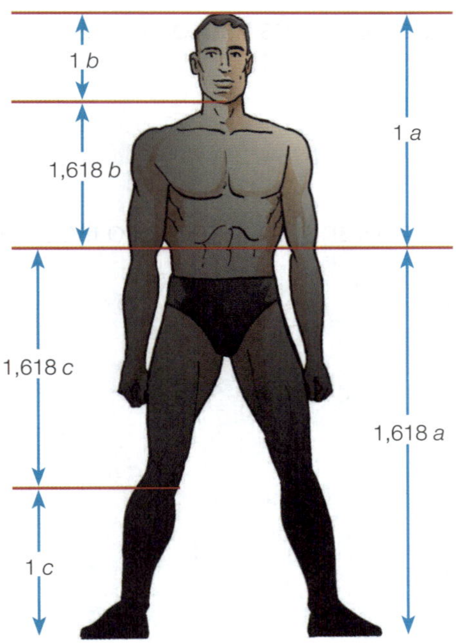

Cabeça: Observe como a linha dos olhos marca uma divisão áurea no comprimento total da face. E a linha da boca também é uma proporção áurea da distância entre a base do nariz e a extremidade do queixo.

Tronco: O umbigo marca um ponto áureo no comprimento do corpo.

Membros: Na mão, o tamanho dos dedos está relacionado de maneira áurea com cada uma das suas articulações.

Com base no texto, realize as atividades a seguir.

a) Recorte figuras humanas de revistas ou jornais e construa segmentos áureos sobre elas para verificar as relações indicadas no quadro.

b) Pesquise e descubra as ciências que usam a proporção áurea.

4 Formas estéticas admiradas por muitas culturas são encontradas na natureza, tanto em animais (conchas de moluscos, chifres) quanto em vegetais (pinhas, girassóis, margaridas).

andersphoto/Shutterstock

A curva da concha acima é chamada de **espiral logarítmica**. Ela é construída a partir de uma sucessão de retângulos áureos de tamanhos decrescentes e formada por arcos dentro dos quadrados, como podemos observar na figura abaixo.

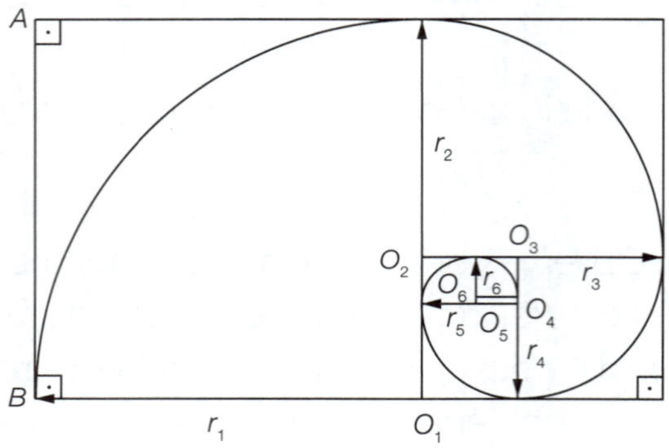

Os arcos têm centros nos pontos O_1, O_2, O_3, O_4, O_5 e O_6.

Os raios desses arcos são os lados dos quadrados.

Agora, desenhe uma espiral logarítmica a partir de um retângulo áureo cujo lado menor é o segmento *AB* dado.

CAPÍTULO 7

Áreas e equivalência de figuras

Para construir a pipa mostrada na imagem abaixo, foram usados três pares de triângulos congruentes: roxo e vermelho; azul e laranja; verde e amarelo. Cada par é composto de triângulos que têm lados com a mesma medida e, consequentemente, têm a mesma área.

Esse é apenas um exemplo de equivalência, assunto abordado neste capítulo.

Cultura RF/Getty Images

Compreendendo ideias

Área

A **área** de uma figura é a medida da superfície dessa figura.

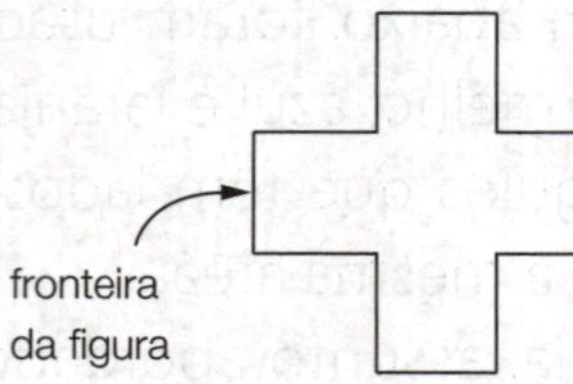

A medida da fronteira é o **perímetro** da figura.

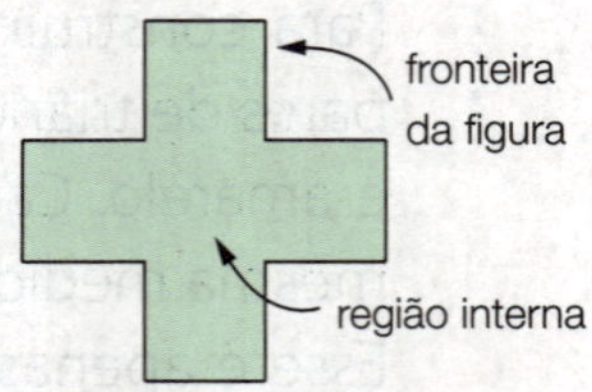

A superfície da figura é formada pela união da fronteira com sua região interna.

◆ Considere a planta baixa a seguir, em que o quadriculado indica que o piso é todo revestido de ladrilhos, mesmo nas regiões em que está escondido.

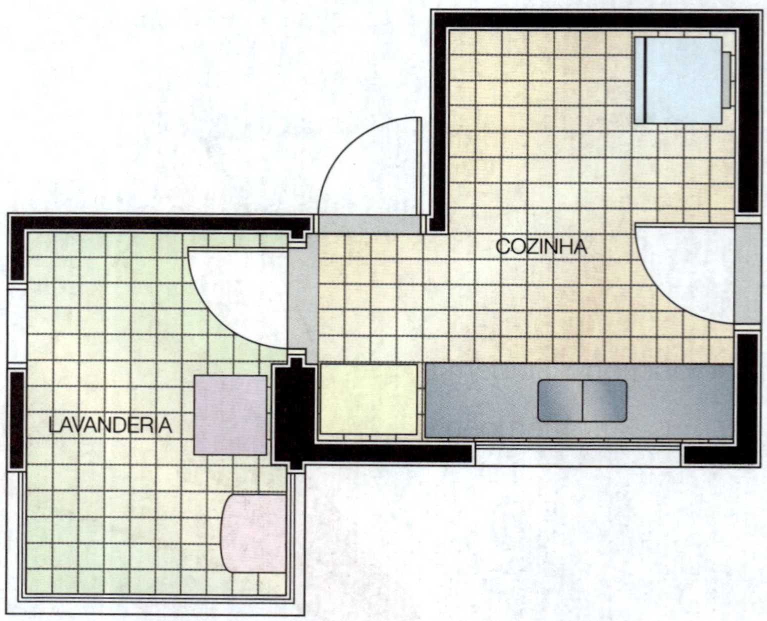

Responda:

Quantos ladrilhos há na lavanderia? E na cozinha? ....

Usando o ladrilho como unidade de medida, podemos dizer que a área da lavanderia é igual a .... ladrilhos e a área da cozinha é igual a .... ladrilhos.

Para determinar a área de uma superfície, comparamos esta com uma unidade padronizada de área: um quadrado de lado unitário. Esse quadrado pode ter lados medindo 1 cm, que corresponde a 1 cm^2.

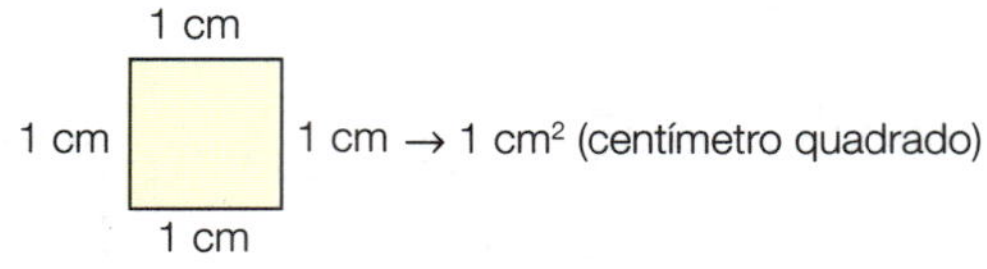

Conforme o tamanho do que vai ser medido, escolhemos a unidade de medida mais conveniente.

Unidades padronizadas de medida de área mais usadas			
1 mm^2	1 cm^2	1 m^2	1 km^2
$\frac{1}{100}$ cm^2	100 mm^2	10 000 cm^2	1 000 000 m^2

Áreas de algumas figuras planas

É possível calcular a área de polígonos desde que sejam conhecidas as medidas de alguns de seus elementos.

A seguir, vamos aprender a calcular a área de alguns polígonos.

Área de um retângulo

A área de um retângulo é obtida calculando-se o produto da medida da base pela medida da altura.

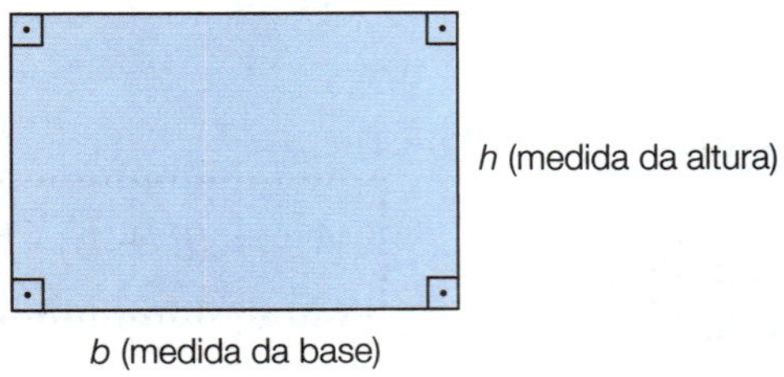

$$A_{\square} = b \cdot h$$

Área de um quadrado

A área de um quadrado é obtida calculando-se o quadrado da medida do lado.

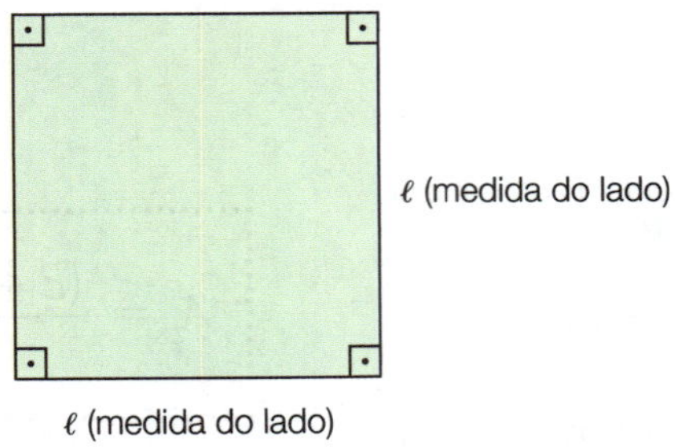

$$A_{\square} = \ell \cdot \ell = \ell^2$$

Área de um paralelogramo

A área de um paralelogramo é obtida calculando-se o produto da medida da base pela medida da altura.

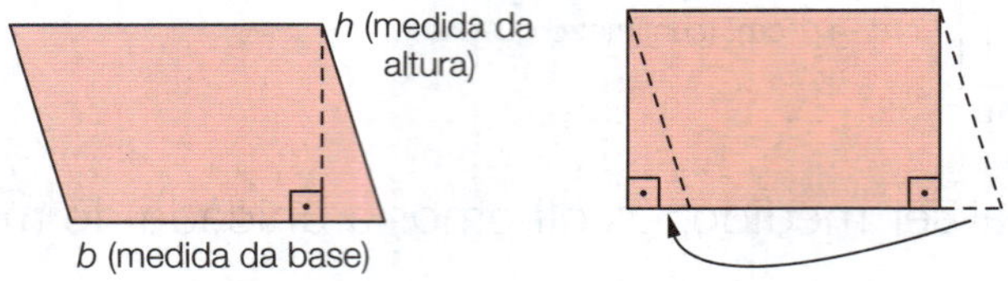

$$A_{\square} = b \cdot h$$

Área de um triângulo

A área de um triângulo é obtida calculando-se a metade do produto da medida da base pela medida da altura.

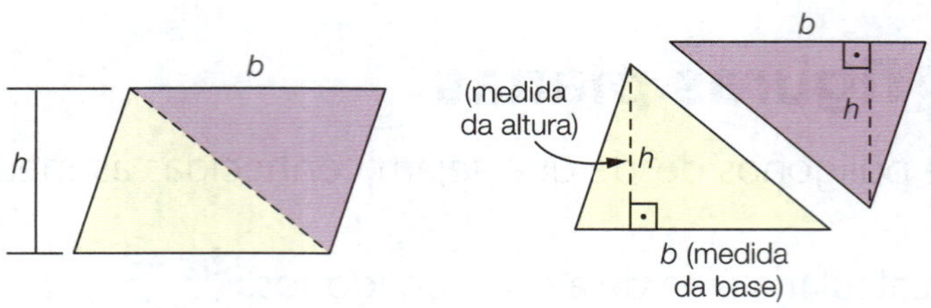

$$A_{\triangle} = \frac{b \cdot h}{2}$$

Área de um trapézio

Considere um paralelogramo cuja altura mede h e cujo lado maior tem a medida expressa por $(B + b)$. A expressão para calcular a área desse paralelogra mo é:

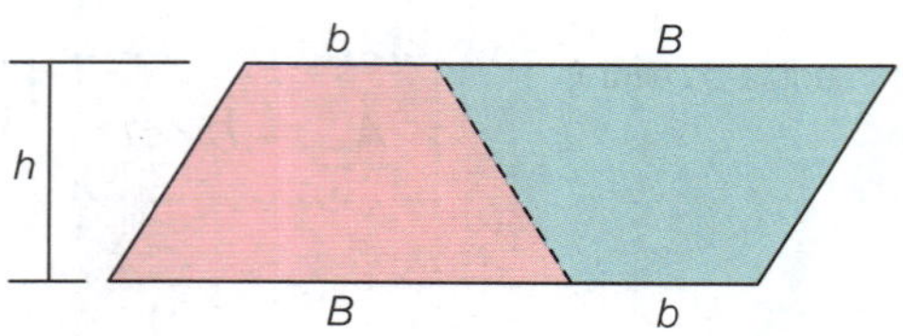

$$A_{\square} = (B + b) \cdot h$$

Esse paralelogramo pode ser decomposto em dois trapézios, com a base maior medindo B, a base menor medindo b e a altura medindo h, a mesma do paralelogramo. Assim, a área de um trapézio é obtida calculando-se a metade do produto da soma das medidas da base pela medida da altura.

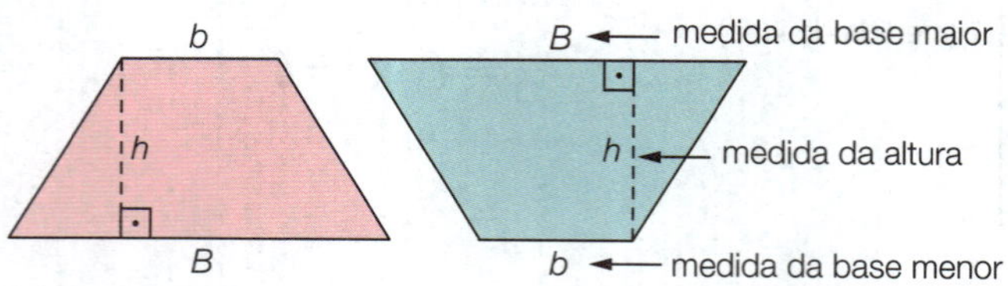

$$A_{\square} = \frac{(B + b) \cdot h}{2}$$

Área de um losango

A área de um losango é obtida calculando-se a metade do produto das medidas de suas diagonais.

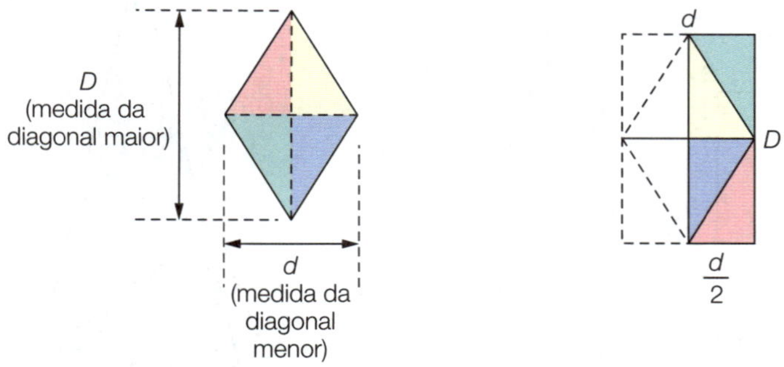

$$A_{\diamond} = \frac{D \cdot d}{2}$$

Área de um círculo

A razão entre o comprimento (C) de uma circunferência e a medida do seu diâmetro (d) é representada pela letra π. Assim, o comprimento C é dado por:

$$\frac{C}{d} = \pi \Rightarrow C = \pi d \Rightarrow C = 2\pi r$$

Podemos dividir o círculo em setores iguais. Quanto menor for o ângulo central de cada setor, mais seu formato se aproxima do de um triângulo, cuja medida da altura é igual à medida do raio do círculo.

Reposicionando os setores, podemos obter uma figura com o formato aproximado de um retângulo cuja altura mede r e a base tem medida aproximadamente igual à metade do comprimento da circunferência de raio r, que corresponde a πr. O processo de construção de um segmento de reta cuja medida corresponde à parte do comprimento de uma circunferência de raio r é chamado de **retificação**. Você vai aprender esse processo ainda neste capítulo.

Assim, a área de um círculo é obtida calculando-se o produto de π pelo quadrado da medida do raio.

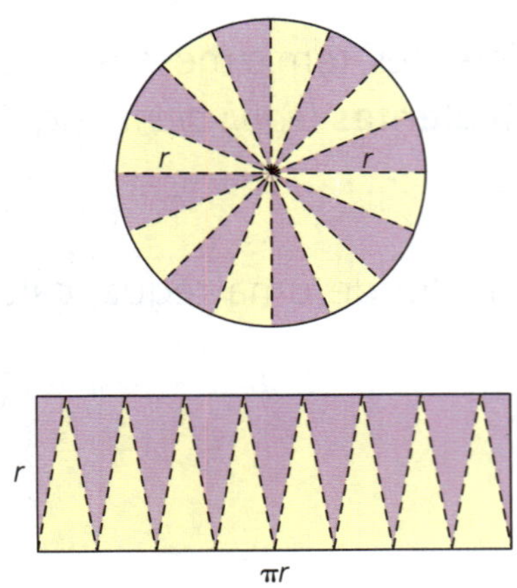

$$A_{\bigcirc} = \pi r^2$$

$$A_{\square} = \pi r \cdot r = \pi r^2$$

Figuras equivalentes

◆ Considere as figuras abaixo.

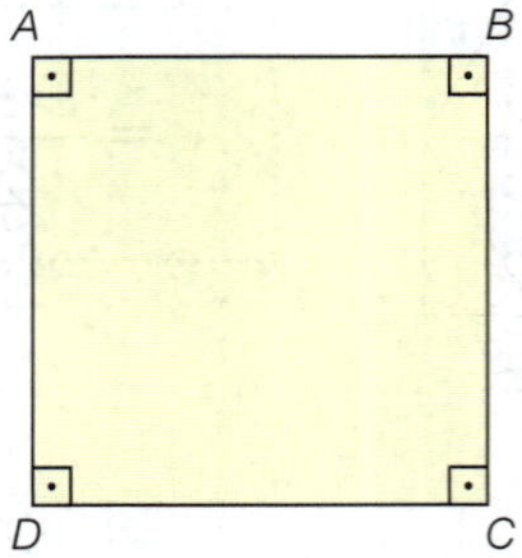

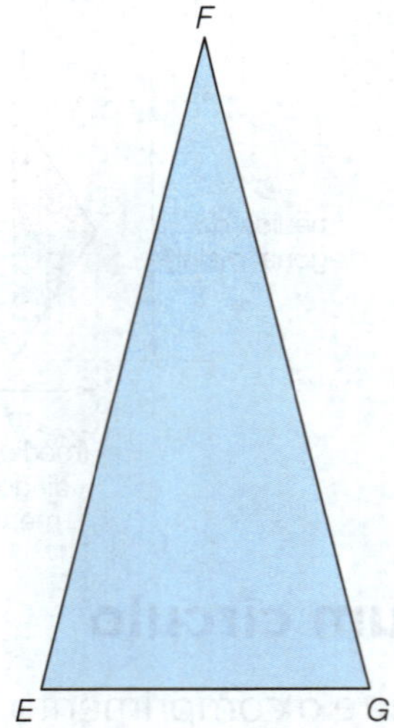

Elas têm algo em comum?

Para respondermos a essa pergunta, precisamos fazer algumas comparações entre elas.

Elas não têm o mesmo formato. Não são, portanto, ... Tampouco são ...., pois não têm o mesmo formato nem o mesmo tamanho.

Colocando uma figura sobreposta à outra, o que você observa?

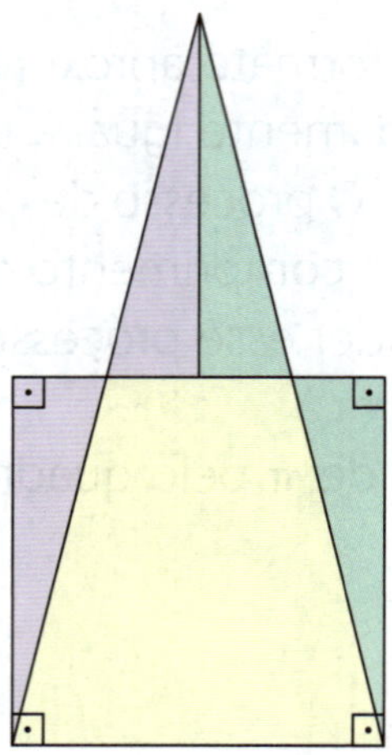

....

....

....

....

....

....

....

....

....

As duas figuras, embora com formatos diferentes, têm a mesma .... Por essa razão, elas são chamadas de **figuras equivalentes** (*equivalente* significa "de igual valor"). O símbolo ≡ indica equivalência.

No exemplo: $ABCD \equiv EFG$

Para confirmar essa conclusão, com o auxílio de uma régua, calcule as áreas do quadrado e do triângulo e compare-as.

Equivalência entre triângulos

Dois ou mais triângulos que têm a mesma medida da base e a mesma medida da altura são equivalentes.

Considere a figura abaixo.

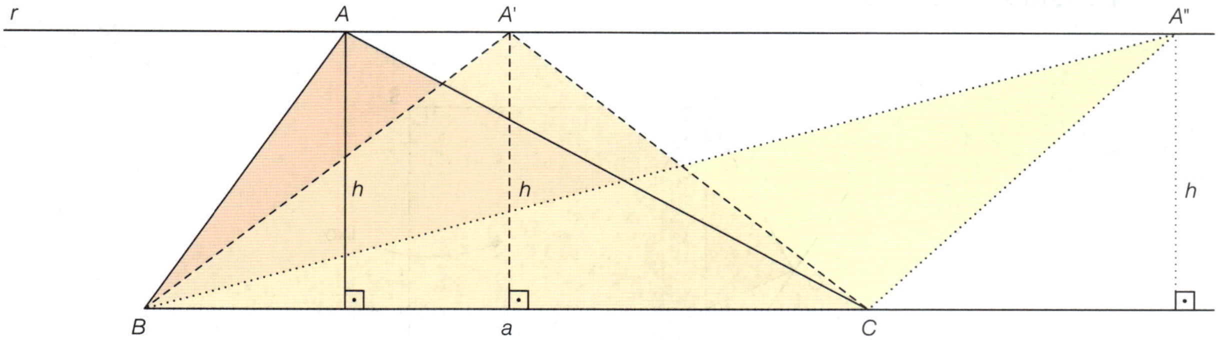

Observe que os vértices *A*, *A'*, *A''*... pertencem à reta *r* paralela à base $\overline{BC}$ e a altura de medida *h* é constante.

Assim, para todos esses triângulos, temos:

$$A_{\triangle} = \frac{a \cdot h}{2}$$

Com base na equivalência de triângulos, podemos efetuar transformações construindo figuras equivalentes com maior ou menor número de lados do que a figura original. Por exemplo:

- Polígono com $(n - 1)$ lados

  Transformação do hexágono *ABCDEF* no pentágono *A'BCDE*.

  O $\triangle ABF$ é transformado no equivalente $\triangle A'BF$.

  Os lados $\overline{AF}$ e $\overline{FE}$ são transformados em um só: $\overline{A'F}$.

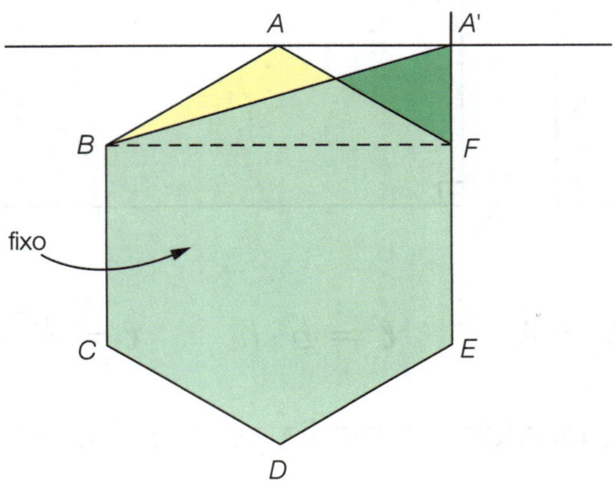

- Polígono com $(n + 1)$ lados

  Transformação do quadrado *PQRS* no pentágono *PQ'MRS*.

  O $\triangle PQM$ é transformado no equivalente $\triangle PQ'M$.

  O segmento *QR* é transformado em dois outros: $\overline{RM}$ e $\overline{MQ}$. De forma que $\overline{RM}$ é lado do pentágono *PQ'MRS*.

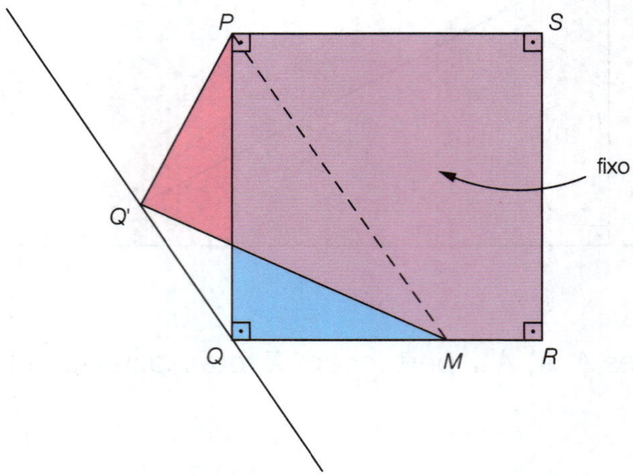

Equivalência entre polígonos

Podemos construir polígonos equivalentes a polígonos dados, com base na igualdade das fórmulas de suas áreas.

Para isso, montamos a equação e a resolvemos algebricamente até que a expressão resultante seja construtível: quarta proporcional, média geométrica, segmento $a\sqrt{n}$, etc.

Por exemplo, ao construirmos um quadrado equivalente a um retângulo, fazemos:

$$A_{\square} = A_{\square} \qquad \ell^2 = b \cdot h \qquad \ell = \sqrt{b \cdot h}$$

A medida do lado do quadrado é a média geométrica entre as medidas da base e da altura do retângulo.

Quando possível, elegemos um elemento para ser comum às duas figuras. A resolução torna-se mais simples, como podemos ver na construção de um retângulo equivalente a um triângulo dado, na qual a medida da base do triângulo (*b*) foi mantida na base do retângulo.

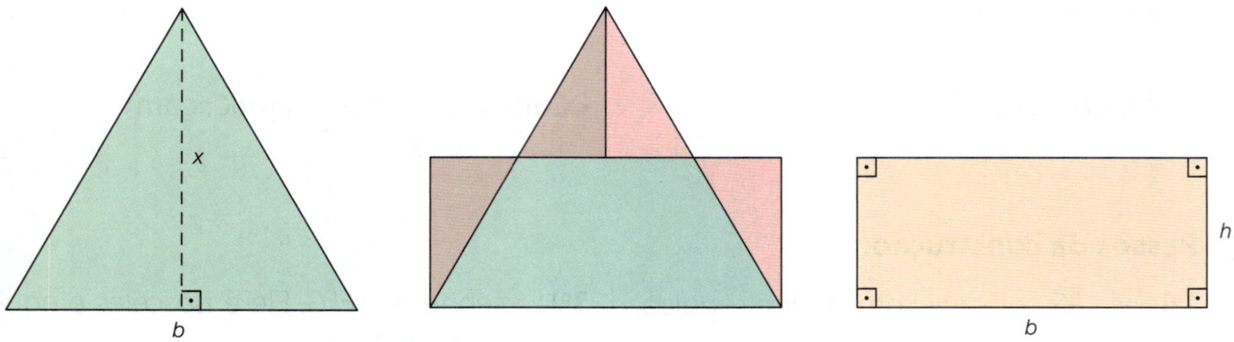

$$A_{\triangle} = A_{\square} \qquad \frac{\cancel{b} \cdot x}{2} = \cancel{b} \cdot h \qquad h = \frac{x}{2}$$

A medida da altura do retângulo é a metade da medida da altura do triângulo.

Equivalência envolvendo círculos

Quando a equivalência de figuras envolve círculos, precisamos trabalhar com a medida πr, obtida pela retificação da circunferência (processo aproximado).

Na construção de um triângulo equivalente a um círculo, por exemplo, podemos estabelecer que a medida da base do triângulo seja aproximadamente πr para facilitar a resolução (elemento comum).

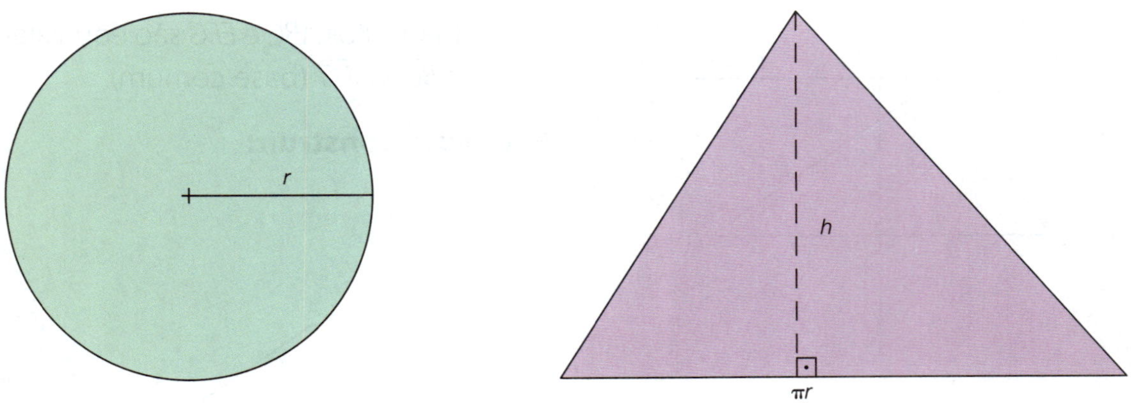

Então, fazemos:

$$A_{\circ} = A_{\triangle} \Rightarrow \pi r^2 = \frac{\pi r \cdot h}{2} \Rightarrow \cancel{\pi r} \cdot r = \frac{\cancel{\pi r} \cdot h}{2} \Rightarrow r = \frac{h}{2} \Rightarrow h = 2r$$

A medida da altura do triângulo é igual ao dobro da medida do raio do círculo.

Construindo imagens

Construção de um triângulo isósceles equivalente a um triângulo escaleno dado

- **Dado:** $\triangle ABC$
- **Construir:** $\triangle EFG \equiv \triangle ABC$, com $\overline{EF} \cong \overline{EG}$

Passos da construção:

1º) Faça $\overline{FG}$ coincidir com $\overline{BC}$. Em seguida, pelo vértice *A*, trace uma reta paralela à base $\overline{BC}$ (LG-2).

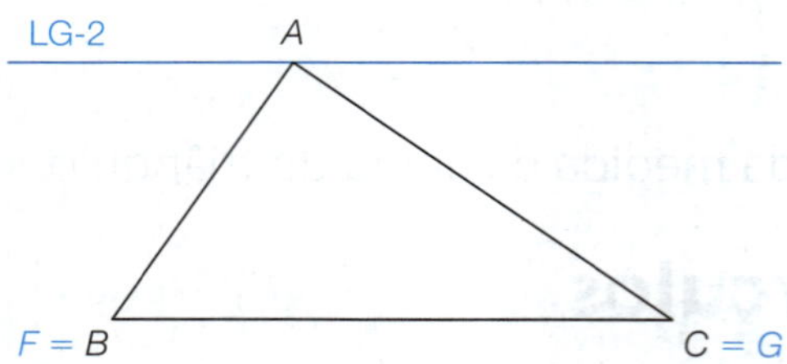

2º) Construa o LG-3 → mtz $(\overline{FG})$ e determine o ponto *E* na sua interseção com o LG-2.

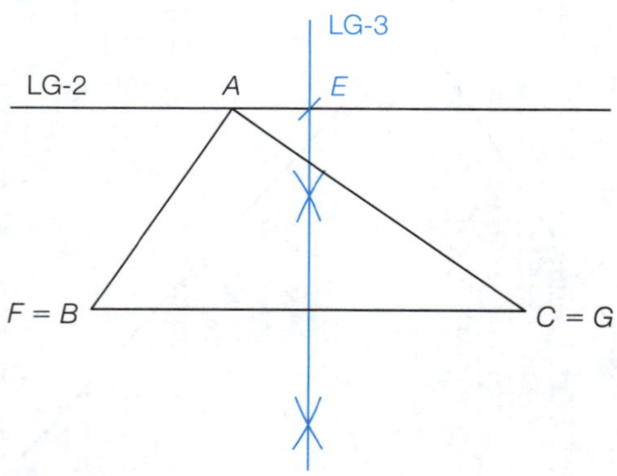

3º) Desenhe o $\triangle EFG$. Ele é isósceles e equivalente ao $\triangle ABC$.

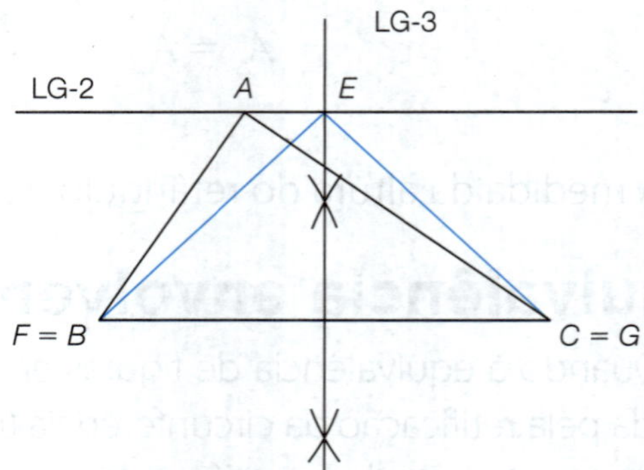

O $\triangle EFG$ é isósceles, pois os segmentos *EF* e *EG* são congruentes.

Os triângulos *ABC* e *EFG* são equivalentes, pois $\overline{BC} \cong \overline{FG}$ (base comum).

Para você construir:

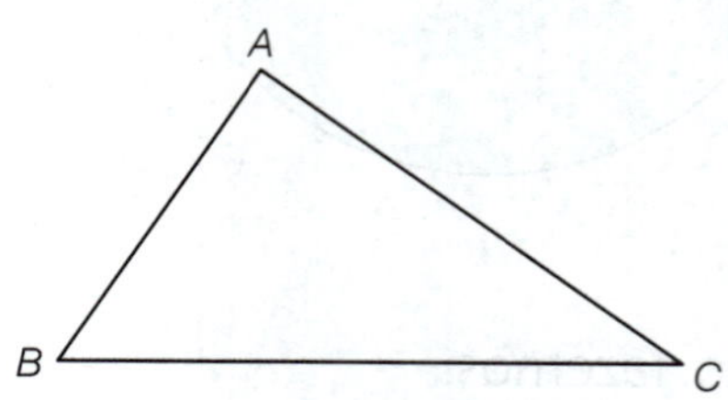

Usando tecnologia

Construção de um hexágono regular e de um pentágono equivalente a ele

Nesta seção, você fará a construção de um hexágono regular, dada a medida do seu lado, e de um pentágono equivalente ao hexágono utilizando o *software* de geometria dinâmica GeoGebra, que pode ser encontrado no endereço <https://www.geogebra.org/>.

É importante relembrar que um polígono regular tem todos os lados de mesma medida e todos os ângulos internos congruentes.

Assim, a medida do ângulo interno do hexágono é dada por:

$$S_6 = (6 - 2) \cdot 180° = 720°$$

Portanto, cada ângulo interno mede 120° $\left(a_i = \dfrac{720°}{6} = 120°\right)$.

Passos da construção:

1º) Construa um hexágono regular cujo lado mede 3 cm utilizando a ferramenta.

Para isso, selecione a ferramenta e clique em um ponto qualquer da tela. Em seguida, digite 3 na caixa de texto que vai aparecer. O segmento $\overline{AB}$ é um lado do hexágono. Para determinar outro lado do hexágono, consecutivo a esse, utilize a ferramenta e selecione o ponto *B*; em seguida selecione o ponto *A* e digite 120° (que é a medida do ângulo interno de um hexágono regular). Agora, trace o segmento $\overline{AB'}$ utilizando a ferramenta.

Como o hexágono é regular, é necessário garantir que os segmentos $\overline{AB}$ e $\overline{AB'}$ são congruentes. Utilizando a ferramenta, selecione o ponto *A* e depois o ponto *B* e obtenha a circunferência de centro *A* e raio $\overline{AB}$.

Observe que a circunferência passa pelo ponto *B'*. Logo, $\overline{AB}$ e $\overline{AB'}$ têm a mesma medida, pois são raios desta circunferência.

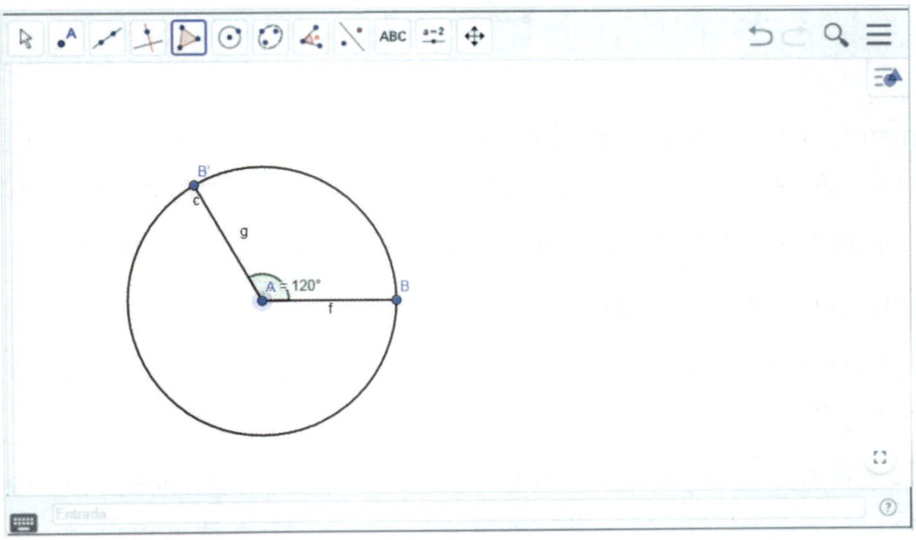

Reprodução/www.geogebra.org

2º) Antes de construir os outros lados do hexágono, esconda a circunferência (ela é uma construção auxiliar) selecionando a circunferência com o botão direito do *mouse* para desabilitar a opção "Exibir objeto".

3º) Repita o procedimento descrito nos passos anteriores 5 vezes para obter os demais lados.

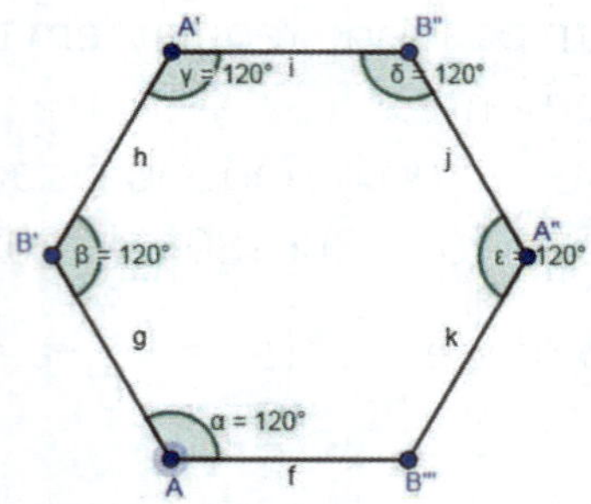

4º) Esconda os ângulos utilizando o botão direito do *mouse* para desabilitar a opção "Exibir rótulo". Utilizando a ferramenta , trace o polígono *AB'A'B''A''B'''* clicando em todos os vértices do hexágono que você construiu.

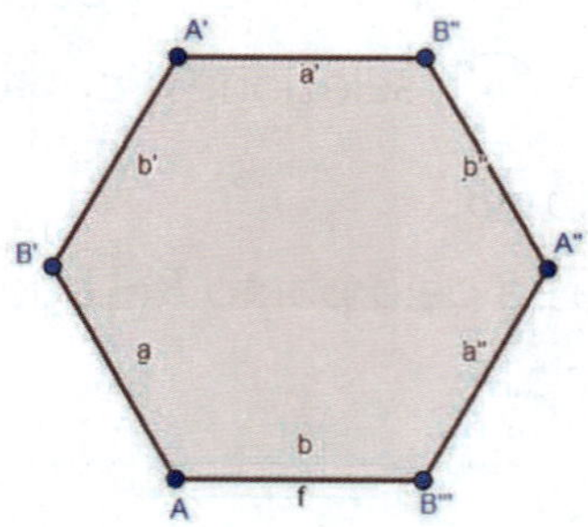

5º) Para construir o pentágono equivalente ao hexágono obtido, construa uma reta que passe por *A* e *A'* selecionando a ferramenta  e clicando nos pontos. Em seguida, utilizando a ferramenta , construa uma reta paralela a $\overleftrightarrow{AA'}$, que passe por *B*, selecionando primeiro o ponto e depois a reta.

Para obter um triângulo de mesma área que o triângulo *AB'A'*, trace $\overleftrightarrow{A'B''}$ utilizando a ferramenta .

Utilizando a ferramenta , selecione as retas *m* e *n* e obtenha o ponto *C*, interseção entre elas.

Os triângulos *AB'A'* e *AA'C* têm a mesma medida de área.

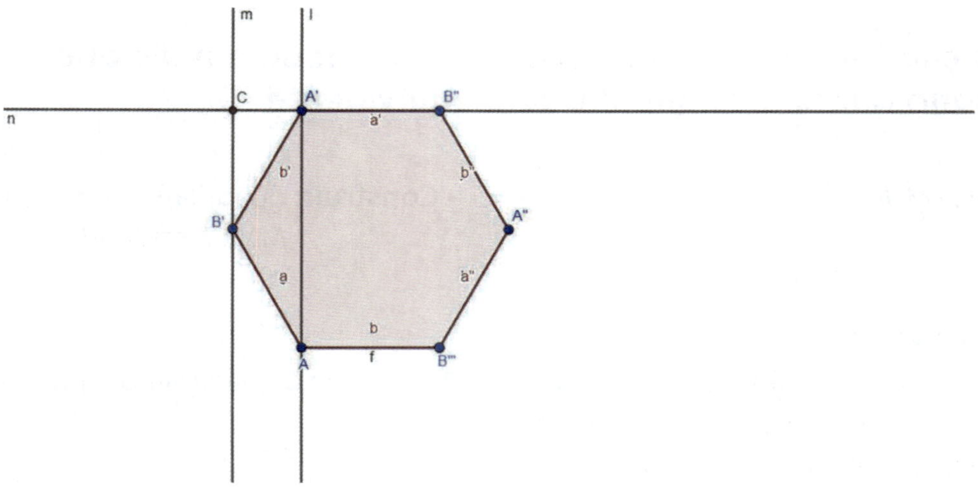

6º) Esconda as retas (que são construções auxiliares) utilizando o botão direito do *mouse* e desabilitando a opção "Exibir rótulo". Em seguida, trace o pentágono *ACB"A"B'''*, utilizando a ferramenta 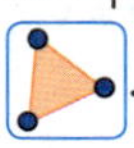.

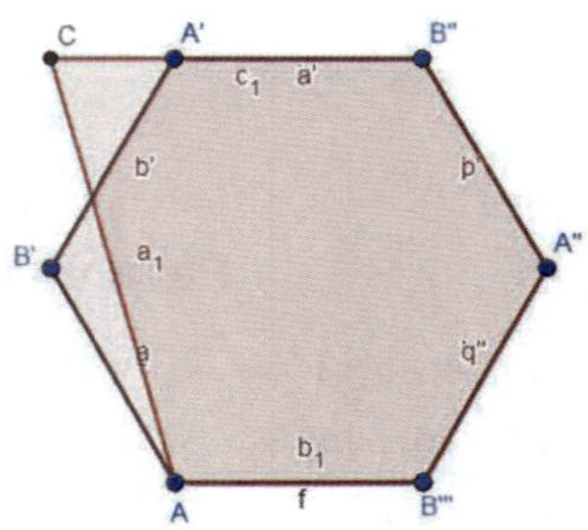

Para mostrar que o hexágono e o pentágono são equivalentes, selecione a ferramenta  e um polígono de cada vez.

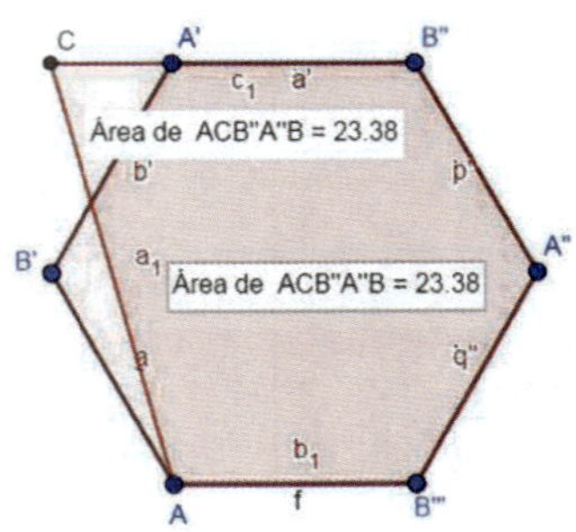

Para você construir:

Construa, em um *software* de geometria dinâmica, um quadrado e um pentágono equivalentes.

Construindo imagens

Construção de um polígono que tenha um lado a mais que o polígono dado, mas que lhe seja equivalente

- **Dado:** $\triangle MNP$
- **Construir:** quadrilátero convexo $MN'OP \equiv MNP$

Passos da construção:

1º) Trace por um dos vértices (*M*) um segmento que determine um ponto (*O*) no lado oposto. Visualize o $\triangle OMN$ que será transformado.

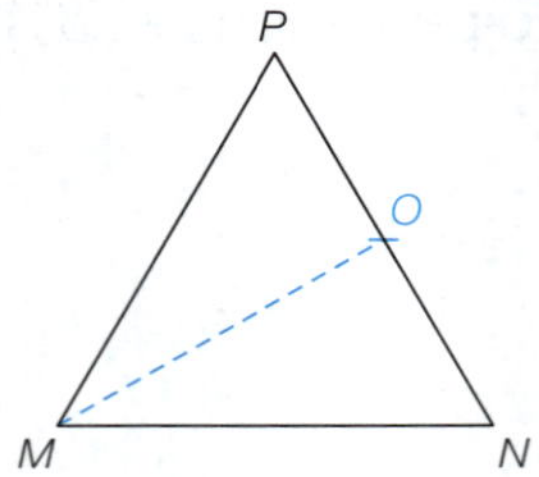

2º) Trace pelo vértice *N* uma reta paralela à base $\overline{MO}$ do triângulo (LG-2). Mude a posição do ponto *N* no LG-2 determinando *N'*, de modo que *N'* esteja entre *N* e a interseção de $\overline{PM}$ com o LG-2.

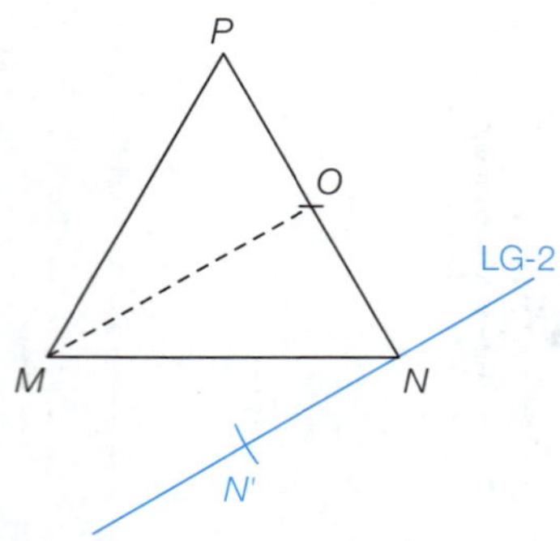

3º) Desenhe o quadrilátero convexo *MN'OP*.

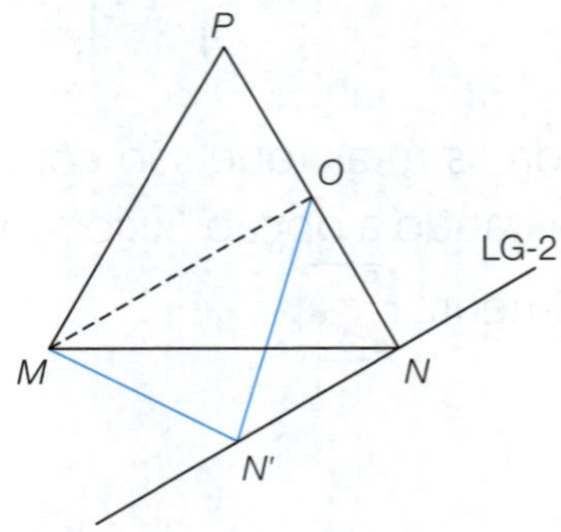

Para você construir:

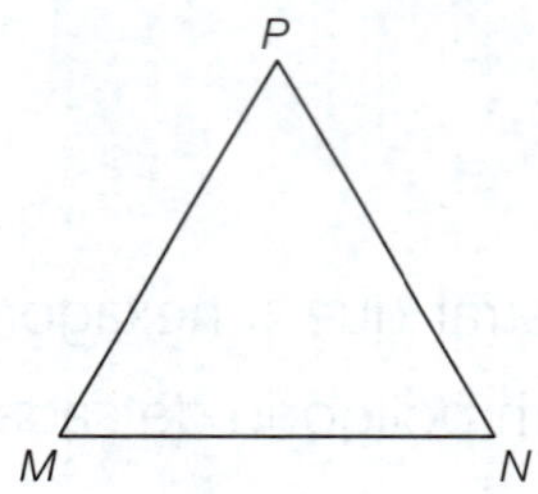

Construção de um triângulo retângulo equivalente a um paralelogramo, com a mesma medida de altura

• **Dado:**

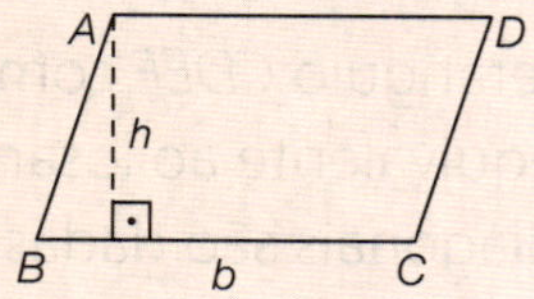

• **Construir:** $\triangle RST$ retângulo em $\hat{R}$, equivalente ao paralelogramo *ABCD* e com altura *h*

Procedimento para construção:

1º) Faça a justificativa algébrica determinando a medida *x* da base do triângulo, sabendo que a altura (*h*) é o elemento comum.

$$A_{\triangle} = A_{\square} \Rightarrow \frac{x \cdot \cancel{h}}{2} = b \cdot \cancel{h} \text{ (altura comum)} \Rightarrow \frac{x}{2} = b \Rightarrow x = 2b$$

2º) Construa um ângulo $\hat{R}$ de medida 90° e marque a altura *h* em um dos lados e a medida $x = 2b$ no outro, determinando os pontos *T* e *S*. Desenhe o $\triangle RST$, que é equivalente ao paralelogramo dado.

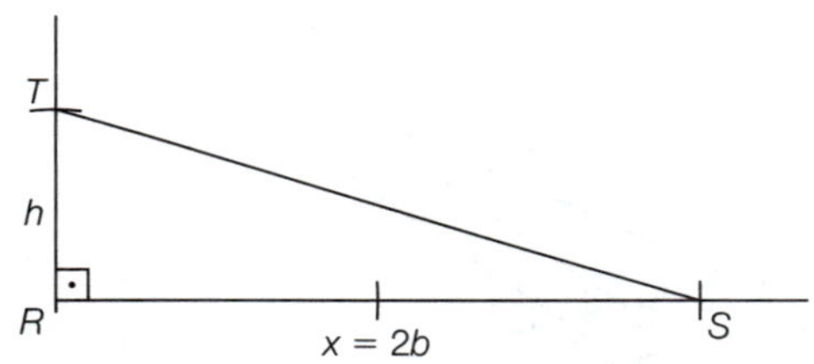

Para você construir:

Construção de um retângulo com altura conhecida, equivalente a um losango cujas diagonais são dadas

• **Dados:** $h = 18$ mm

D ⊢———⊣ d ⊢——⊣

• **Construir:** retângulo *CDEF* com altura h e equivalente ao losango cujas diagonais são dadas

Procedimento para construção:

1º) Faça a justificativa algébrica determinando a medida b da base do retângulo.

$$A_{\square} = A_{\diamond}$$

$$b \cdot h = \frac{D \cdot d}{2} \Rightarrow b = \frac{D \cdot d}{2h}$$

2º) Construa a quarta proporcional: $\frac{2h}{D} = \frac{d}{b}$

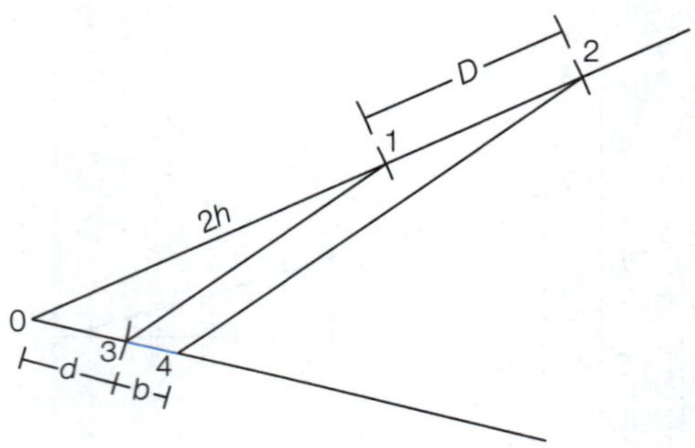

3º) Construa o retângulo *CDEF* com base b e altura h.

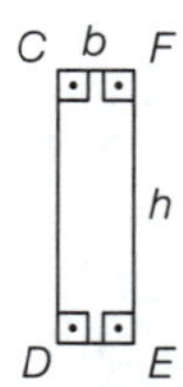

Para você construir:

Retificação de uma circunferência pelo processo da tangente de 30° (processo de Kochansky – aproximado)

• **Dado:** ⊗(o, r) • **Construir:** $\overline{AC}$, tal que $AC \simeq \pi r$

Passos da construção:

1º) Trace um diâmetro $\overline{AB}$ da circunferência e, pelo ponto B, construa uma reta tangente ($t \perp \overline{OB}$).

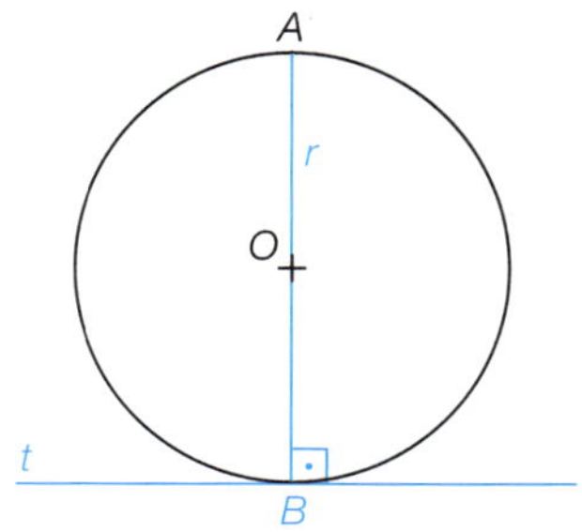

2º) Construa um ângulo de centro em O e com medida 30°. Em seguida, determine o ponto P na interseção do lado do ângulo com a reta t.

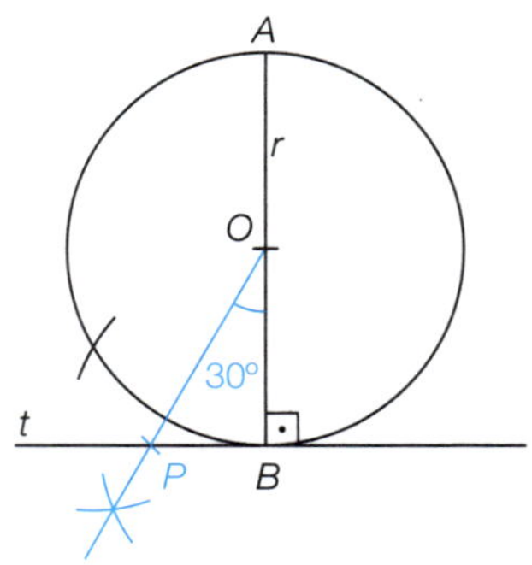

3º) Marque na tangente o ponto C, de modo que $PC = 3r$. Depois, trace $\overline{AC}$, que corresponde à semicircunferência $(\overset{\frown}{BC})$ retificada. Assim, $m(\overline{AC}) \simeq \pi r$.

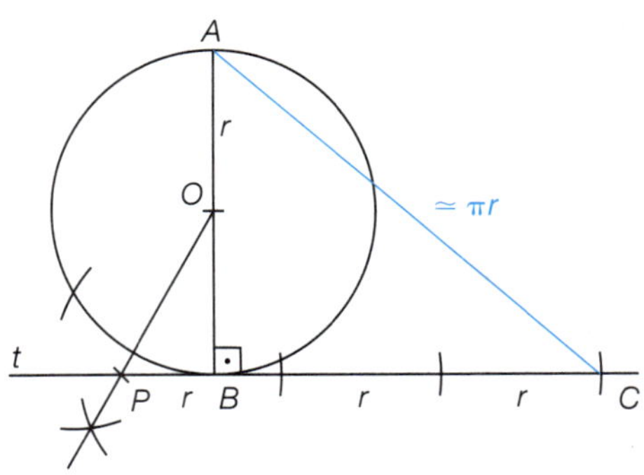

Justificativa:

$\triangle ABC$ é retângulo de catetos: $AB = 2r$,
$BC = 3r - r \cdot \text{tg } 30°$

Pelo teorema de Pitágoras, temos:

$AC^2 = AB^2 + BC^2$

$AC^2 = (2r)^2 + (3r - r \cdot \text{tg } 30°)^2$

Sendo $\text{tg } 30° = \dfrac{\sqrt{3}}{3}$, obtemos:

$$AC^2 = 4r^2 + 9r^2 - {}^{2}\cancel{6}r^2 \frac{\sqrt{3}}{{}^{1}\cancel{3}} + \frac{{}^{1}\cancel{3}}{{}^{3}\cancel{9}} r^2$$

$$AC^2 = 13r^2 - 2\sqrt{3}r^2 + \frac{r^2}{3}$$

$$AC = r \cdot \sqrt{13 - 2\sqrt{3} - \frac{1}{3}}$$

$$AC \simeq r \cdot 3{,}1415...$$

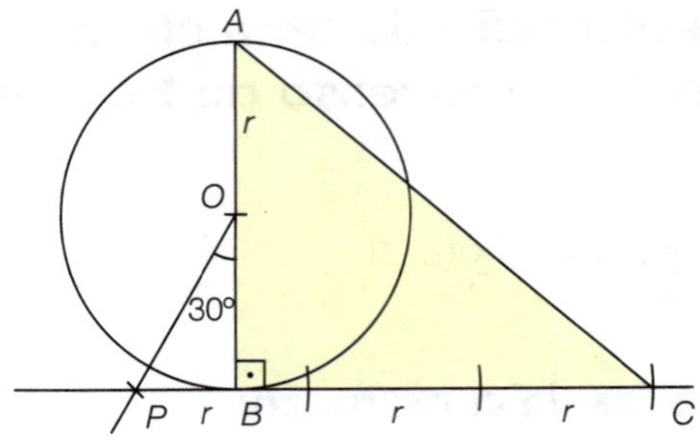

Para você construir:

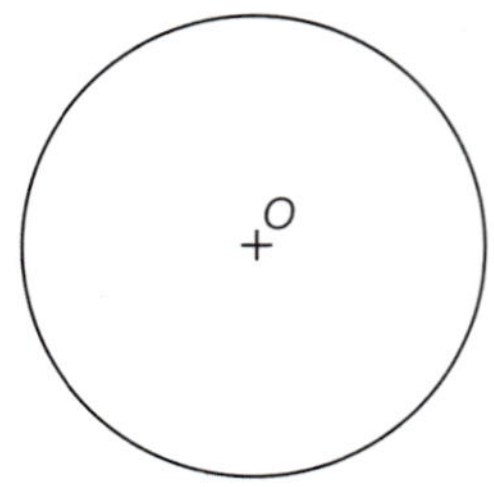

Construção de um quadrado aproximadamente equivalente a um círculo

• **Dados:** $\otimes (O, r)$, $r = 17$ mm

• **Construir:** $\square ABCD$ equivalente ao círculo determinado pela $\otimes (O, r)$

Passos da construção:

1º) Faça a justificativa algébrica determinando a medida ℓ do lado do quadrado.

$A_{\square} = A_{\bigcirc} \Rightarrow \ell^2 = \pi r^2 \Rightarrow \ell = \sqrt{\pi r \cdot r^2}$ (média geométrica)

2º) Retifique a semicircunferência AB, determinando a medida πr (aproximada).

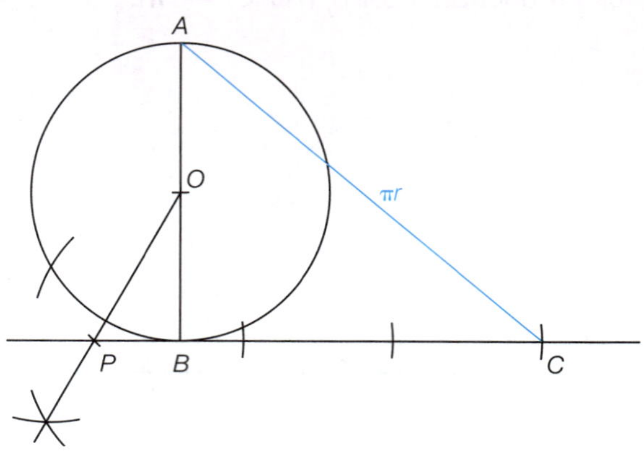

3º) Construa a média geométrica entre πr e r, que será a medida ℓ, do lado do quadrado.

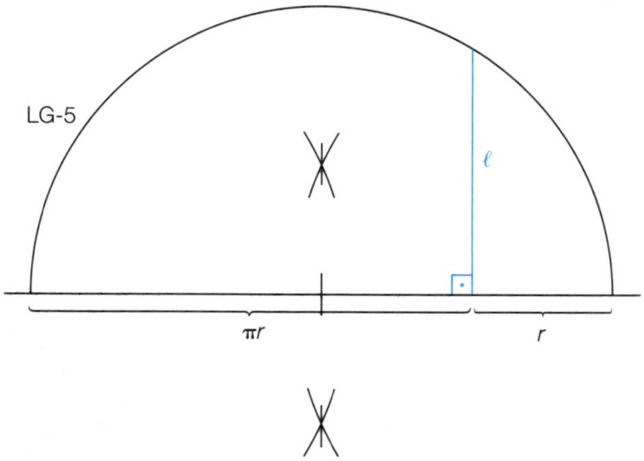

4º) Construa o quadrado *ABCD* com lados de medida ℓ.

Esse quadrado é aproximadamente equivalente ao círculo dado.

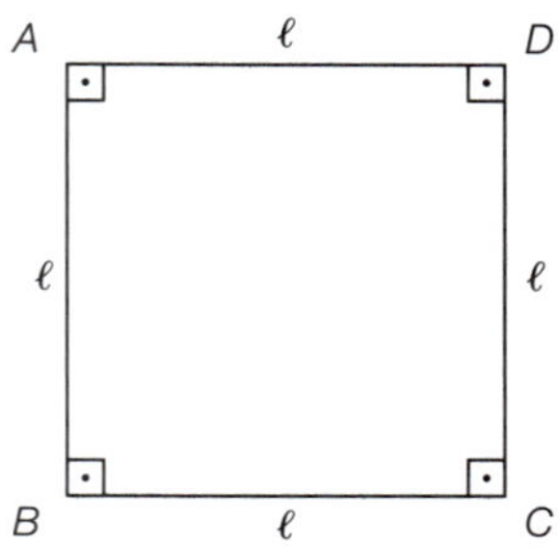

Nota:

A quadratura do círculo e a retificação da circunferência são problemas que vêm sendo discutidos desde os antigos gregos.

Muitos tentaram achar a solução exata desses problemas usando régua e compasso, o que não é possível.

As construções que aqui apresentamos são aproximadas, porém se fundamentam nas soluções das equações algébricas correspondentes.

Para você construir:

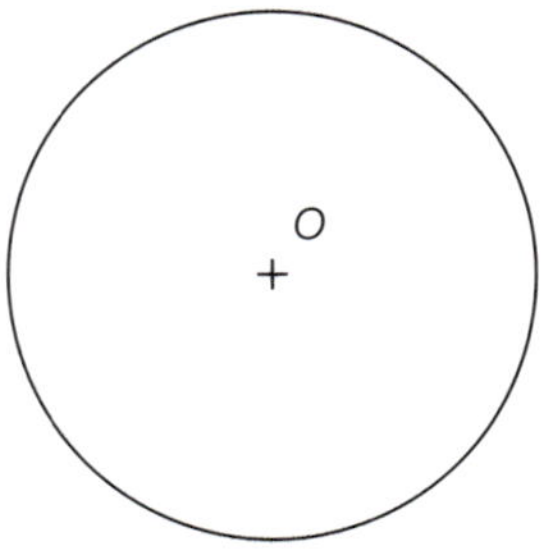

Você em ação

De olho na mídia

Desmatamento no Brasil

[...] O desmatamento no Brasil cresceu 13,72% entre agosto de 2017 e julho de 2018, uma área equivalente a um milhão de campos de futebol, segundo dados oficiais citados pelo Greenpeace.

De acordo com o Instituto Nacional de Pesquisas Espaciais, a área total desmatada é de 7.900 km², equivalente a 5,2 vezes a cidade de São Paulo. [...]

Disponível em: <https://exame.abril.com.br/brasil/desmatamento-no-brasil-cresce-1372/>. Acesso em: 18 mar. 2019.

Delfim Martins/Pulsar Imagens

Área desmatada em Tucumã (PA).

1. Calcule as áreas das figuras apresentadas e indique quais são equivalentes.

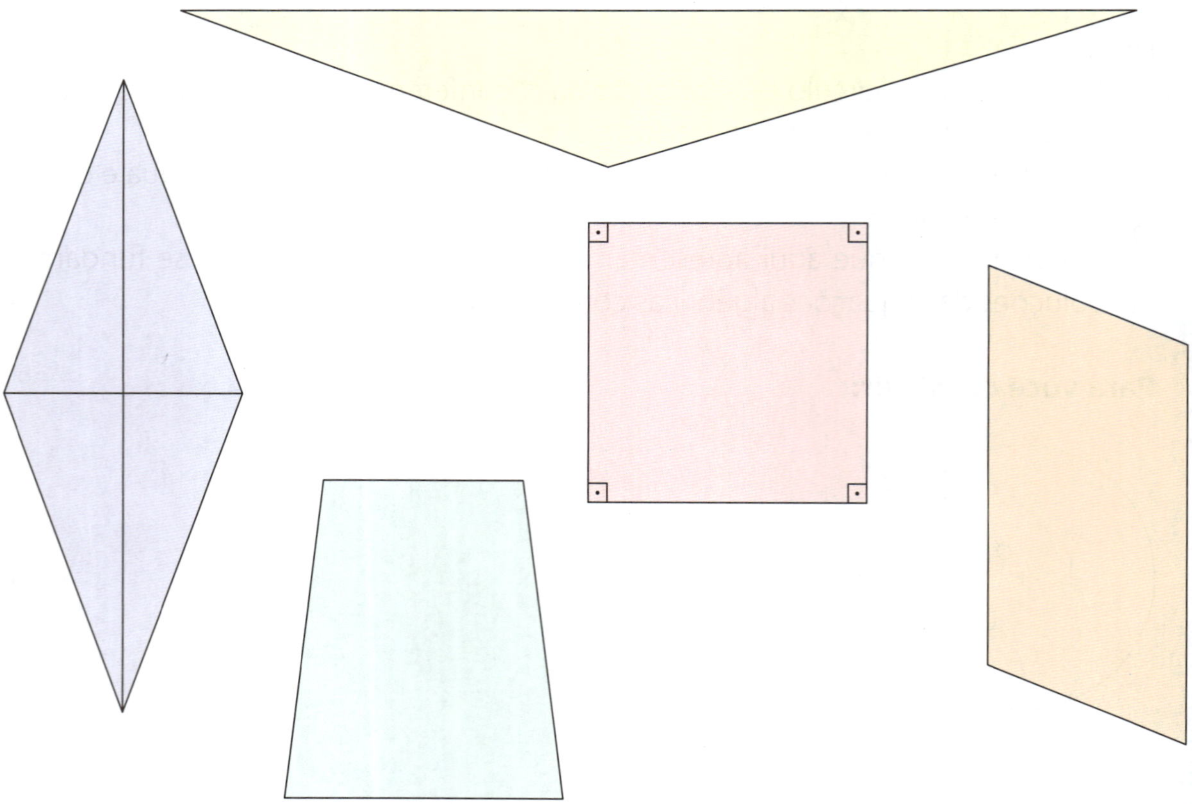

2 Em cada item, construa um triângulo *RST* equivalente ao triângulo *ABC* dado, sendo:

a) retângulo em $\hat{S}$.

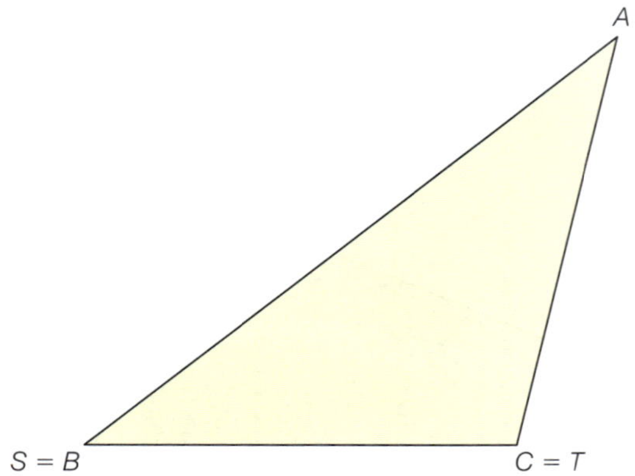

b) $m(\hat{R}) = 45°$.

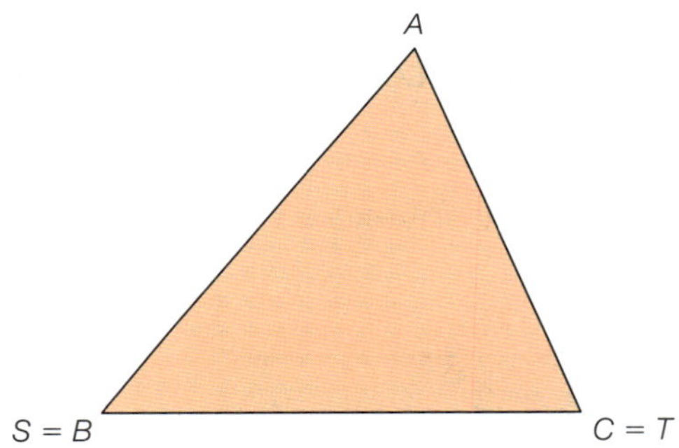

c) $R \in M$.

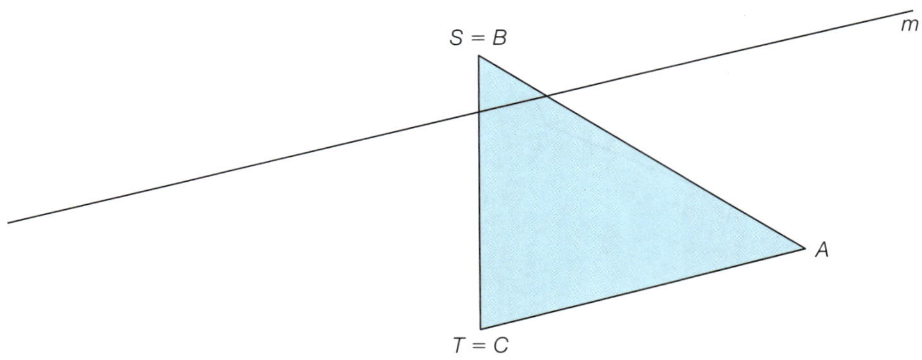

d) $m(\hat{T}) = 30°$.

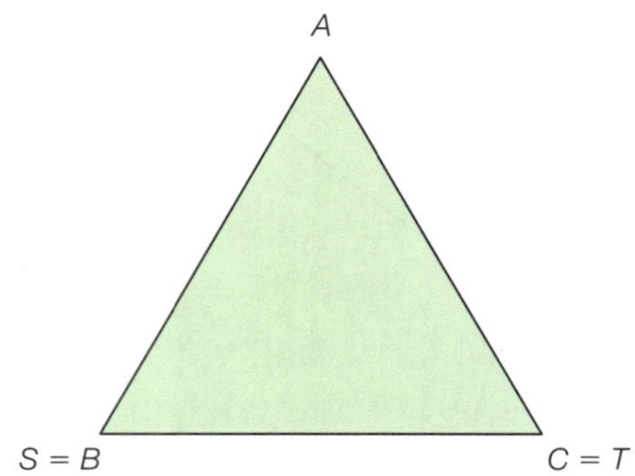

e) $m(\overline{RS}) = 3{,}5$ cm.

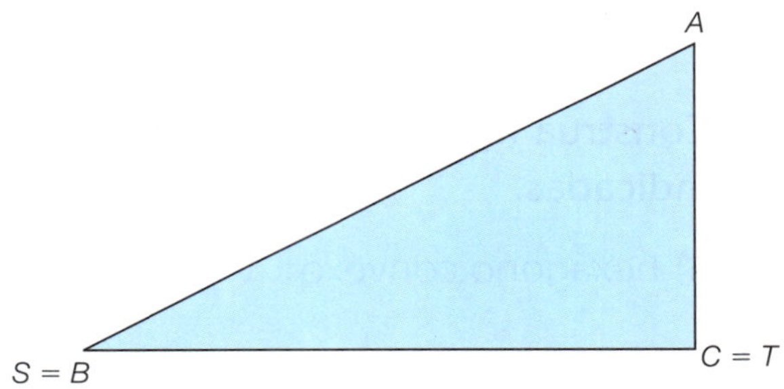

3 Transforme o pentágono *ABCDE* em um quadrilátero e o quadrilátero *PQRS* em um pentágono, ambos convexos e equivalentes às figuras originais.

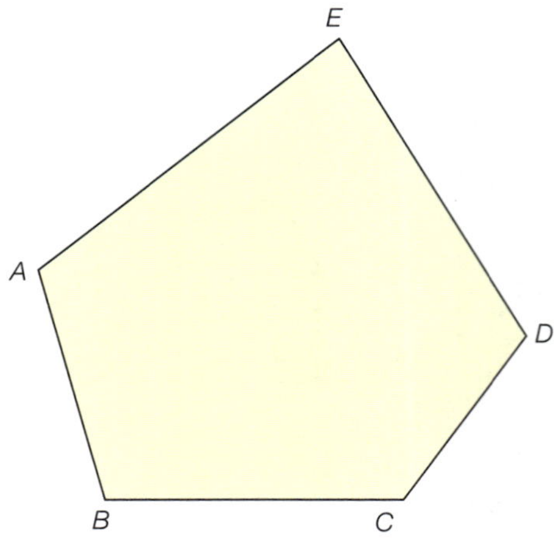

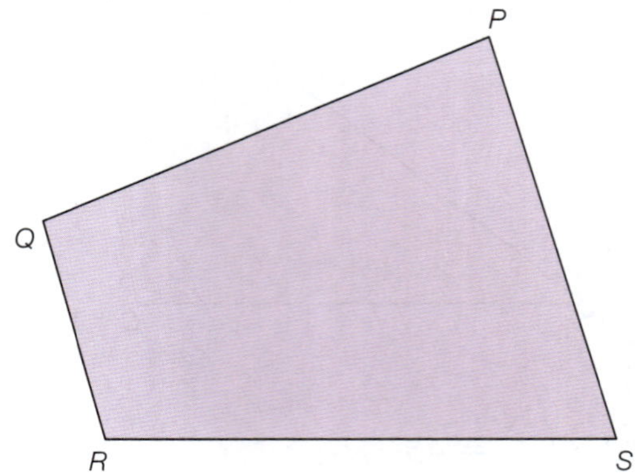

4 Construa figuras com a mesma área das figuras dadas, de acordo com as formas indicadas.

a) hexágono convexo

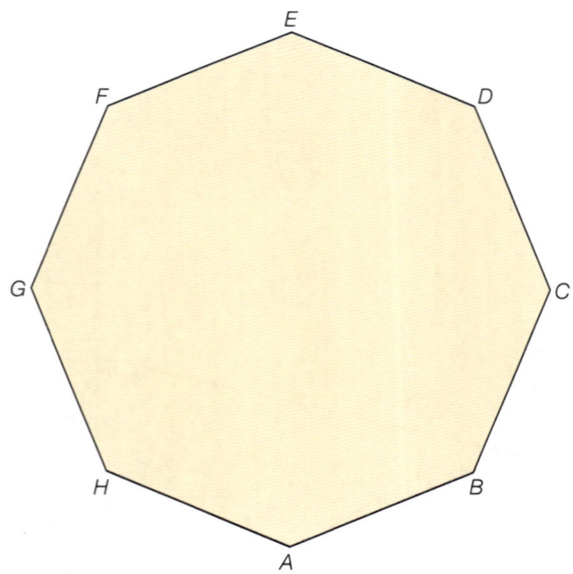

b) heptágono convexo

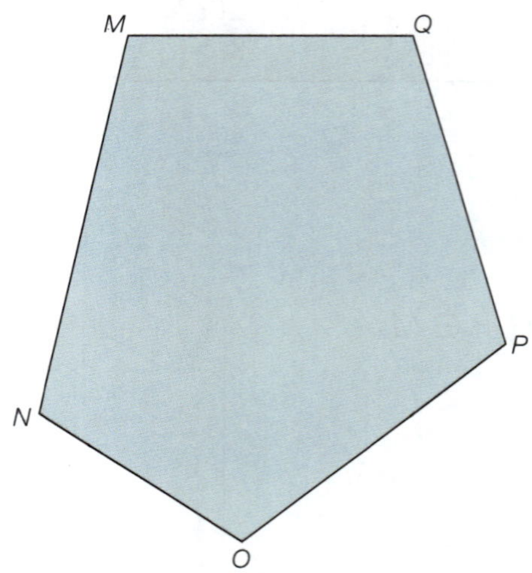

5 Construa um paralelogramo *EFGH*, equivalente ao trapézio *TUVW* dado, que tenha um ângulo de medida 60°.

Justificativa algébrica

Construção

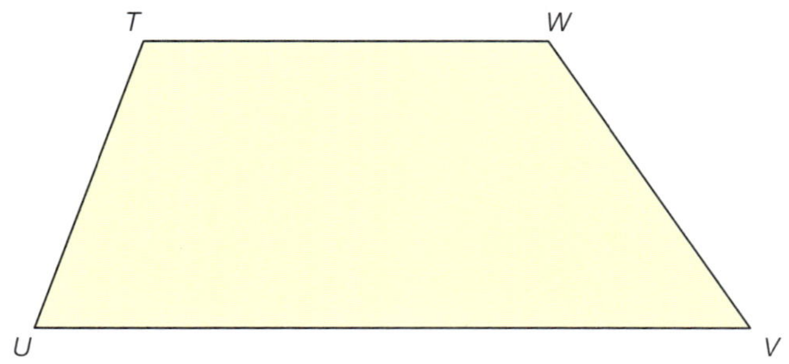

6 Construa um retângulo *BCDE* equivalente a um triângulo *XYZ* dado.

Justificativa algébrica

Construção

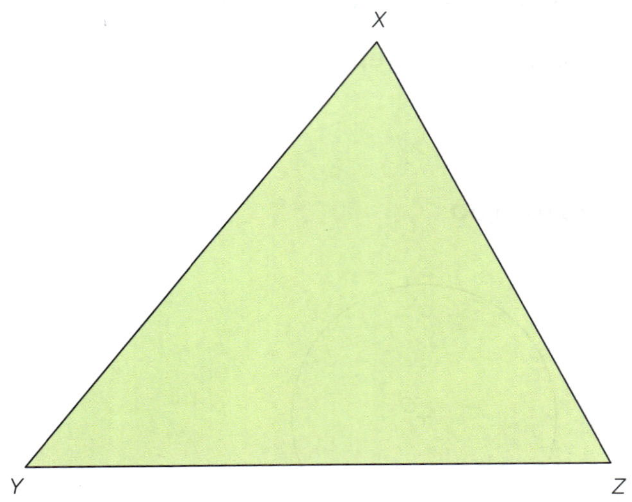

7 Construa um quadrado *ABCD* com a mesma área de um losango dado.

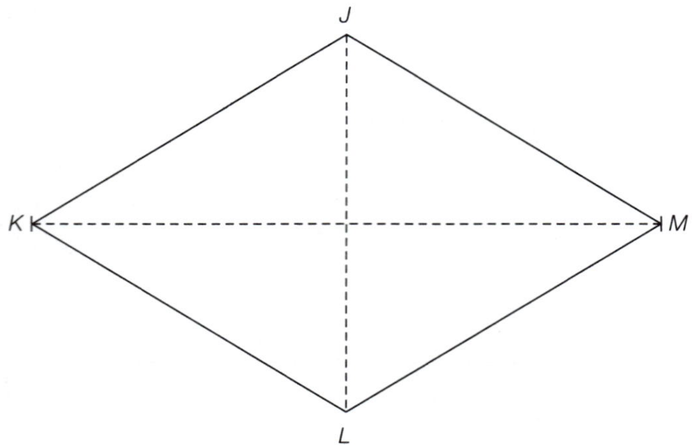

Construção

Justificativa algébrica

8 Dado um círculo de centro *O* e raio *r*, construa um triângulo isósceles que lhe seja "equivalente", tal que a altura relativa à base tenha medida πr, aproximadamente.

Justificativa algébrica

Construção

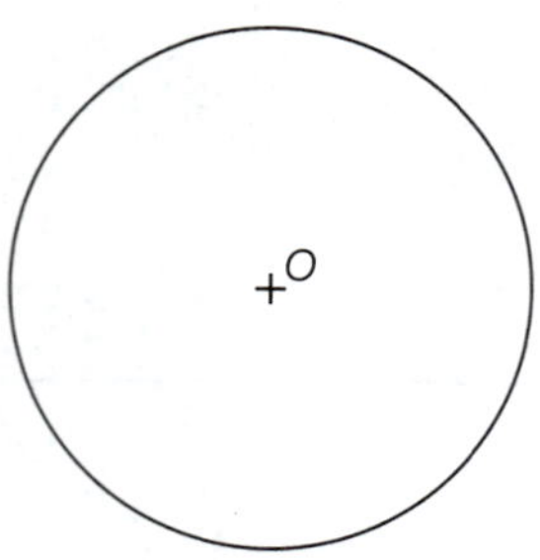

9 Construa um retângulo *ABCD* de base *b* conhecida, que tenha área aproximadamente igual à área do círculo dado.

Justificativa algébrica

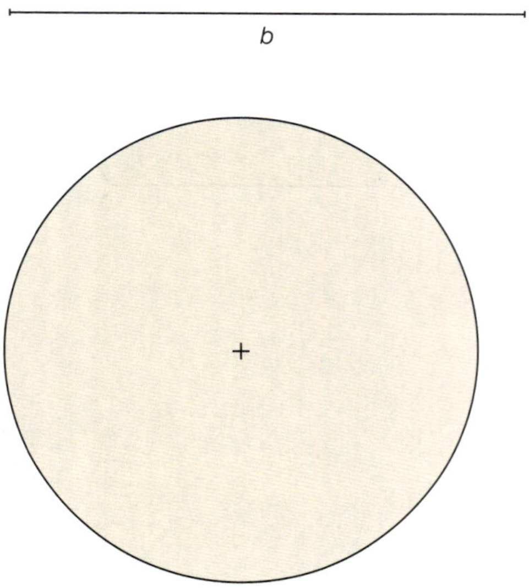

Construção

10 Construa um quadrilátero equivalente a um hexágono dado.

Esboço

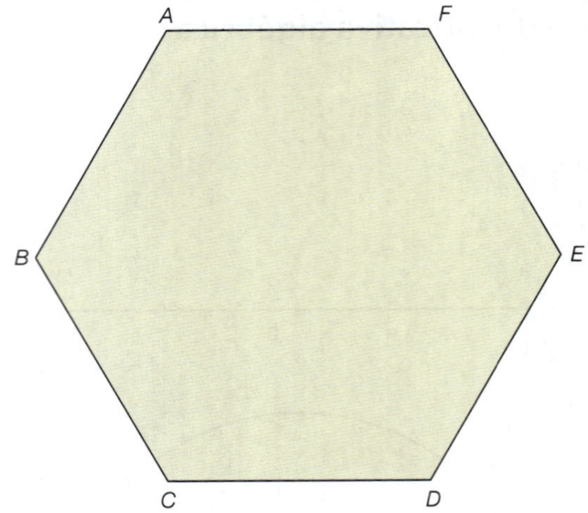

Justificativa algébrica

Construção

11 Construa um quadrado *ABCD* cuja área seja igual à soma das áreas de 4 quadrados com lado de medida 2 cm e de 8 triângulos retângulos isósceles com catetos de medida 2 cm.

Olhando ao redor

1 Brincando com a equivalência de áreas.

a) Divida a estrela representada abaixo em cinco partes e arrume-as de modo que formem um triângulo equilátero equivalente a ela.

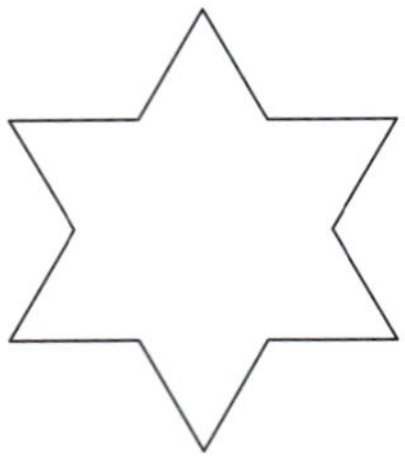

b) E por falar em equivalência de áreas, veja nos mapas a seguir como é interessante a comparação das áreas dos países da Europa com as áreas dos estados brasileiros.

Fonte: IBGE.

- Pesquise dados e aponte dois municípios de seu estado entre os quais exista equivalência de área, ainda que aproximada.

....

....

....

....

....

2 O beisebol é um esporte nacional nos Estados Unidos, no Japão e na América Central. Na disputa de uma partida, as equipes se revezam a cada rodada no ataque e na defesa. É considerado um ponto quando um dos jogadores da equipe que ataca consegue completar uma volta inteira, partindo da *home base* e a ela retornando após passar pelas outras três bases.

Istockphoto/Getty Images

Campo de beisebol em Chicago, Illinois, Estados Unidos.

O campo de beisebol é composto de uma área principal com a forma aproximada de um quarto de círculo, dividida em duas partes, o diamante e a jardineira. O diamante é um quadrado com uma base em cada vértice, sendo o mais importante o que se situa no centro do círculo e do qual se inicia a jogada. No centro do diamante, existe uma pequena elevação de onde o arremessador faz os seus lançamentos.

Um clube quer construir um campo de beisebol, cujo projeto abaixo está incompleto. Desenhe o diamante, sabendo que sua área é igual à área da quadra retangular do futsal.

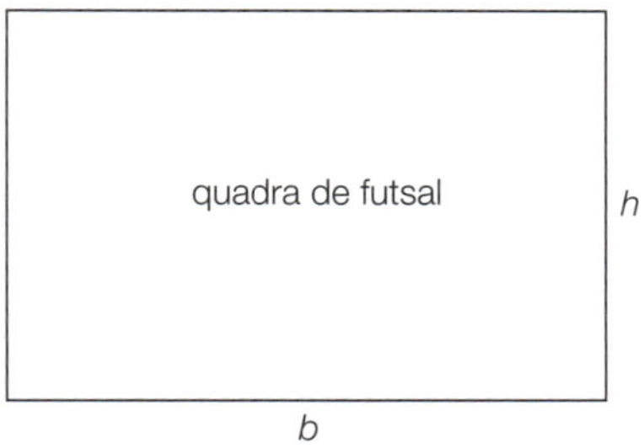

Você sabia?

- Apesar de ser considerado a paixão nacional do Japão, o beisebol surgiu nos Estados Unidos e foi trazido ao Brasil em 1850 por funcionários de empresas norte-americanas.
- Os principais estádios de beisebol do Brasil ficam em São Paulo e em Londrina.
- A vida útil de uma bola de beisebol é, em média, de 7 lançamentos.

3 **A moeda de R$ 1,00 tem forma circular. Se fossem criadas outras moedas, elas poderiam ter formas diferentes para facilitar sua identificação. Fazendo-as equivalentes, o custo de produção será o mesmo.**

Que forma você escolheria para uma moeda de R$ 5,00?

Utilize a circunferência abaixo como base para projetar sua moeda. Desenhe-a com a área aproximadamente igual à delimitada pela circunferência e decore-a como quiser.

Reprodução/Casa da Moeda do Brasil/Ministério da Fazenda

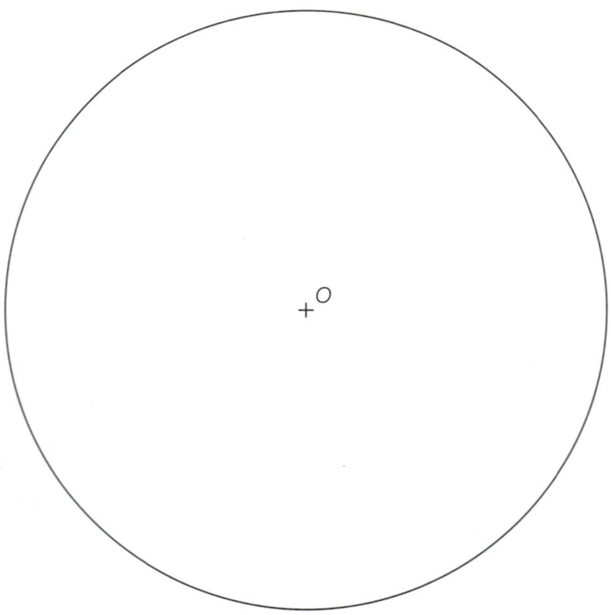

4 **Artur comprou uma chácara e quer reformá-la reutilizando os materiais disponíveis no local, já que ele tem consciência ecológica.**

Assim, os azulejos retirados da fachada da casa revestirão o tampo de 4 mesas do quiosque para churrasco, e a grama dos fundos da casa, onde ele fará um pomar, será remanejada para o novo campinho de futebol.

Desenhe as plantas do campinho e das 4 mesas, conservando as áreas das formas originais.

Gramado.

Campinho de futebol.

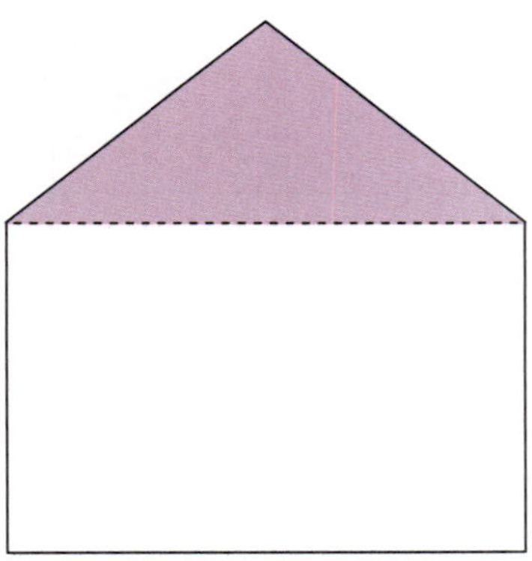

Fachada da casa.

5 A figura abaixo representa a parte social de uma residência, composta de uma sala de estar, uma sala de jantar e uma varanda. **Com a mesma área**, desenhe um apartamento. Você pode criar novas formas e tamanhos para os ambientes. Use a imaginação.

CAPÍTULO

8

Projeções ortogonais e perspectiva

Partindo da ideia de que a Geometria se origina da percepção visual, uma de suas aplicações é a representação de objetos conforme o ponto de vista de quem os observa.

Neste capítulo você vai ver um pouco mais das projeções de objetos e suas vistas, assim como da representação deles sob diferentes perspectivas.

TTstudio/Shutterstock

Compreendendo ideias

Projeções ortogonais

O que é projeção ortogonal?

Você já brincou de teatro de sombras? A sombra projetada sobre a superfície da parede nos dá a ideia de projeção ortogonal.

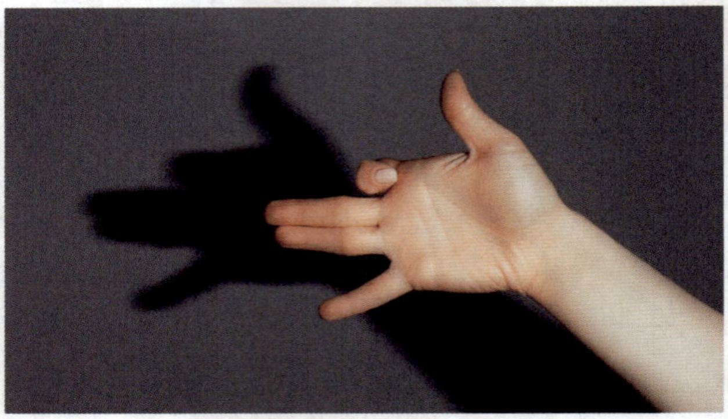

Tikhonova Yana/Shutterstock

O termo **ortogonal** vem do grego *orthos* = reto; *gonia* = ângulo. Assim, a projeção ortogonal de uma figura é obtida projetando-se todos os pontos dessa figura, no sentido perpendicular, sobre um plano.

Veja como ficam as projeções ortogonais de um ponto, de um segmento de reta e de um quadrilátero sobre um plano.

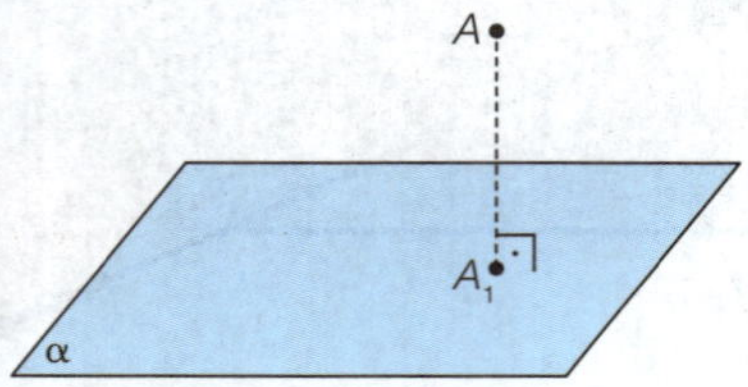

A_1 é a projeção ortogonal do ponto A sobre o plano α.

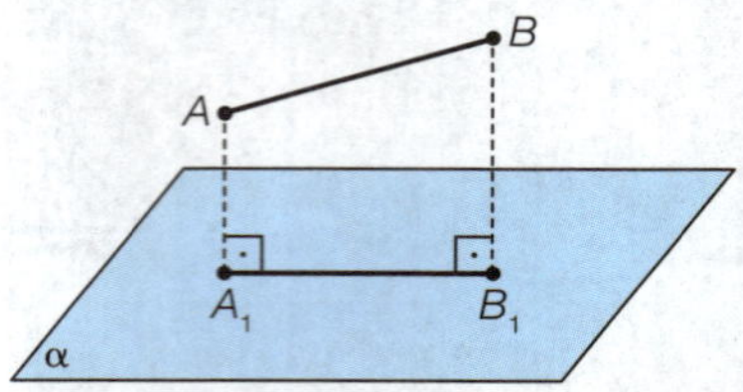

$\overline{A_1B_1}$ é a projeção ortogonal do segmento AB sobre o plano α.

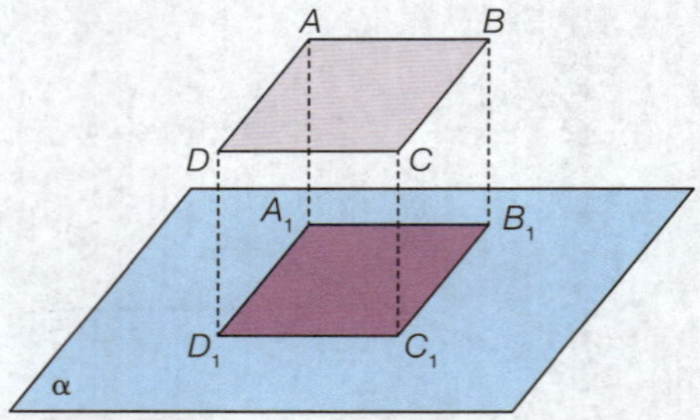

$A_1B_1C_1D_1$ é a projeção ortogonal do quadrilátero $ABCD$ sobre o plano α.

Nem sempre a projeção em um único plano é suficiente para descrever todas as características de uma figura espacial. Veja o exemplo do cilindro.

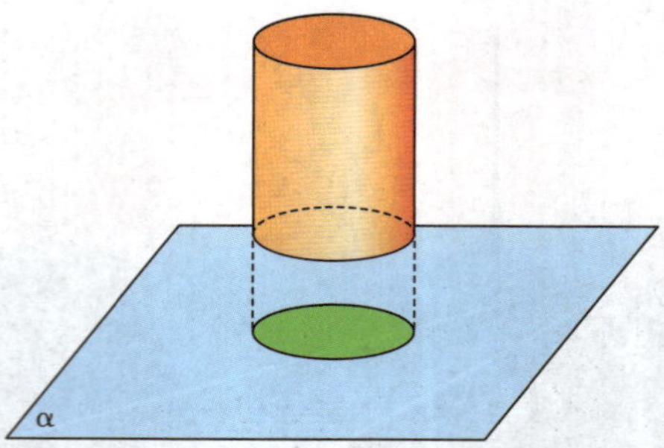

A projeção ortogonal do cilindro em um plano horizontal e paralelo a uma de suas bases corresponde a um círculo.

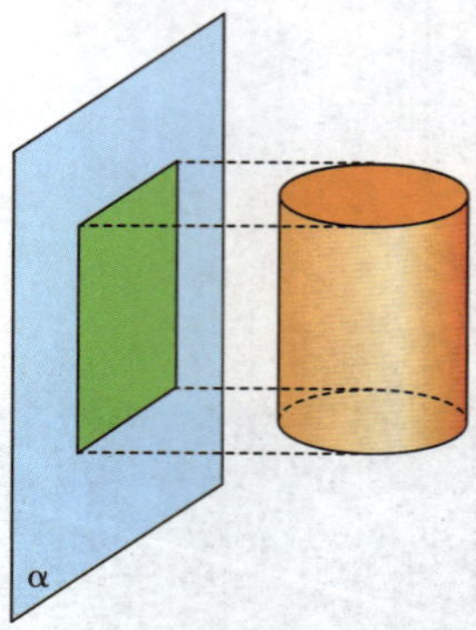

A projeção ortogonal do cilindro em um plano vertical paralelo à face lateral corresponde a um retângulo.

Ao observar apenas uma dessas projeções (um círculo ou um retângulo), não é possível identificar que a figura original é um cilindro. Por isso, usamos um plano horizontal (*PH*) e um plano vertical (*PV*) perpendicular ao primeiro. Esses planos dividem o espaço em 4 partes chamadas de **diedros** (*di* = dois; *edro* = plano).

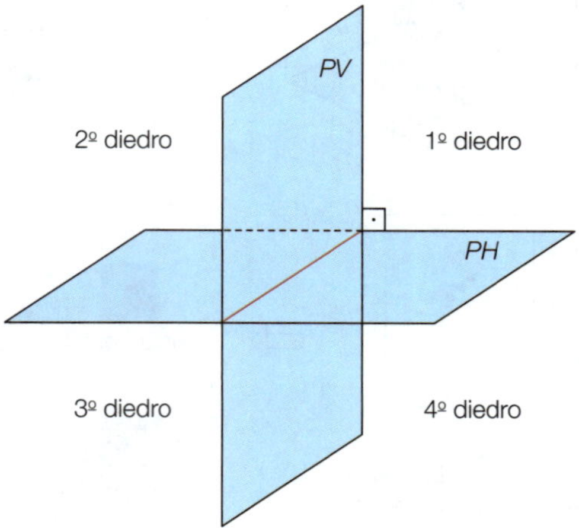

Assim, com as duas projeções combinadas, chegamos mais perto de obter a representação espacial da figura em questão.

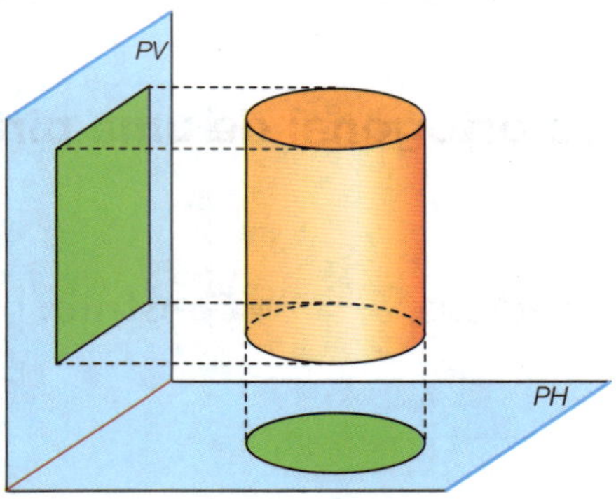

As projeções ortogonais correspondem às **vistas ortogonais** da figura projetada. No caso do cilindro, o círculo corresponde à **vista superior** e o retângulo corresponde à **vista frontal** dele.

Porém, se o objeto-modelo for complexo ou tiver muitos detalhes, usamos um terceiro plano, perpendicular aos outros dois: o plano lateral (*PL*).

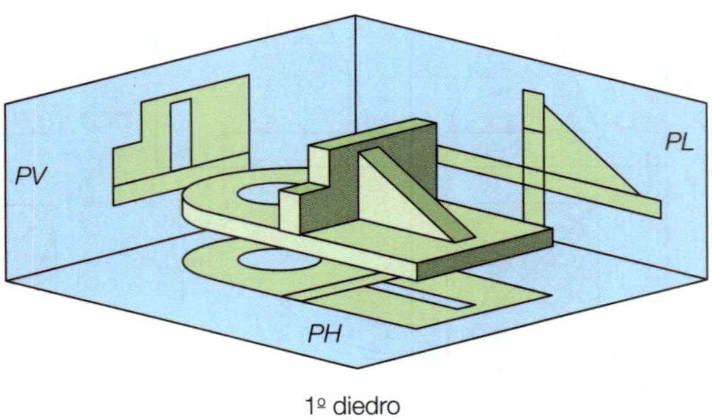

1º diedro

Veja abaixo as projeções ortogonais de um dado.

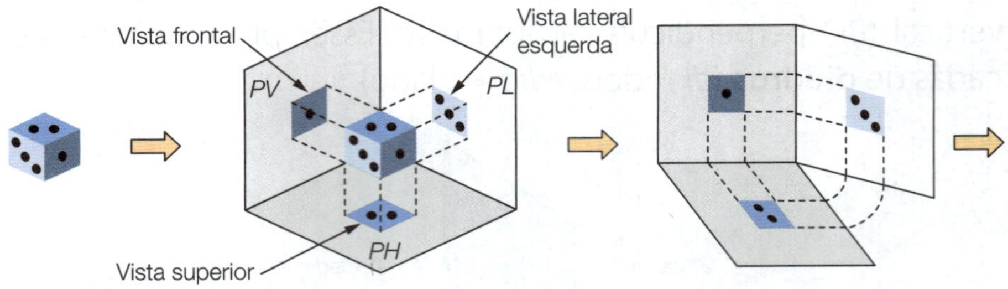

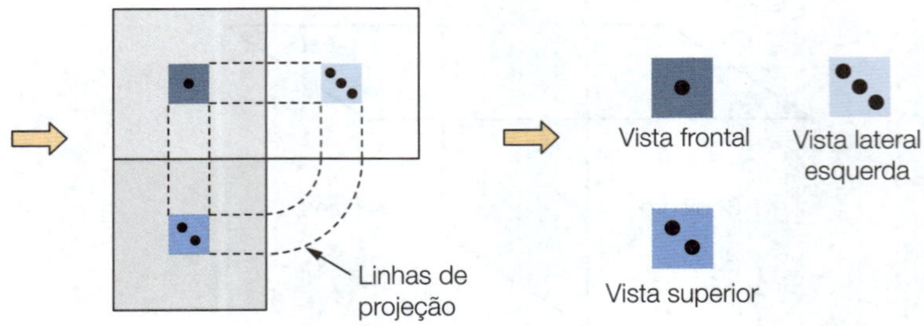

Construindo imagens

Construção da projeção ortogonal de uma pirâmide de base quadrada

- **Dado:** pirâmide de base quadrada
- **Construir:** projeção ortogonal da pirâmide

Passos da construção:

1º) Projete a pirâmide no *PH* (projeção da base quadrada).

2º) Projete a pirâmide no *PV* (projeção da face lateral triangular).

3º) Projete a pirâmide no *PL* (projeção da face lateral triangular).

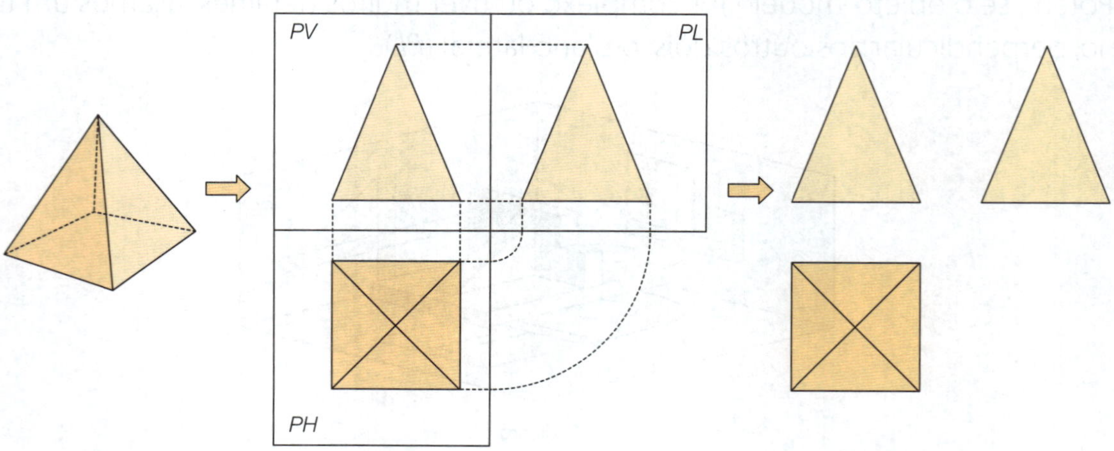

Para você construir:

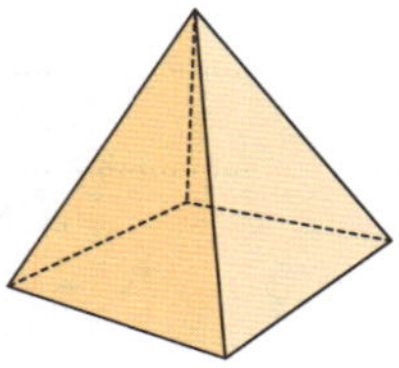

Você em ação

1 Pinte as vistas ortogonais de acordo com as cores correspondentes às faces do modelo.

a)

Modelo

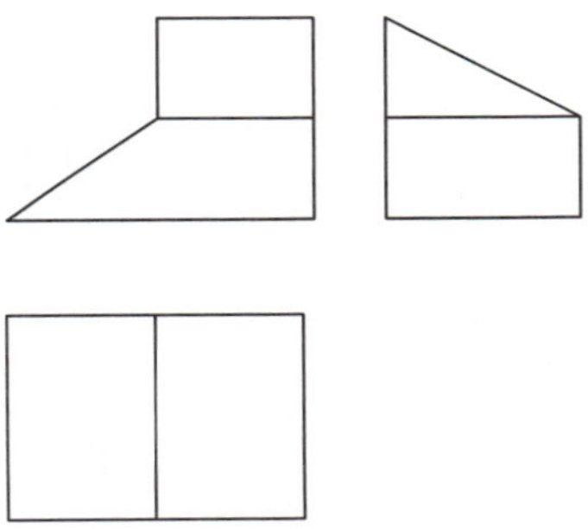

b)

Modelo

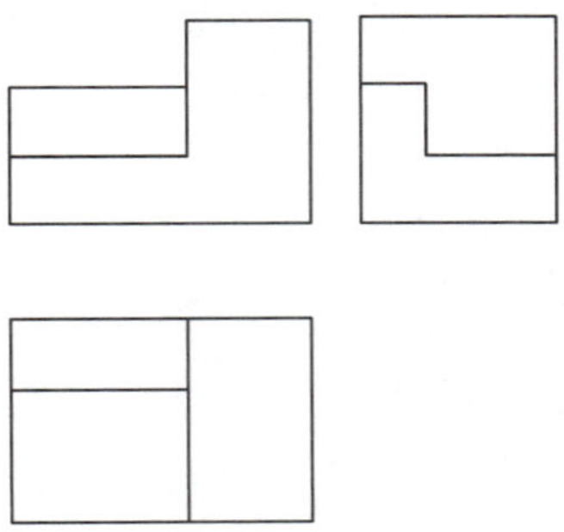

2. Associe cada vista com o seu nome.

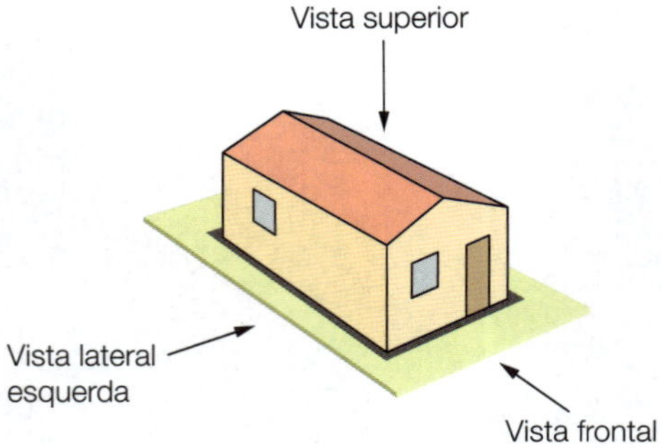

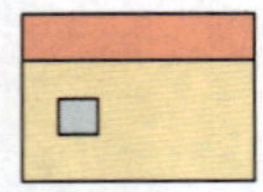

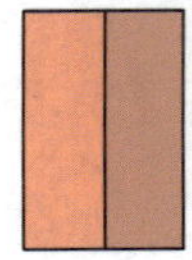

....

....

3. Identifique nas vistas ortogonais os vértices do modelo, nomeando-os com as letras correspondentes.

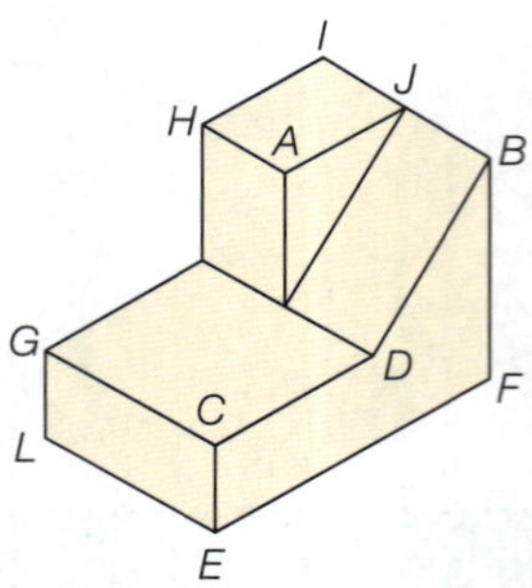

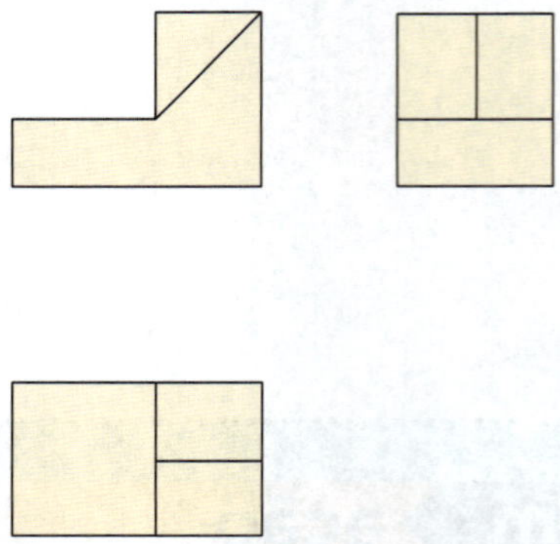

4. Nomeie todos os vértices do modelo e das vistas, estabelecendo a correspondência corretamente.

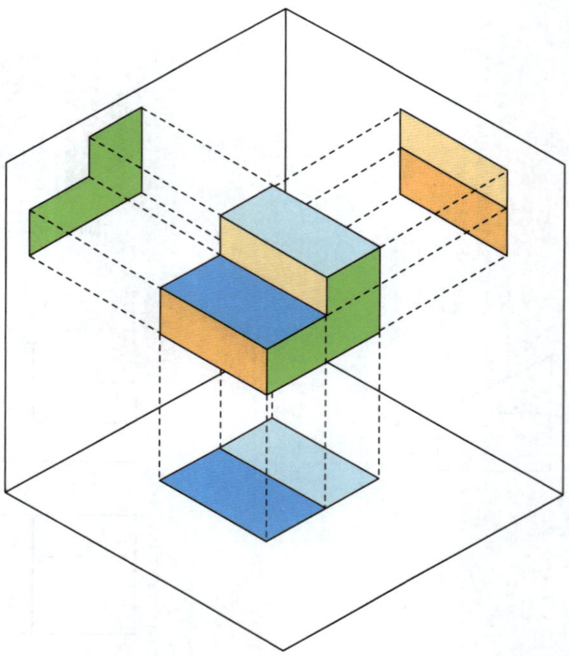

5 Em cada caso, assinale com X o modelo correspondente às suas vistas ortogonais.

a)

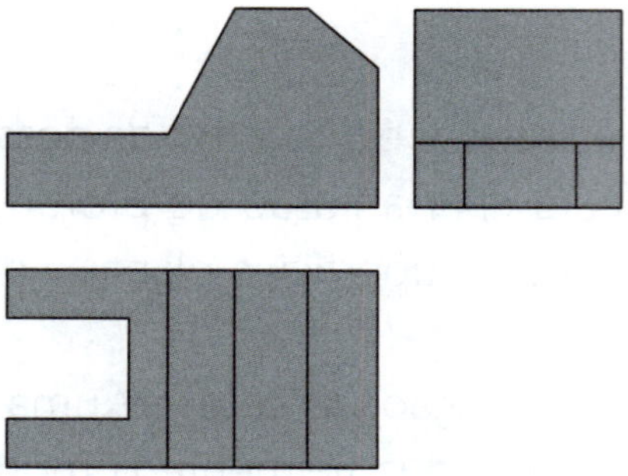

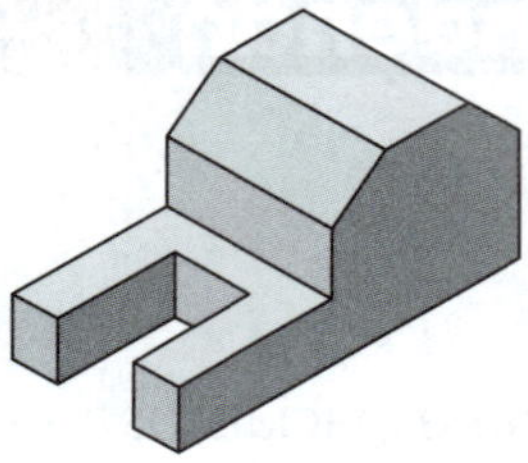

Modelo 1

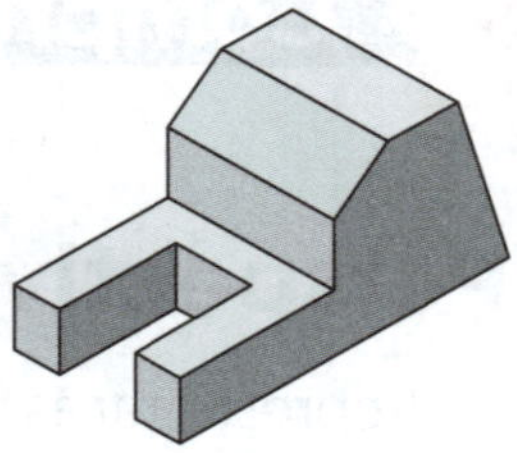

Modelo 3

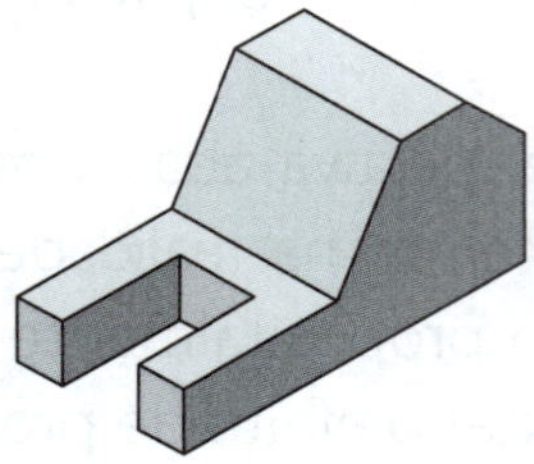

Modelo 2

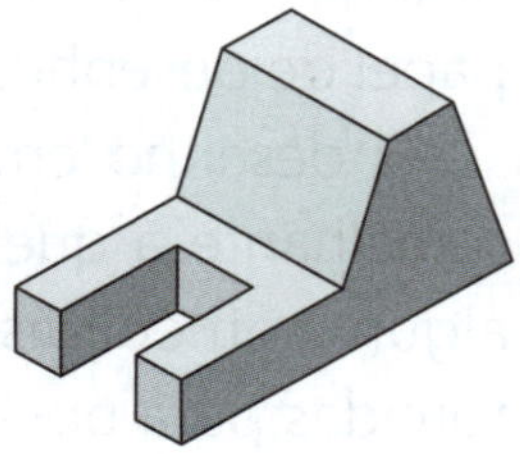

Modelo 4

b)

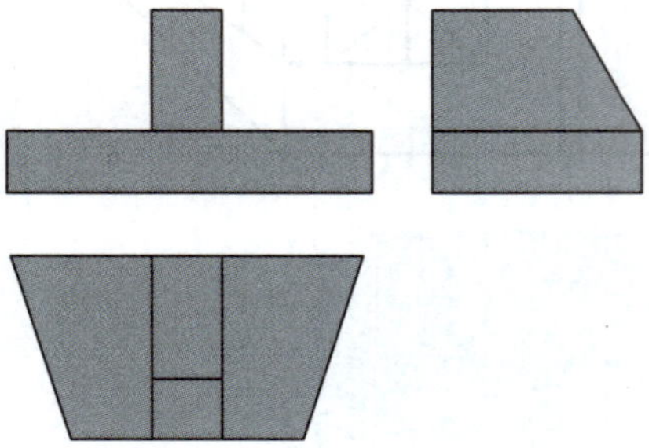

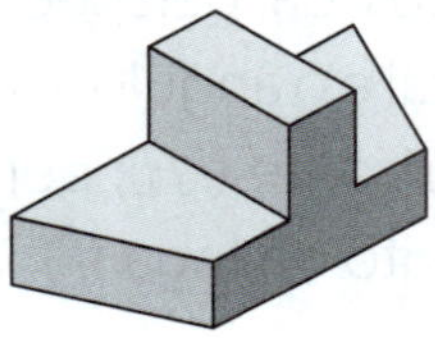

Modelo 1

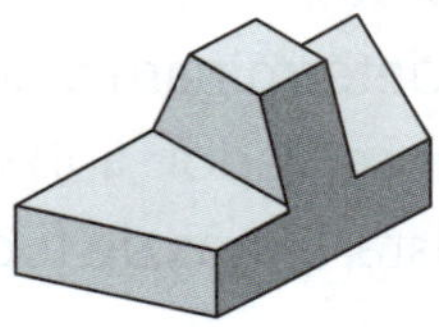

Modelo 3

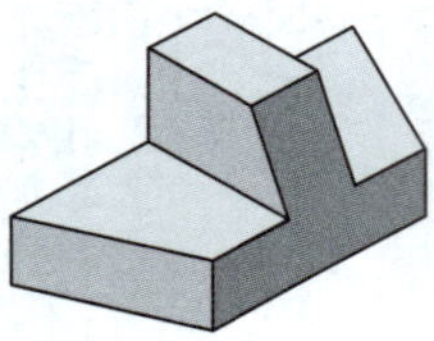

Modelo 2

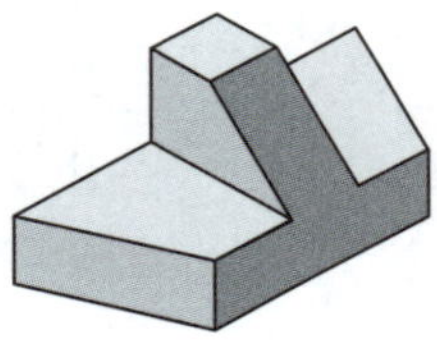

Modelo 4

6 Complete o desenho das projeções com a projeção ortogonal que falta.

a)

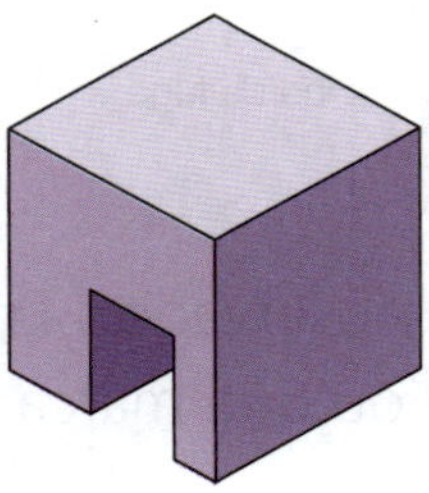

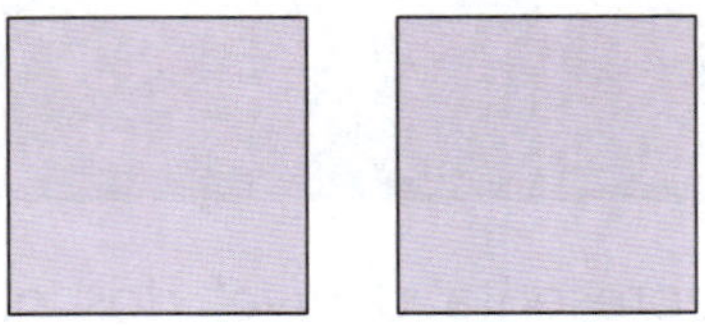

b)

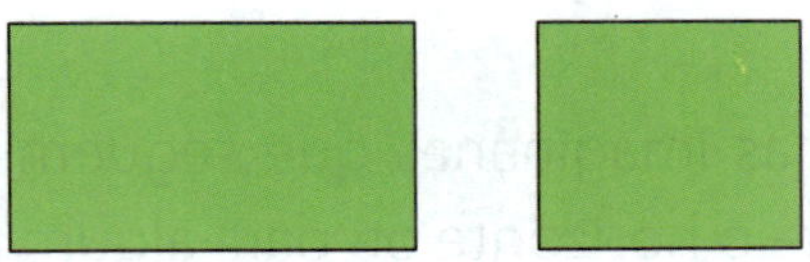

Compreendendo ideias

Perspectiva

Representar as figuras espaciais, os ambientes e as paisagens é o objetivo da **perspectiva**, técnica que emprega linhas como recurso gráfico para criar a ilusão de profundidade e distância na representação de objetos tridimensionais em superfícies planas, como a do papel de desenho.

O desenho em perspectiva abaixo mostra a representação da casa de uma maneira semelhante à que veríamos na realidade, porém não reproduz fielmente o modelo, pois algumas medidas são propositalmente distorcidas para possibilitar o efeito de profundidade.

Existem quatro elementos da perspectiva que determinam o nível visual e o ângulo visual do observador: linha do horizonte (*LH*), ponto de vista, linhas de fuga e ponto de fuga (*F*).

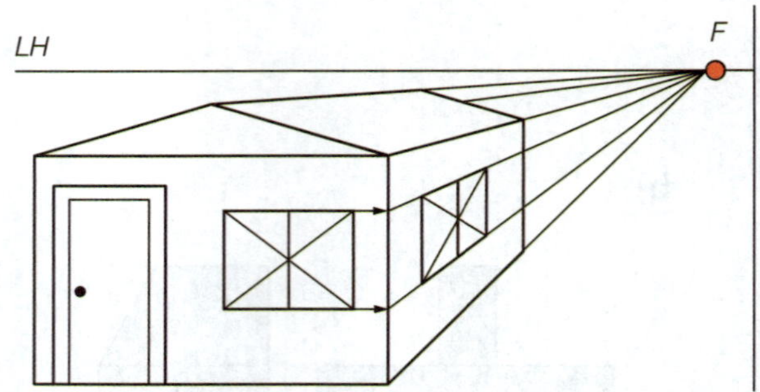

Woskresenskiy/Shutterstock

A **linha do horizonte (*LH*)** representa o nível dos olhos do observador. Em uma paisagem, a linha do horizonte é aquela que "separa" o céu da terra ou que marca o nível do mar.

O **ponto de vista** é a linha perpendicular à linha do horizonte e que passa pelo observador.

As **linhas de fuga** são linhas imaginárias que seguem as principais linhas do objeto representado e convergem para o horizonte ou para algum ponto de destaque do cenário.

O **ponto de fuga (*F*)** é o ponto onde ocorre a interseção das linhas de fuga. Em geral, esse ponto pertence à linha do horizonte, mas há casos em que isso não ocorre.

Tipos de perspectiva

Existem diferentes tipos de perspectiva que podem ou não ter ponto de fuga. As perspectivas que não têm ponto de fuga são chamadas de **paralelas** (ou cilíndricas) e as que têm ponto de fuga são chamadas de **centrais** (ou cônicas).

Neste livro vamos estudar alguns tipos de perspectiva.

Perspectiva paralela

Os objetos representados em perspectiva paralela podem ou não sofrer deformação em sua representação.

Perspectiva cavaleira

Na perspectiva cavaleira a face frontal do objeto representado fica na posição paralela ao observador e há apenas uma direção para a representação de profundidade. A face frontal não sofre deformação e as outras faces sofrem deformação dependendo da medida do ângulo formado com a linha do horizonte (*LH*). Por exemplo:

- Quando o ângulo tem medida 30°, a profundidade é reduzida para $\frac{2}{3}$ da profundidade original.
- Quando o ângulo tem medida 45°, a profundidade é reduzida para $\frac{1}{2}$ da profundidade original.
- Quando o ângulo tem medida 60°, a profundidade é reduzida para $\frac{1}{3}$ da profundidade original.

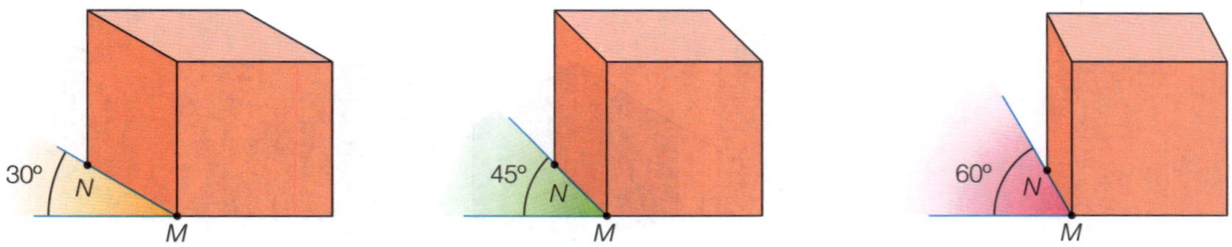

Perspectiva isométrica

Na perspectiva isométrica a aresta frontal do objeto representado fica na posição paralela ao observador e há duas direções para a representação de profundidade. Não há deformação do objeto representado e a medida do ângulo formado com a linha do horizonte (*LH*) é de 30°.

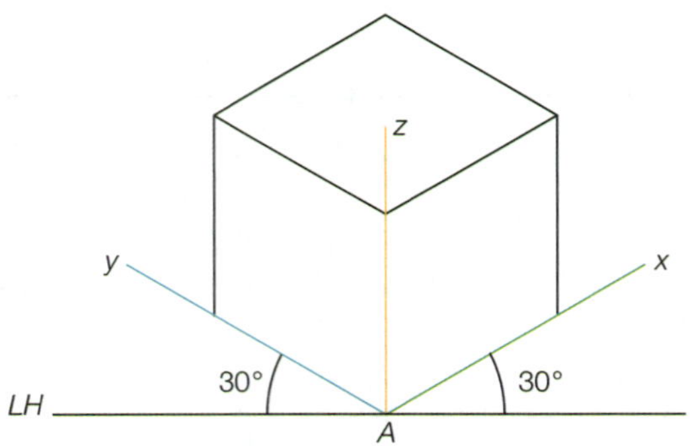

Perspectivas centrais

As perspectivas centrais ou cônicas podem ter um, dois ou três pontos de fuga.

Perspectiva com um ponto de fuga

Na perspectiva com um ponto de fuga a face frontal do objeto representado não sofre deformação. Este tipo de perspectiva é mais utilizado quando o objeto a ser representado está em frente ao observador.

Observe abaixo como a representação do objeto varia de acordo com a posição do observador em relação à linha do horizonte (*LH*). O observador pode estar à altura da linha do horizonte, acima ou abaixo dela.

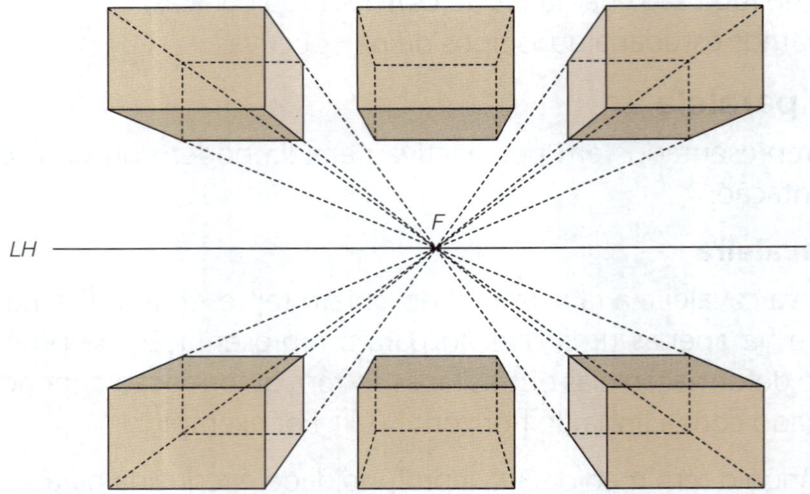

Perspectiva com dois pontos de fuga

Na perspectiva com dois pontos de fuga tem-se uma aresta frontal voltada para o observador e os pontos de fuga (*F*) ficam posicionados à altura da linha do horizonte (*LH*).

Veja o exemplo a seguir.

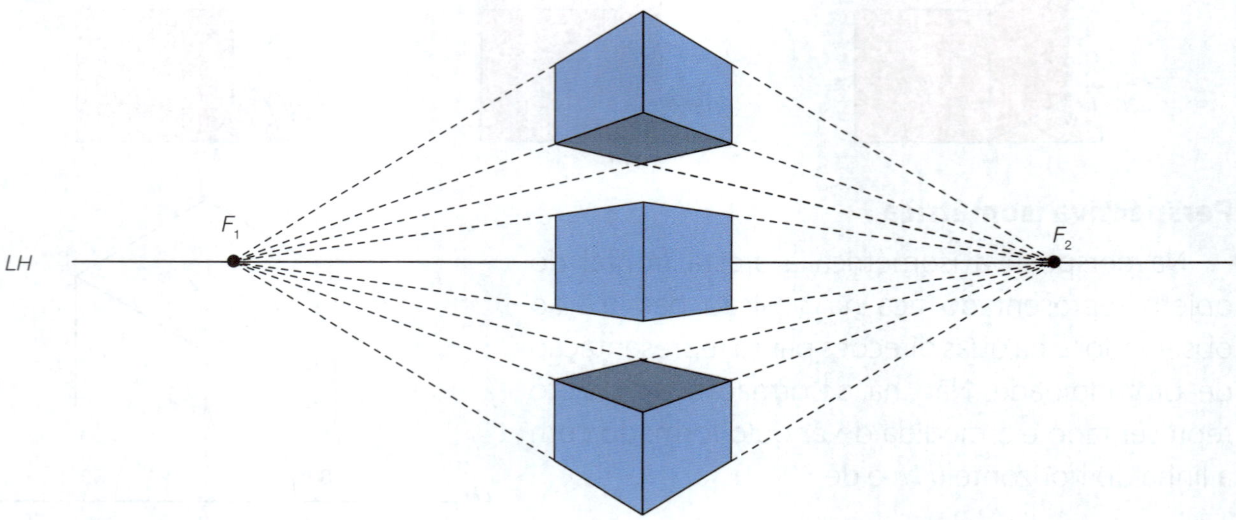

Perspectiva com três pontos de fuga

A perspectiva com três pontos de fuga é geralmente utilizada para representar objetos de baixo para cima ou de cima para baixo.

Além dos dois pontos de fuga vistos anteriormente, agora tem-se o terceiro que pode estar situado abaixo ou acima da linha do horizonte (*LH*).

Observe os exemplos a seguir.

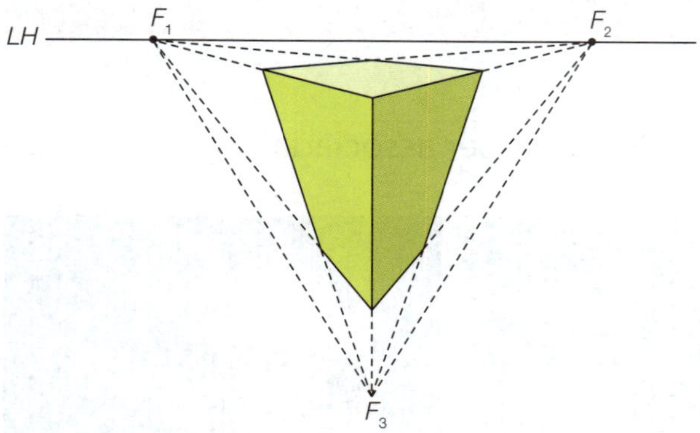

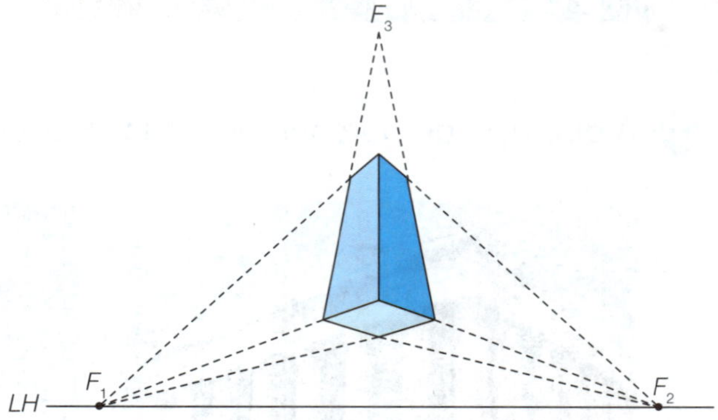

Construindo imagens

Construção do cubo em perspectiva cavaleira com ângulo de medida 45° com a linha do horizonte

- **Dados:** *LH*; lado do cubo de medida 1,7 cm
- **Construir:** cubo em perspectiva cavaleira com ângulo de medida 45° com a *LH*

Passos da construção:

1º) Construa um quadrado de lados medindo 1,7 cm, com um dos lados sobre a *LH*.

2º) Trace um ângulo de 45° com vértice *A*, resultando no eixo *x*.

3º) Como a medida do ângulo com a linha horizontal é de 45°, marque sobre o eixo *x* a medida um pouco menor do que o equivalente à metade da medida do lado do quadrado.

4º) Use o par de esquadros para traçar as arestas paralelas que fecham o cubo.

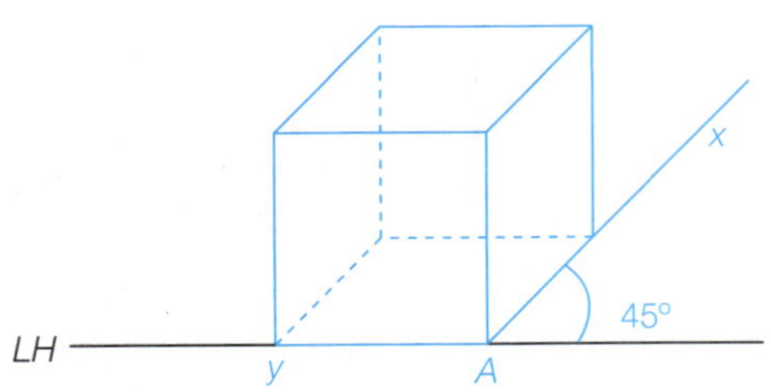

Para você construir:

LH

Você em ação

1 A que tipo de perspectiva cada imagem abaixo pode ser associada?

Gabriel Georgescu/Shutterstock

Partenon – Atenas

....

CSLD/Shutterstock

Torre Eiffel – Paris

....

Stefano Politi/Shutterstock

Torre de Belém – Lisboa

....

Ferran Traité Soler/Istockphoto/Getty Images

Nova York

....

cornfield/Shutterstock

Il Duomo – Milão

....

2 Complete os desenhos conferindo-lhes perspectiva.

a) Prisma triangular

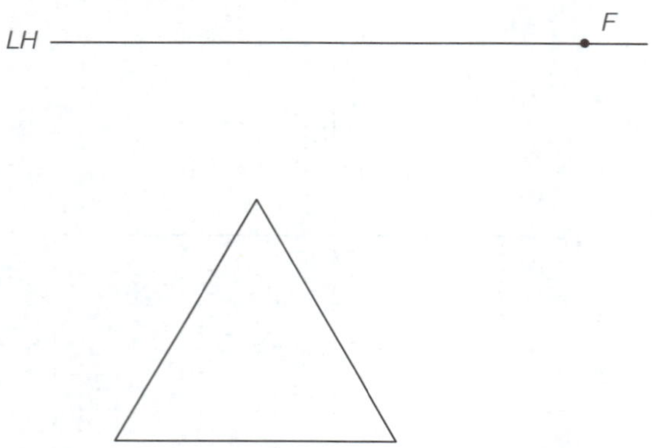

b) Paralelepípedo

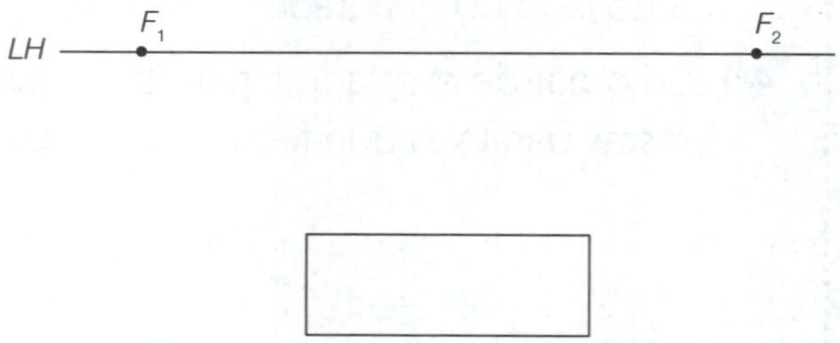

Olhando ao redor

1 O Auditório Ibirapuera, em São Paulo, foi projetado pelo arquiteto Oscar Niemeyer. Veja as fotos em que o auditório aparece em perspectiva e complete o desenho de suas projeções ortogonais em versão simplificada (linhas principais da forma externa).

Andre M. Chang/Alamy/Fotoarena

Vista frontal.

Hugo Curti/Opção Brasil Imagens

Vista superior.

Andre M. Chang/Alamy/Fotoarena

Vista lateral esquerda e frontal.

Delfim Martins/Pulsar Imagens

Vista lateral direita e frontal.

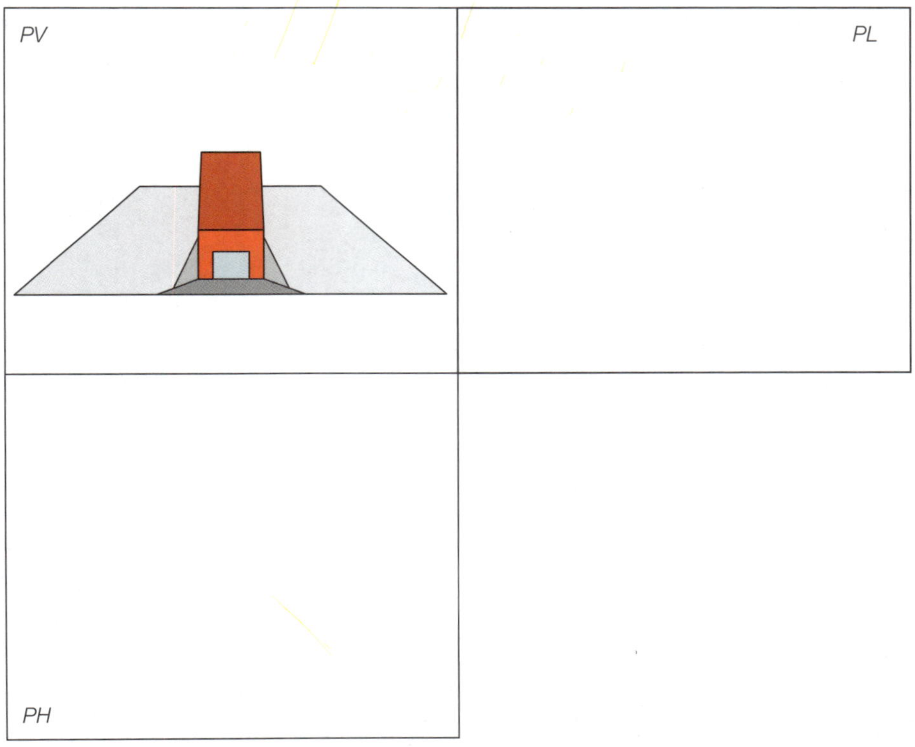

2 Pegue uma cadeira em sua casa ou na sala de aula e posicione uma lateral da cadeira de modo que ela fique paralela a uma parede e a parte traseira dela paralela a outra parede, ortogonal à primeira. Dessa forma, as paredes e o piso representam *PL*, *PV* e *PH*, respectivamente. Tire uma foto dela, imprima-a e cole-a nesta folha. A partir dessa imagem, desenhe à mão livre as vistas lateral, frontal e superior. Mostre seu trabalho aos colegas e aprecie os que eles fizeram.

Utilize este espaço para colar a foto e desenhar as vistas.

3 Faça, em uma folha à parte, um desenho artístico da rua onde você mora (ou outra de sua preferência), a partir de uma estrutura construída com os elementos e os conceitos da perspectiva utilizando apenas um ponto de fuga. Inspire-se na obra a seguir.

SAHAS2015/Shutterstock

4 A planta baixa de uma construção é uma vista de cima a partir de um corte horizontal (plano paralelo ao chão). Considerando esta planta baixa de uma casa, desenhe um croqui (desenho à mão livre e com medidas apenas proporcionais entre si) de como imagina ser a fachada dessa casa e uma vista lateral.

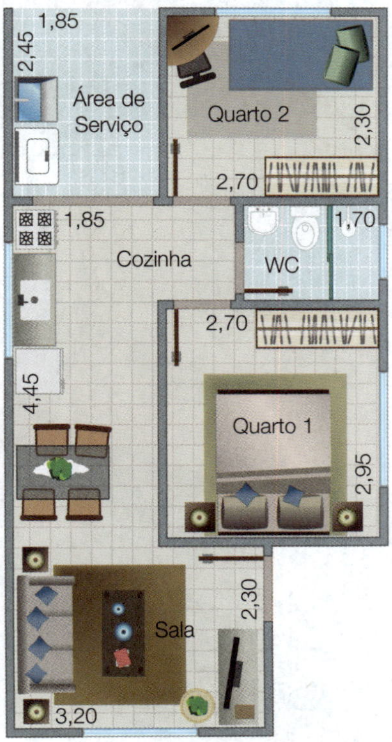

Desenhe aqui.

CAPÍTULO 9

Construções fundamentais em Desenho Geométrico

Este capítulo apresenta um resumo das orientações básicas e das construções fundamentais do Desenho Geométrico apresentadas até aqui.

Mimaxer/Shutterstock

Materiais de desenho

Lápis e lapiseira

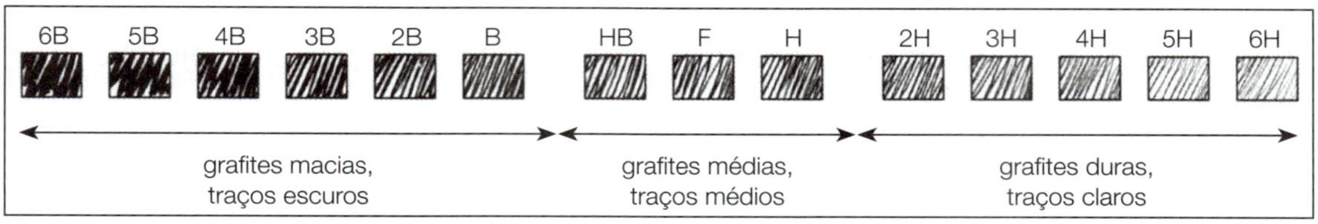

Para desenhar, use duas graduações de grafite:

- média (HB ou F), para traços de pouco realce, como as construções auxiliares;
- macia (2B), para destacar as respostas.

Régua

Usa-se a régua para desenhar traços retos e medir o comprimento de segmentos de reta.

Lápis e régua: use-os corretamente

Coloque o lápis em posição vertical e deslize sua ponta pela borda baixa da régua (Figura 1). Os movimentos mais seguros vão de cima para baixo e da esquerda para a direita (Figura 2).

Para os canhotos, é mais apropriado traçar da direita para a esquerda, o que permite visualizar o traço enquanto este é feito.

Ao fazer desenhos com caneta, use a régua ao contrário para evitar que o traço borre (Figura 3).

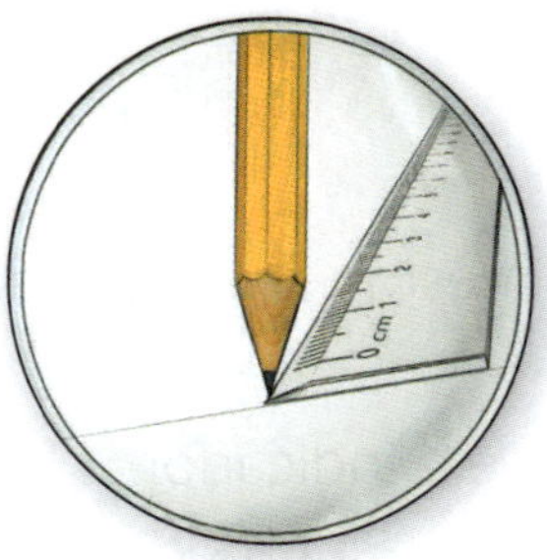
Figura 1

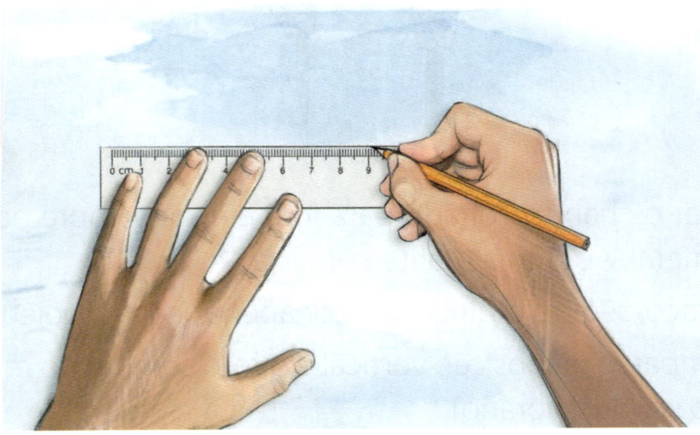
Figura 2

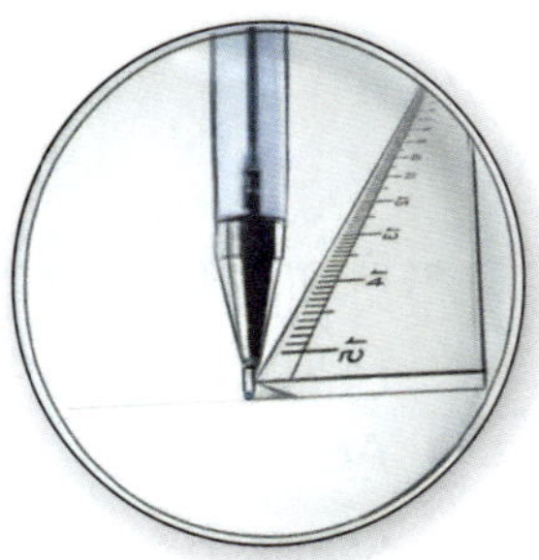
Figura 3

Par de esquadros

O par de esquadros é usado para traçar retas paralelas ou perpendiculares.

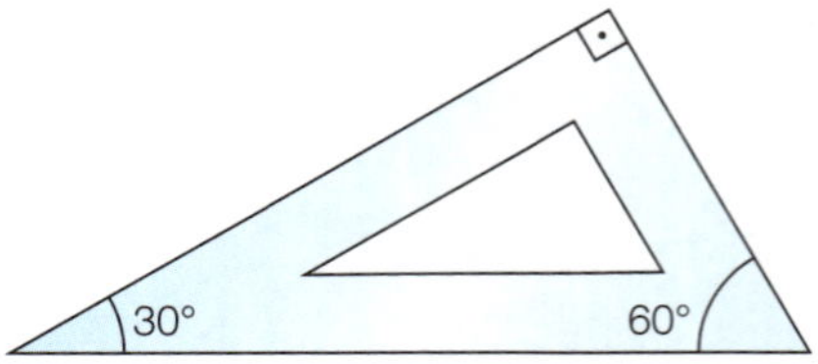

Esquadro de 60°

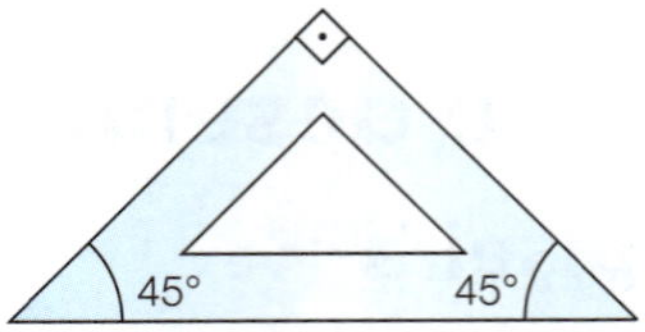

Esquadro de 45°

Os dois instrumentos devem ser usados juntos: um permanece fixo (apoio) e o outro se desloca apoiado nele.

Borracha

As melhores borrachas para apagar erros de desenhos a lápis são as bem macias ou as sintéticas. Para limpá-las, nunca as lave; basta esfregá-las em papel grosso ou em tecido.

Compasso

Usa-se o compasso para traçar circunferências e transportar medidas.

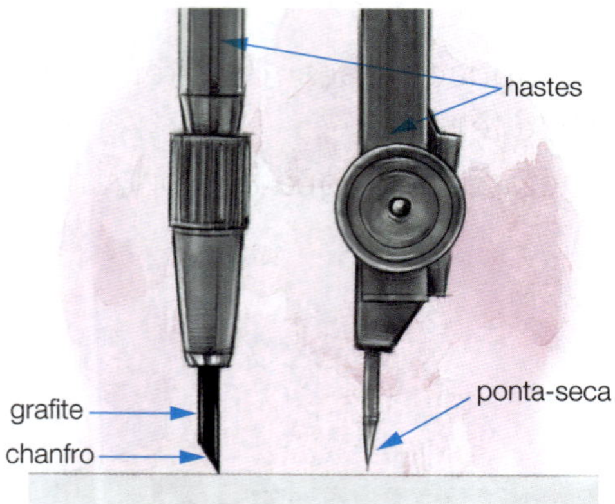

- A grafite deve ter o chanfro voltado para fora e estar sempre no mesmo nível que a ponta-seca de metal. Aponte a grafite com lixa.
- Ao executar o traço, segure o pino superior apenas com o polegar e o indicador.
- Mantenha o compasso na posição vertical e gire-o sempre no mesmo sentido (preferencialmente no sentido horário).
- Faça um movimento firme para obter um traçado uniforme.

Construções gráficas

As construções devem ser precisas, limpas e organizadas. Assim:

- confira se seus instrumentos se encontram nas condições recomendadas e segure-os na posição correta;
- execute as operações gráficas (traçados de retas e de arcos) com muito cuidado. Dessa forma, ao traçar uma reta, posicione a régua exatamente sobre os dois pontos que a determinarão e, ao traçar arcos, coloque a ponta-seca do compasso rigorosamente no centro do arco;
- como os pontos sempre são obtidos pelo cruzamento de duas linhas, eles ficarão mais bem definidos quanto menos oblíquas forem as linhas;

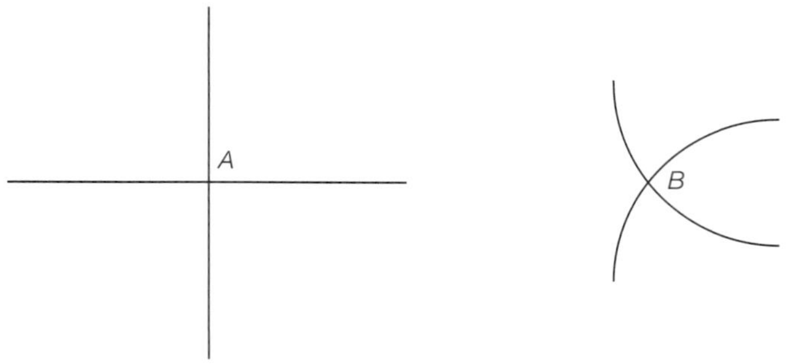

Pontos bem definidos.

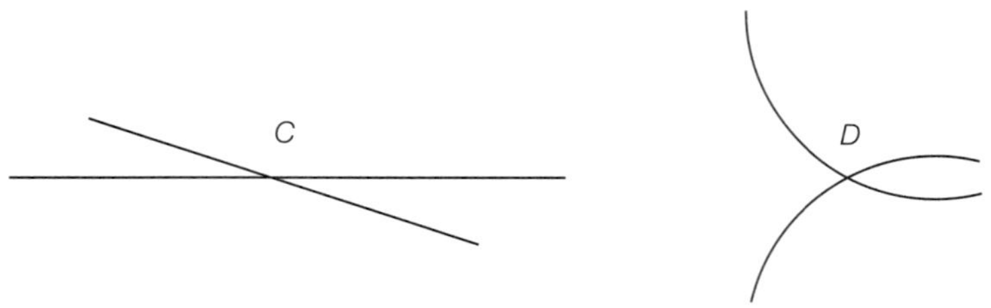

Pontos mal definidos.

- execute os traços de uma só vez, com firmeza e segurança, exercendo a mesma pressão em toda a sua extensão;
- nas construções de figuras, faça distinção entre as categorias de linhas: as principais (respostas) devem ser feitas com traços mais fortes; as secundárias, em traço médio; e as linhas auxiliares (como as usadas para construir perpendiculares, paralelas e ângulos, por exemplo), com traço bem fraco. Dessa forma, a visualização da construção pronta ficará bem melhor;
- analise o espaço disponível para posicionar os dados antes de iniciar a construção das figuras, para garantir que o desenho caiba nele;
- por fim, capriche nos traçados para obter desenhos cada vez melhores.

Letras do tipo bastão

As letras do tipo bastão são usadas pelos desenhistas por serem de fácil execução e leitura, permitindo uma comunicação eficaz.

◆ Complete os alfabetos e os algarismos, tomando cuidado para manter o tamanho e o alinhamento.

A B C D E F G H I J K L M N O

P Q R S T U V W X Y Z

a b c d e f g h i j k l m n o p q r s t u v w x y z

0 1 2 3 4 5 6 7 8 9

Construções fundamentais

1. Perpendicular a uma reta por um de seus pontos

1º) Com centro em P e raio qualquer, trace um arco que determine os pontos A e B na reta r.

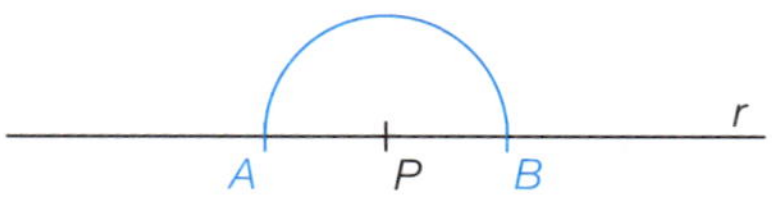

2º) Com raio maior que d(A, P), trace arcos com centros em A e B, obtendo o ponto C na sua interseção.

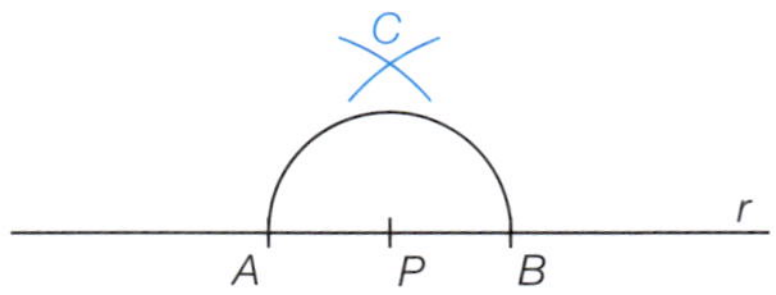

3º) Trace $\overleftrightarrow{CP} = s$, $s \perp r$.

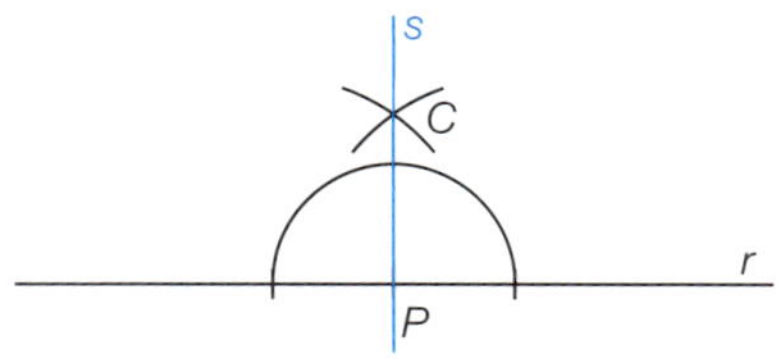

2. Perpendicular a uma reta por um ponto que não pertence a ela

1º) Com centro em P e raio maior que d(P, r), trace um arco que determine os pontos A e B na reta r.

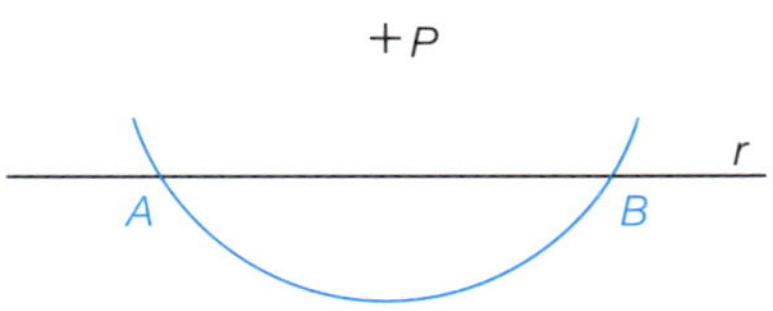

2º) Com raio maior que a metade de d(A, B), trace arcos com centros em A e B, obtendo C.

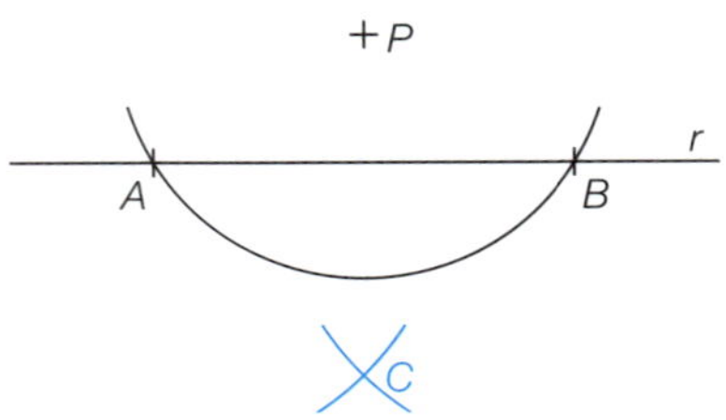

3º) Trace $\overleftrightarrow{CP} = s$, $s \perp r$.

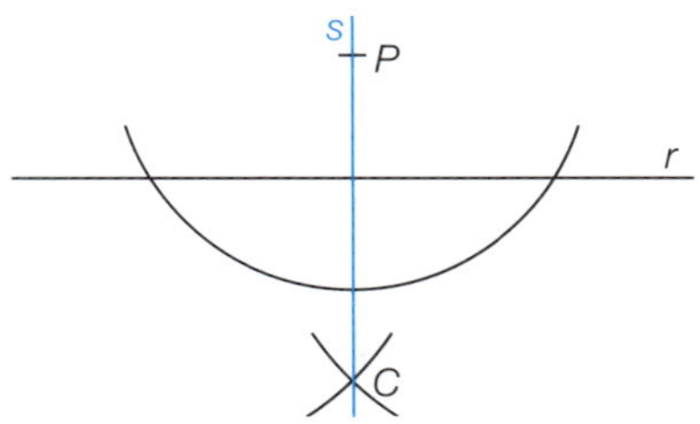

3. Perpendicular pela extremidade de um segmento

1º) Com centro em A e raio qualquer, trace um arco que determine B em r.

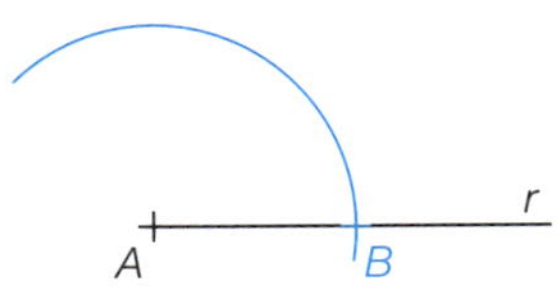

2º) Com o mesmo raio, determine o ponto C, com centro em B, e o ponto D, com centro em C.

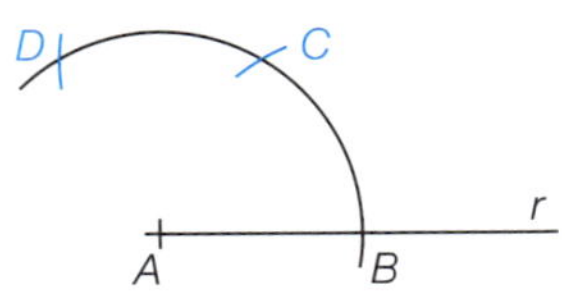

3º) Obtenha E traçando arcos de centros em C e D. Trace $\overleftrightarrow{EA} = s$, $s \perp r$.

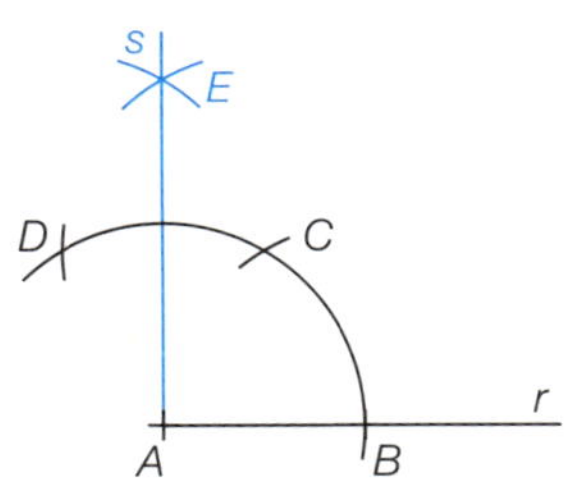

4. Traçado de perpendiculares com o par de esquadros

1º) Coloque o esquadro de 45° na posição indicada na figura.

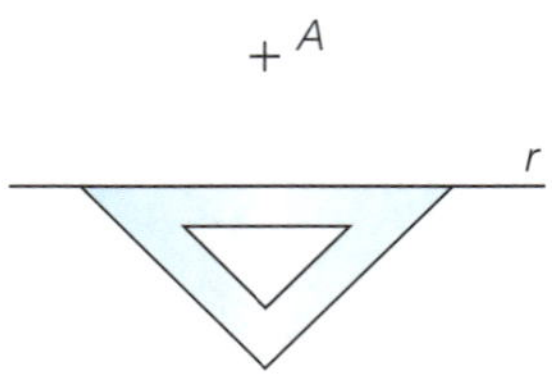

2º) Utilize o outro esquadro como apoio, mantendo-o fixo.

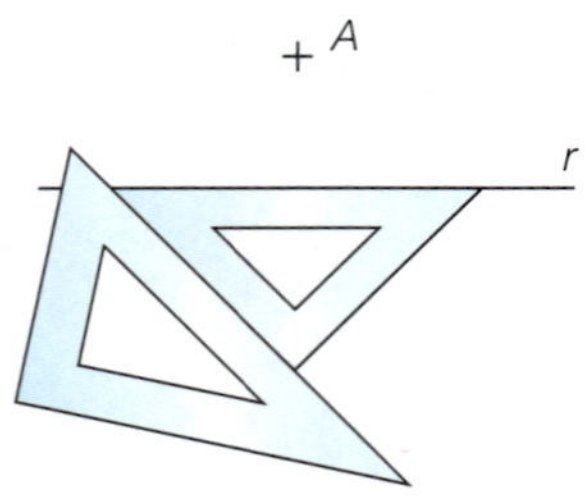

3º) Mova o esquadro de 45° conforme mostra a figura e trace a reta *s* perpendicular à reta *r*.

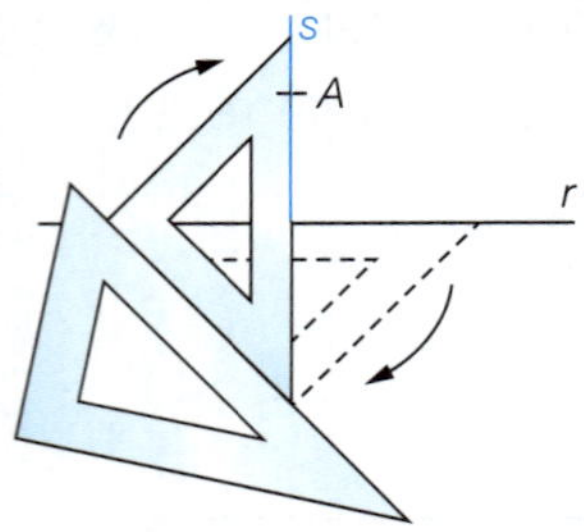

5. Mediatriz e ponto médio de um segmento de reta

1º) Com centros em A e em B e raios de mesma medida (maior que a metade da medida de $\overline{AB}$), trace quatro arcos, obtendo C e D.

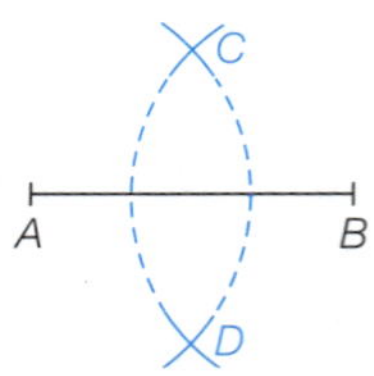

2º) Trace $\overline{CD} = m$. A reta m é mediatriz de $\overline{AB}$.

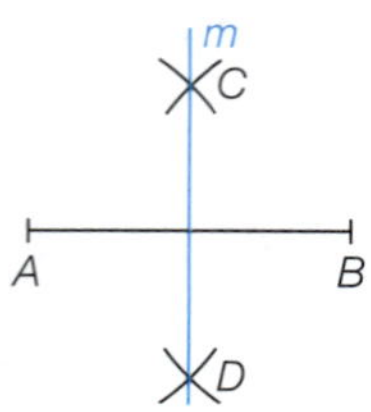

3º) O ponto M, interseção do segmento com sua mediatriz, é o ponto médio de $\overline{AB}$.

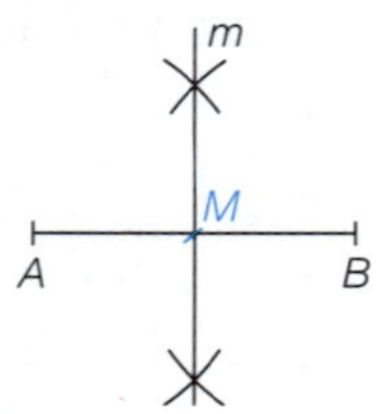

6. Distância de ponto a ponto

$d(A, B) = m(\overline{AB})$

$\overline{AB}$ é segmento de reta.

7. Equidistância entre pontos (*equi* significa "igual")

$d(M, N) = d(N, O) \Rightarrow \overline{MN} \cong \overline{NO}$

M e O são equidistantes do ponto N.

N é equidistante dos pontos M e O.

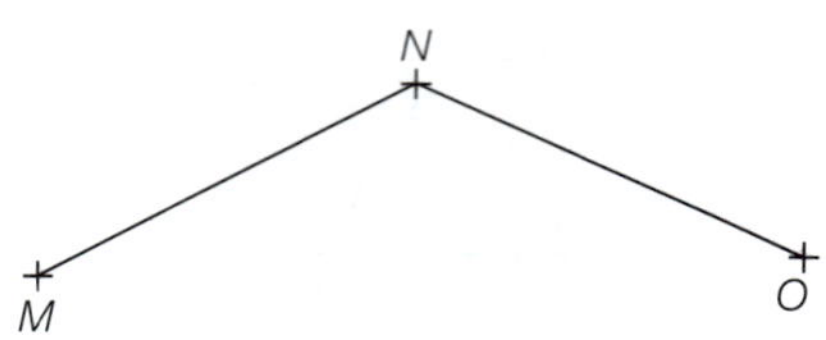

8. Distância de ponto a reta

$d(P, r) = m(\overline{PA})$

$A \in r$ e $\overline{PA}$ é perpendicular a r.

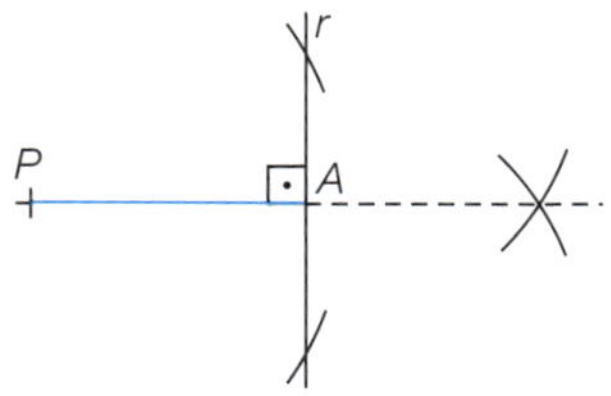

9. Equidistância de ponto a duas retas

$d(P, r) = m(\overline{PA}), A \in r, \overline{PA} \perp r$

$d(P, s) = m(\overline{PB}), B \in s, \overline{PB} \perp s$

$m(\overline{PA}) = m(\overline{PB}) \Rightarrow \overline{PA} \cong \overline{PB}$

P é equidistante das retas r e s.

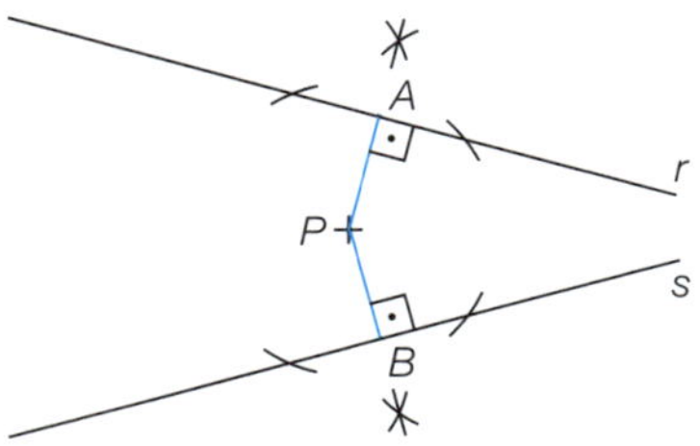

10. Distância entre retas paralelas

$d(r, s) = m(\overline{PA}), P \in s$ e $A \in r$

$\overline{PA} \perp r$ e $\overline{PA} \perp s$

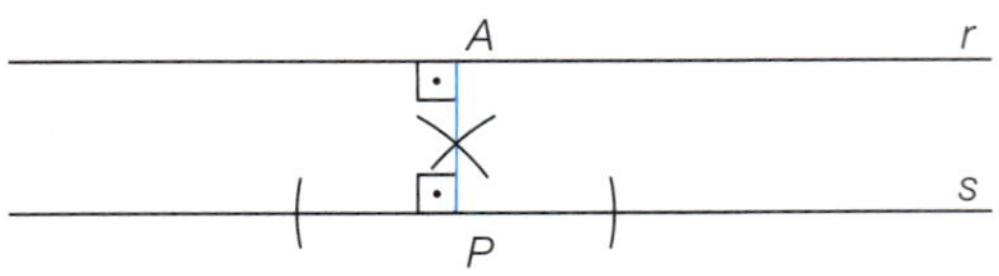

11. Paralela a uma reta por um ponto dado

1º) Com centro em P e raio maior que $d(P, r)$, trace um arco que determine A em r.

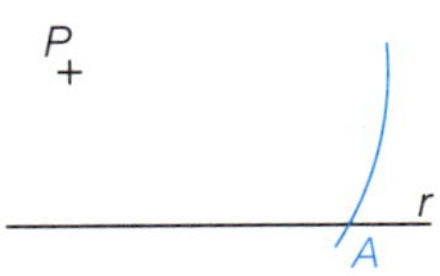

2º) Com centro em A e mesmo raio, trace um arco que passe por P e intersecte a reta r em B.

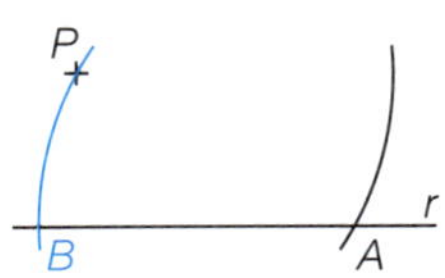

3º) Tome a medida de $\overline{PB}$ e, com centro em A, obtenha C.

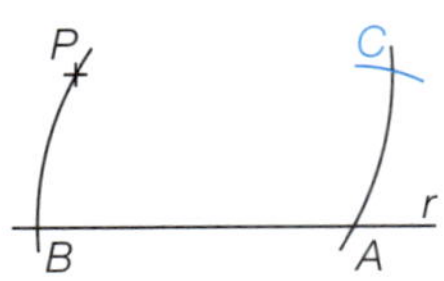

4º) Trace $\overleftrightarrow{PC} = s, s \parallel r$.

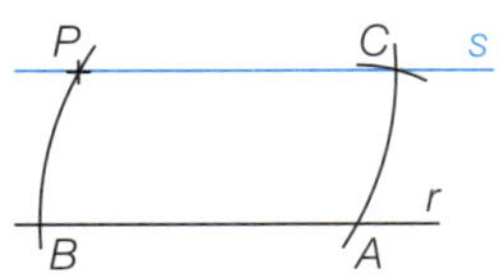

12. Paralela a uma reta com distância dada

1º) Escolha dois pontos quaisquer da reta *r* (*A* e *B*) e trace por eles retas perpendiculares a *r*.

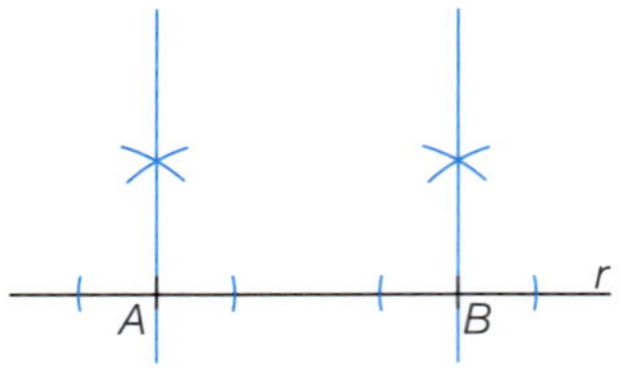

2º) Marque nas perpendiculares, sempre a partir da reta *r* (pontos *A* e *B*), os pontos *A'* e *B'* com a distância *d* dada.

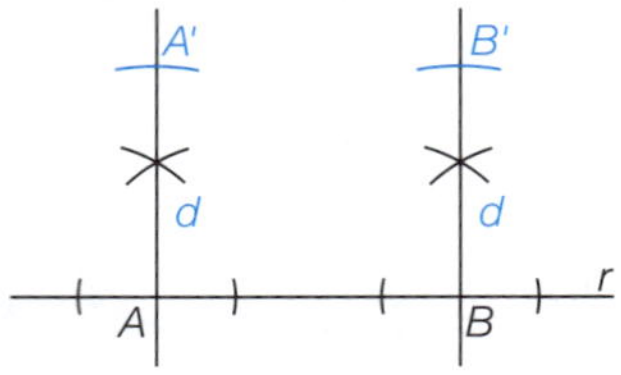

3º) Trace $\overleftrightarrow{A'B'} = s$, $s \,//\, r$.

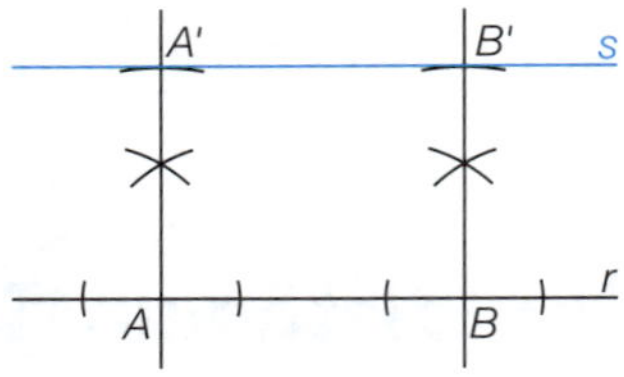

13. Traçado de paralelas com o par de esquadros

1º) Coloque o esquadro de 45° na posição indicada na figura.

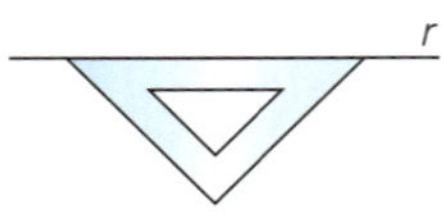

2º) Utilize o outro esquadro como apoio, mantendo-o fixo.

3º) Deslize o esquadro de 45° e trace a reta *s* paralela à reta *r*.

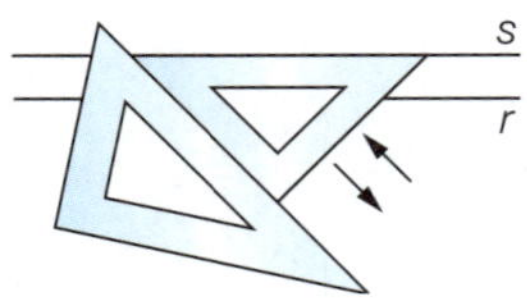

14. Transporte de ângulo

1º) Trace o arco $\overset{\frown}{AB}$ de centro em *V*, com raio qualquer.

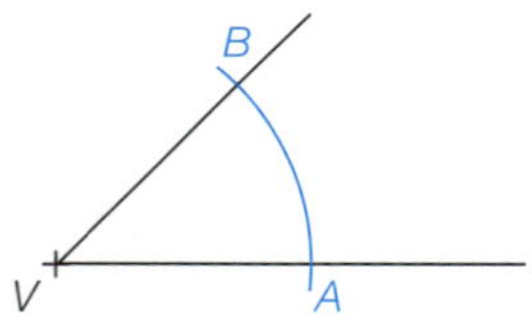

2º) Com o mesmo raio, trace um arco de centro em *V'*, determinando *A'* em *r*.

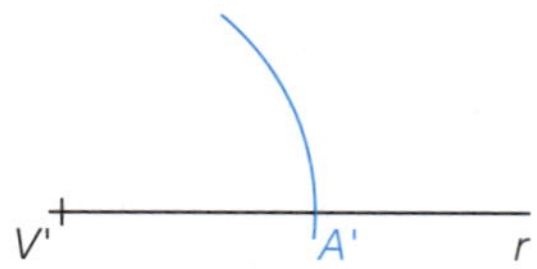

3º) Com raio *AB*, determine *B'* com centro em *A'*. Trace $\overrightarrow{V'B'}$, obtendo o ângulo $A'\hat{V}'B'$ congruente ao ângulo $A\hat{V}B$.

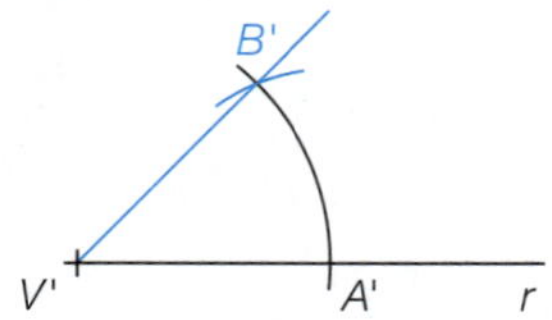

15. Bissetriz de um ângulo

1º) Com raio qualquer, trace o arco $\overset{\frown}{AB}$ de centro em *V*.

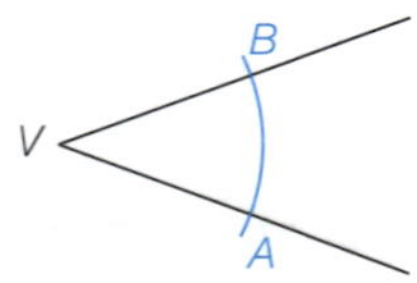

2º) Trace dois arcos de centros em *A* e *B*, com raios de mesma medida (maior que a metade de $\overset{\frown}{AB}$), obtendo *C*.

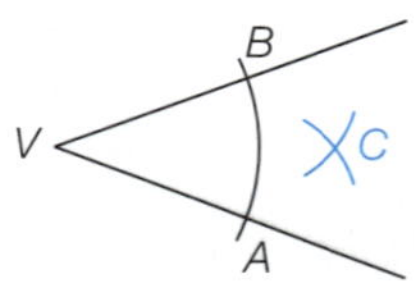

3º) Trace $\overrightarrow{VC}$, bissetriz do ângulo dado.

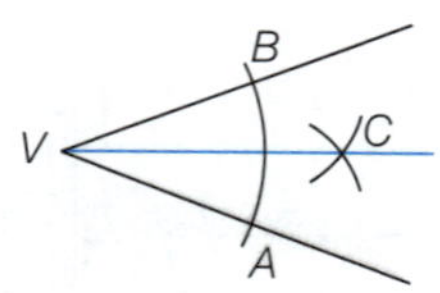

16. Complemento e suplemento de um ângulo

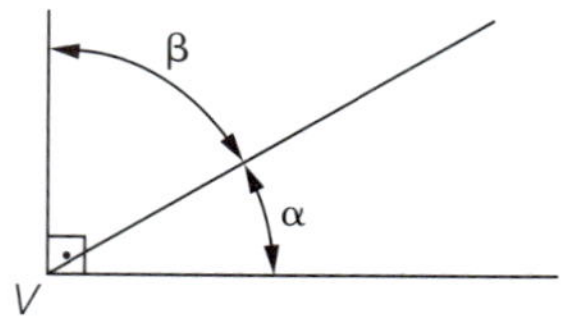

β é complemento de α, pois $\beta = 90° - \alpha$.
α é complemento de β, pois $\alpha = 90° - \beta$.

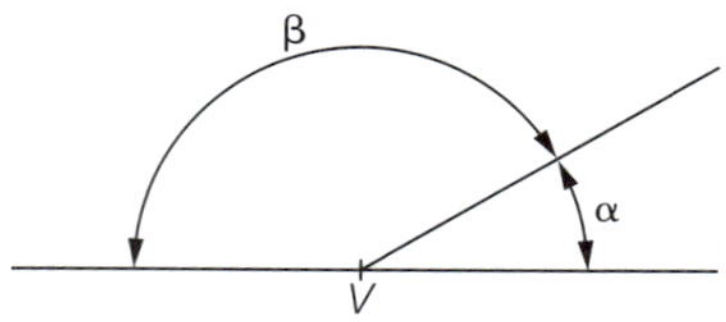

β é suplemento de α, pois $\beta = 180° - \alpha$.
α é suplemento de β, pois $\alpha = 180° - \beta$.

17. Adição de ângulos

São dados os ângulos α e β.

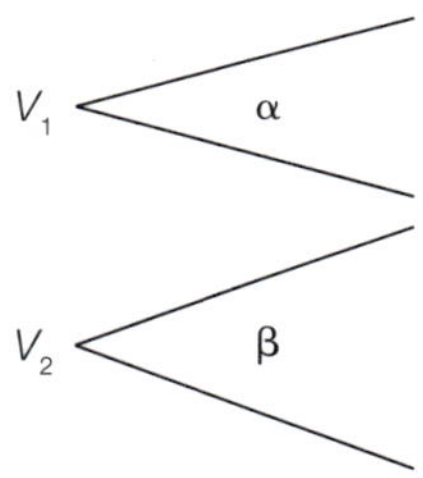

1º) Com raios de mesma medida, trace arcos de centros em V_1 e V_2, determinando *A* e *B* no ângulo α e *C* e *D* no ângulo β.

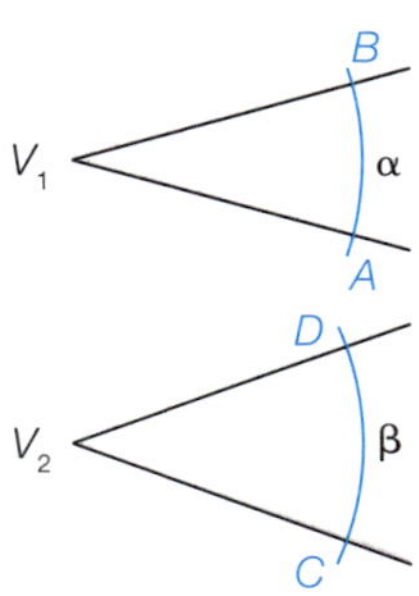

2º) Trace uma reta suporte *r* e nela marque um ponto V_3. Com centro em V_3, trace um arco com o mesmo raio usado para construir os arcos $\overset{\frown}{AB}$ e $\overset{\frown}{CD}$, obtendo *A'* em *r*.

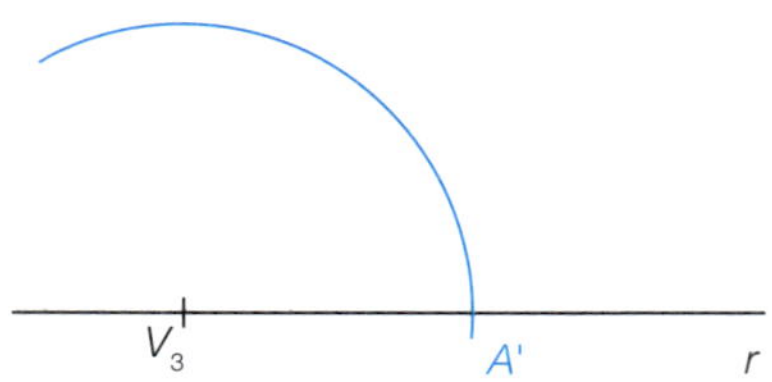

3º) Transporte α (centro em *A'*, raio *AB*), determinando *B'*.

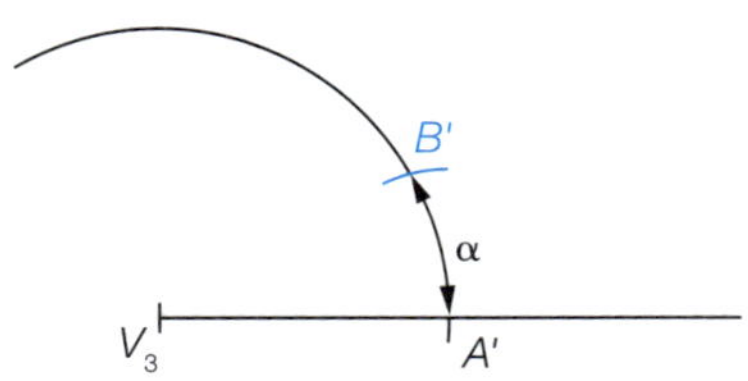

4º) Transporte β após α (centro em *B'*, raio *CD*), determinando *D'*.

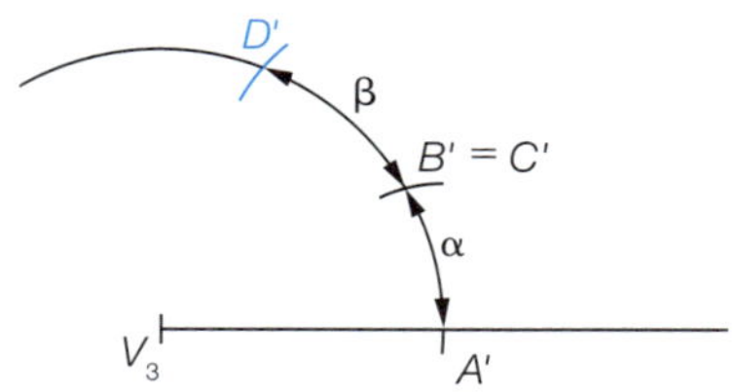

5º) Trace $\overrightarrow{V_3D'}$.

$$m\left(A'\widehat{V_3}D'\right) = m(\alpha) + m(\beta)$$

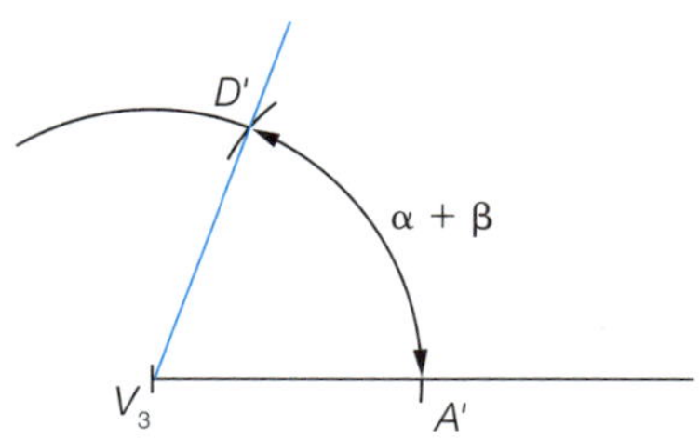

18. Subtração de ângulos

São dados os ângulos α e β.

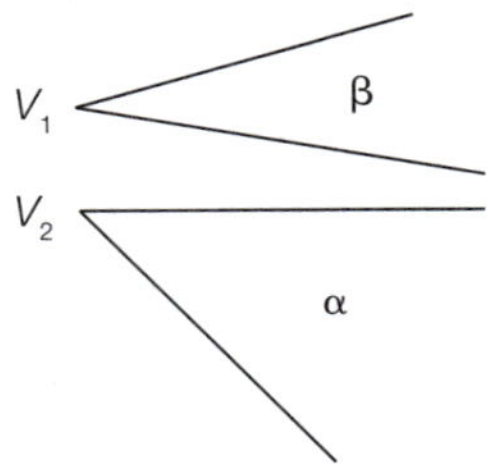

1º) Com raios de mesma medida, trace arcos de centros em V_1 e V_2, determinando A e B no ângulo α e C e D no ângulo β.

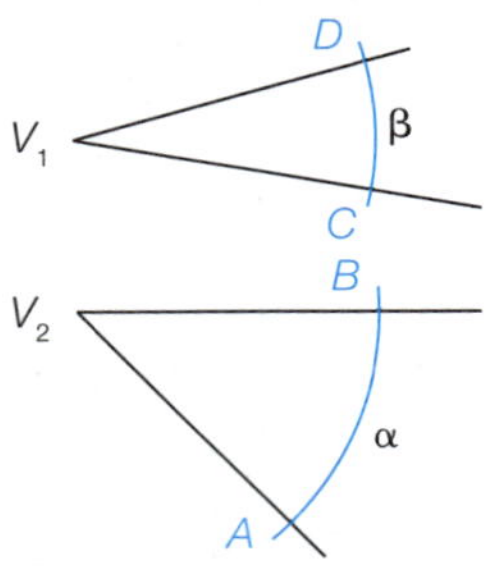

2º) Trace r e marque um ponto V_3. Obtenha A' em r, traçando o arco de centro em V_3 e raio V_2A.

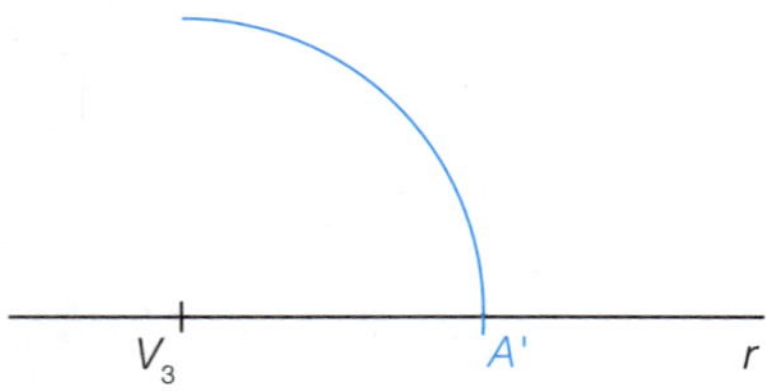

3º) Transporte o maior dos ângulos (centro A', raio AB), determinando B'.

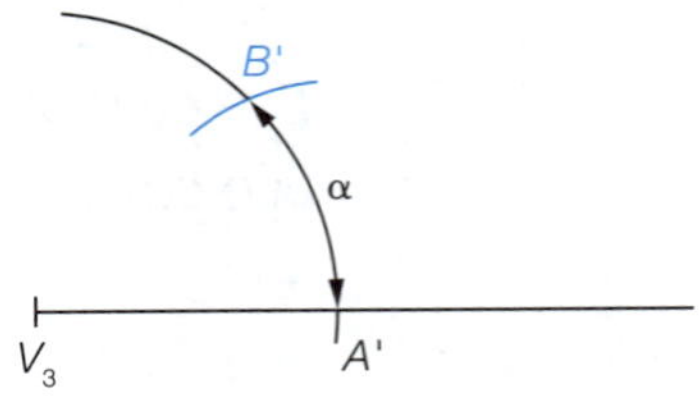

4º) Transporte o ângulo menor no sentido contrário ao anterior (centro B', raio CD), obtendo D'.

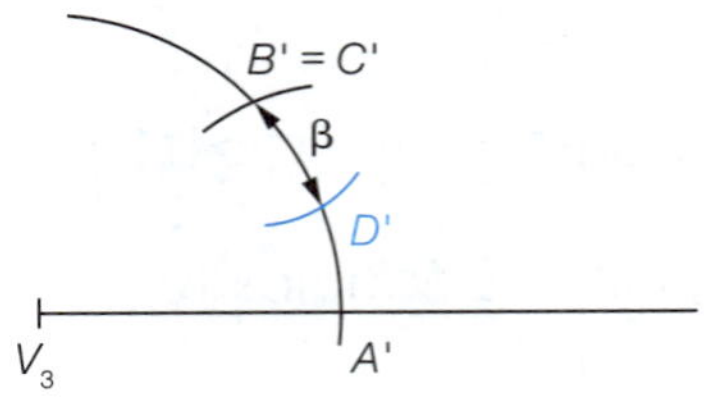

5º) Trace $\overline{V_3D'}$.

$$m\left(A'\widehat{V_3}D'\right) = m(\alpha) - m(\beta)$$

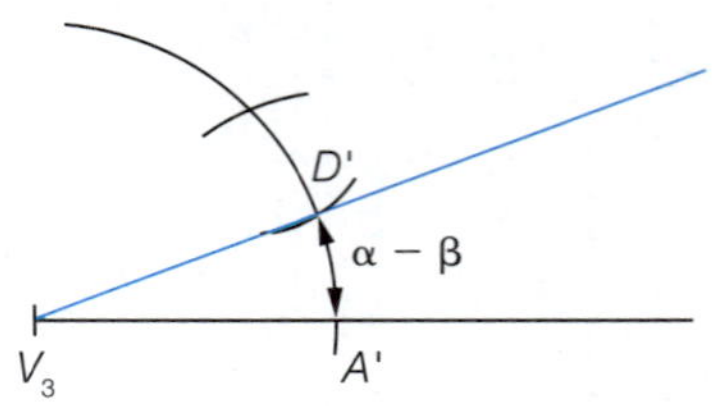

19. Construção de ângulos com régua e compasso

Ângulo de medida 60°

Determine A com arco de centro em V e raio qualquer.
Com centro em A e raio VA, obtenha B. Trace $\overrightarrow{VB}$.

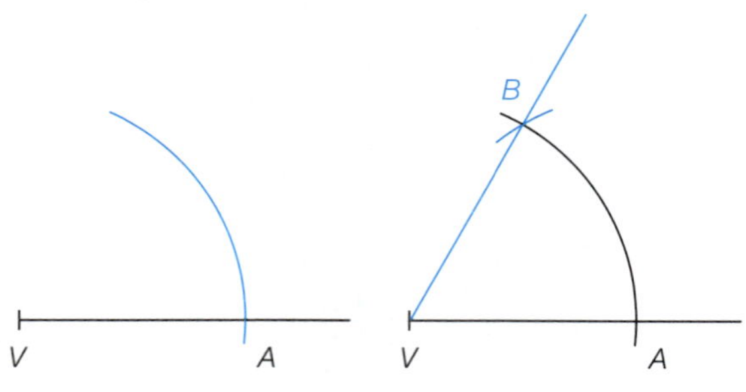

$$m\left(A\hat{V}B\right) = 60°$$

Ângulo de medida 30°

Construa um ângulo $A\hat{V}B$ de medida 60° e trace sua bissetriz $\overrightarrow{VC}$.

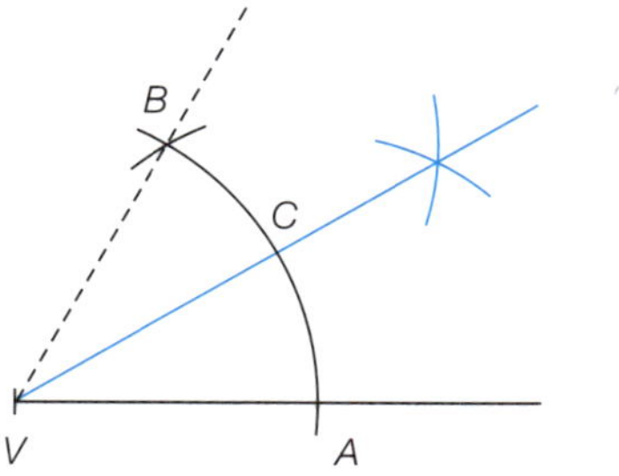

$$m(A\hat{V}C) = 30°$$

Ângulo de medida 15°

Construa um ângulo $A\hat{V}C$ de medida 30° e trace sua bissetriz $\overrightarrow{VD}$.

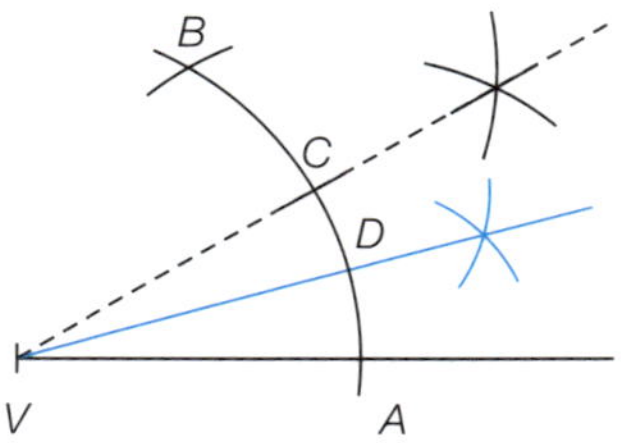

$$m(A\hat{V}D) = 15°$$

Ângulo de medida 90°

Com centro em V e raio qualquer, trace um arco, determinando A e B. Determine E, interseção dos arcos de centros em A e B, com raio maior que d(A, V).

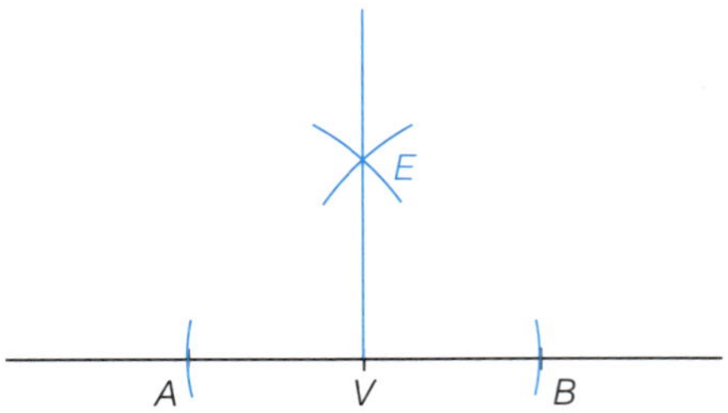

$$m(A\hat{V}E) = m(B\hat{V}E) = 90°$$

Ângulo de medida 45°

Construa um ângulo $A\hat{V}B$ de medida 90° e trace sua bissetriz.

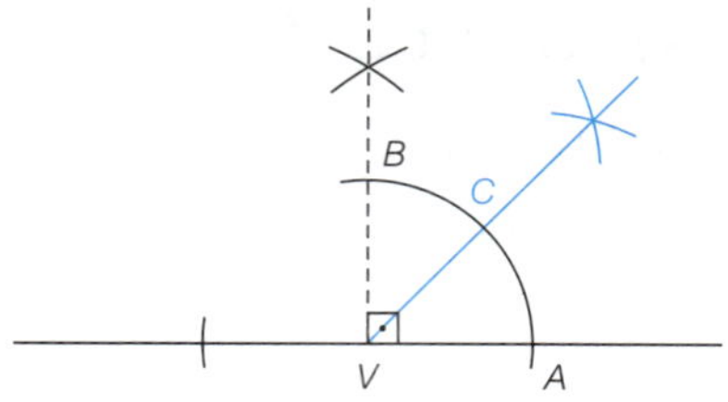

$$m(A\hat{V}C) = 45°$$

Ângulo de medida 75°

Construa um ângulo $A\hat{V}B$ de medida 90° e, consecutivo a ele, um ângulo $A\hat{V}C$ de medida 60°. Trace a bissetriz de $B\hat{V}C$ (30°), determinando D.

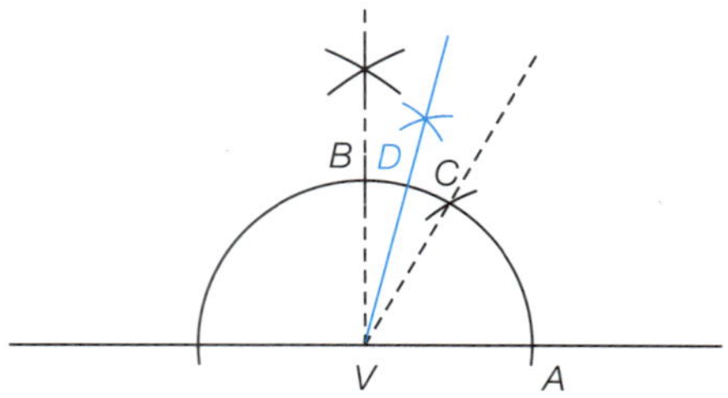

$$m(A\hat{V}D) = 75°$$

Ângulo de medida 120°

Construa um ângulo de medida 60° e marque seu suplemento. O suplemento do ângulo de medida 60° mede 120°.

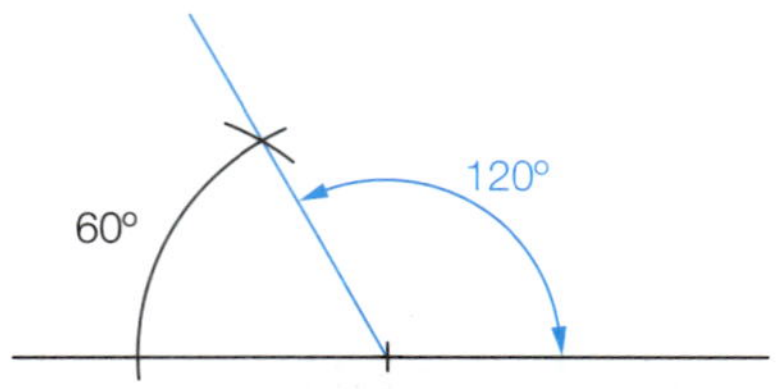

Ângulo de medida 150°

Construa um ângulo de medida 30° e marque seu suplemento. O suplemento do ângulo de medida 30° mede 150°.

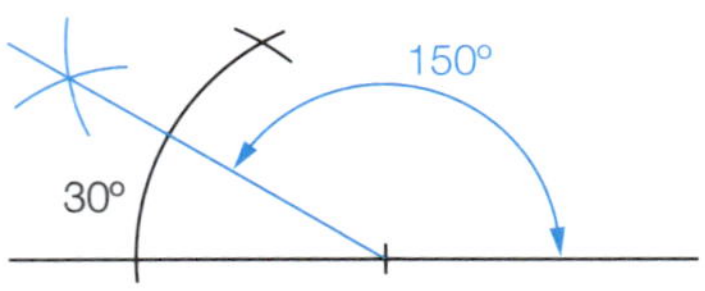

Ângulo de medida 165°

Construa um ângulo de medida 15° e marque seu suplemento. O suplemento do ângulo de medida 15° mede 165°.

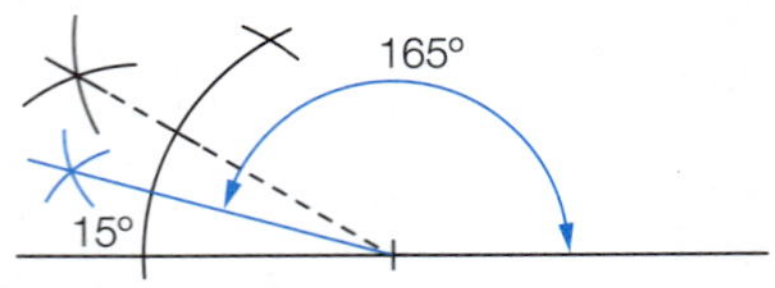

Ângulo de medida 135°

Construa um ângulo de medida 45° e marque seu suplemento. O suplemento do ângulo de medida 45° mede 135°.

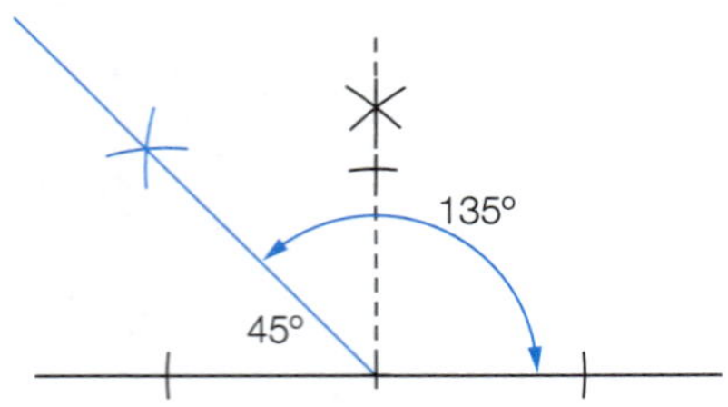

Ângulo de medida 105°

Construa um ângulo de medida 75° e marque seu suplemento. O suplemento do ângulo de medida 75° mede 105°.

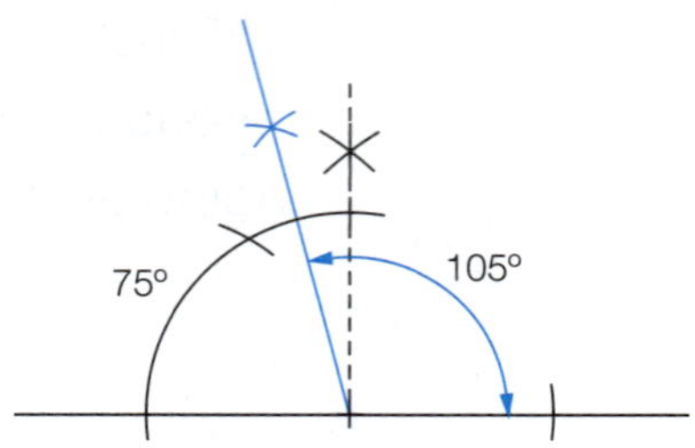

Outros ângulos obtidos pela construção de bissetrizes

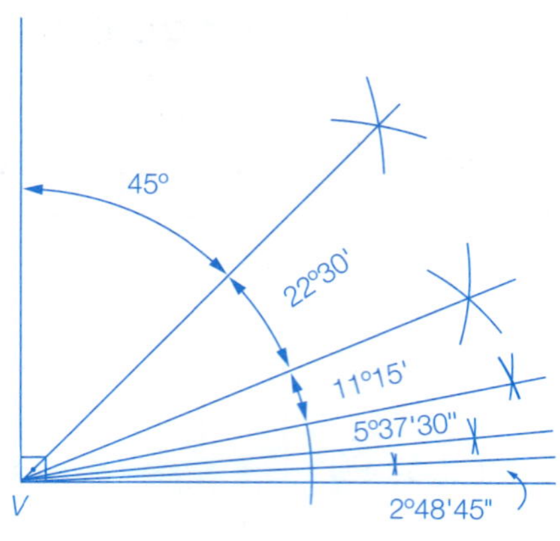

20. Divisão de segmento de reta em segmentos congruentes

I. Divisão de segmento de reta com régua e compasso

1º) Trace por *A* uma reta *r* qualquer, distinta de $\overline{AB}$.

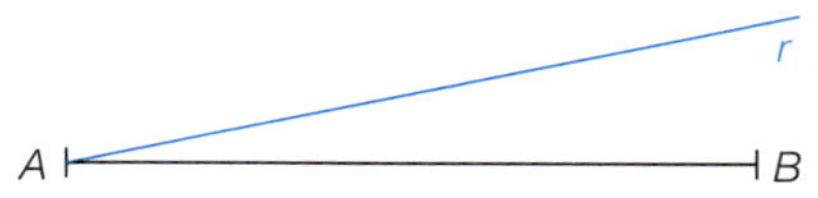

2º) Pela extremidade *B*, trace *r'* // *r*, transportando α.

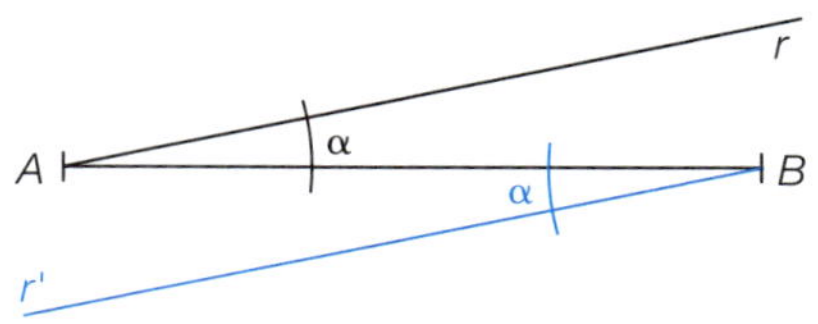

3º) Adote uma unidade de medida *u* e marque em *r* e em *r'* 3 vezes *u*, a partir de *A* e de *B*, obtendo os pontos *C*, *D*, *E*, *F*, *G* e *H*.

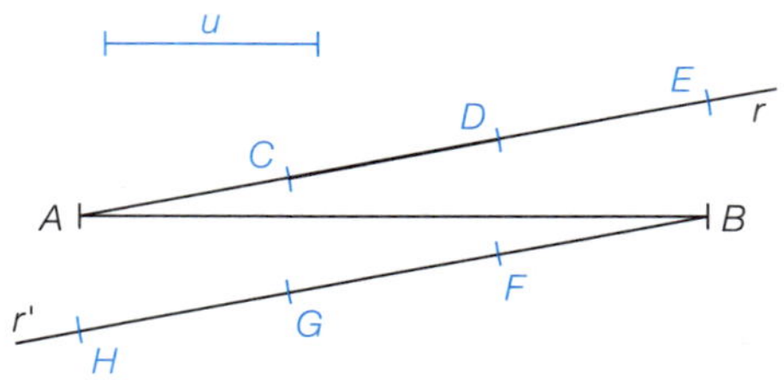

4º) Trace $\overline{AH}$, $\overline{CG}$, $\overline{DF}$, $\overline{EB}$, determinando em $\overline{AB}$ os pontos *X* e *Y*.

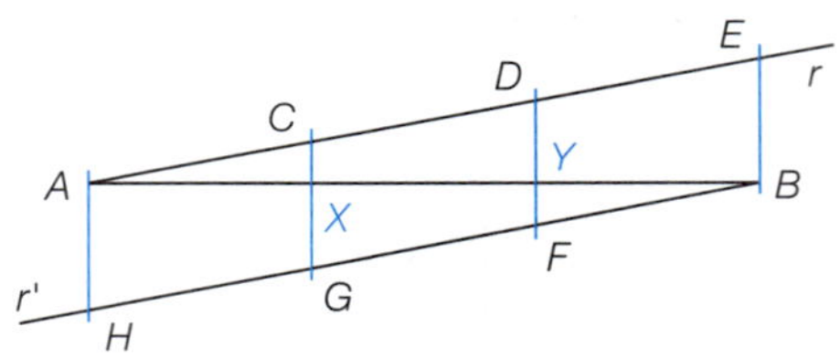

$$\frac{AB}{3} = AX = XY = YB$$

II. Divisão de segmento de reta com o par de esquadros

Usando o par de esquadros, podemos traçar apenas uma reta *r*.

Depois, una *E* com *B* e trace, por *D* e por *C*, retas paralelas a $\overline{EB}$ que determinem *X* e *Y* em $\overline{AB}$.

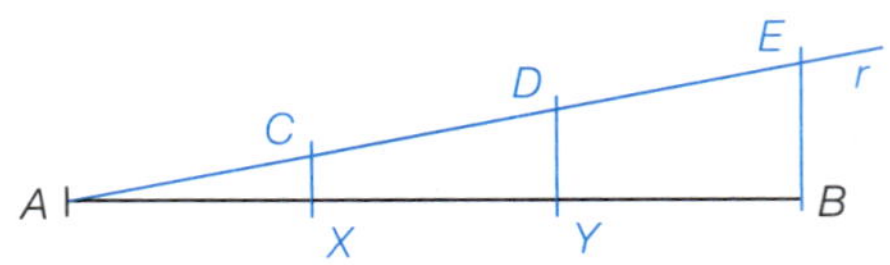

21. Traçado de uma das alturas de um triângulo

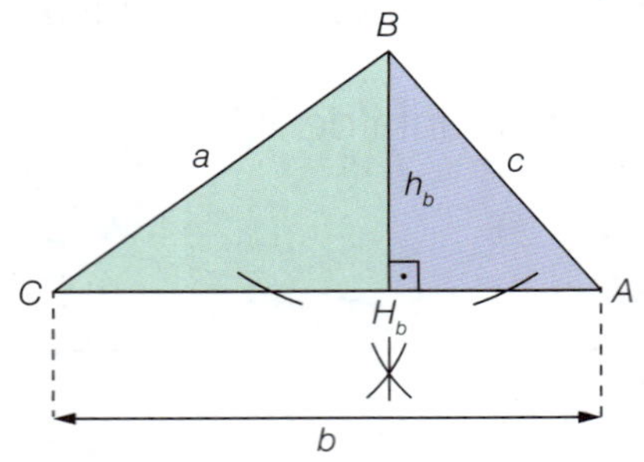

$\overline{BH_b}$ é a altura relativa ao lado de medida *b*.

h_b é a medida da altura $\overline{BH_b}$.

H_b é o pé da altura.

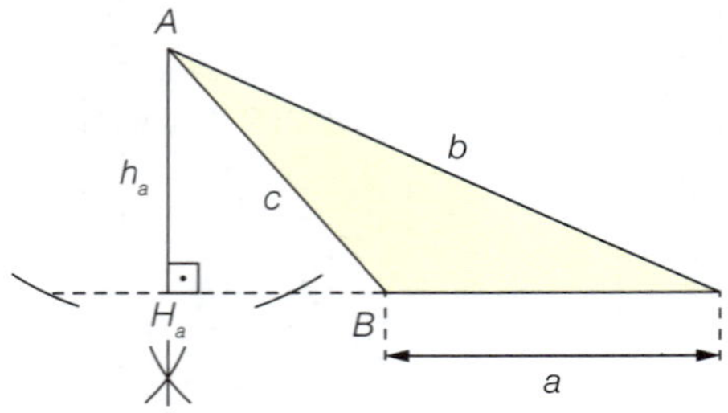

$\overline{AH_a}$ é a altura relativa ao lado de medida *a*.

h_a é a medida da altura $\overline{AH_a}$.

H_a é o pé da altura.

22. Traçado de uma das bissetrizes internas de um triângulo

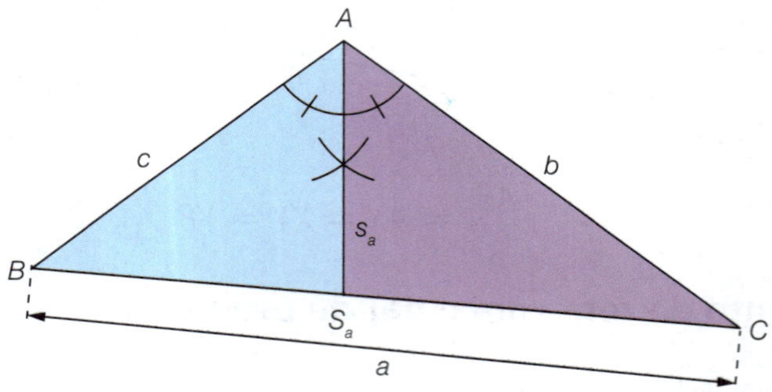

$\overline{AS_a}$ é a bissetriz interna relativa ao lado de medida *a*.

s_a é a medida da bissetriz interna $\overline{AS_a}$.

S_a é o pé da bissetriz interna $\overline{AS_a}$.

Nota: O ponto de interseção das três bissetrizes internas (incentro) é o centro da circunferência inscrita no triângulo.

23. Traçado de uma das medianas de um triângulo

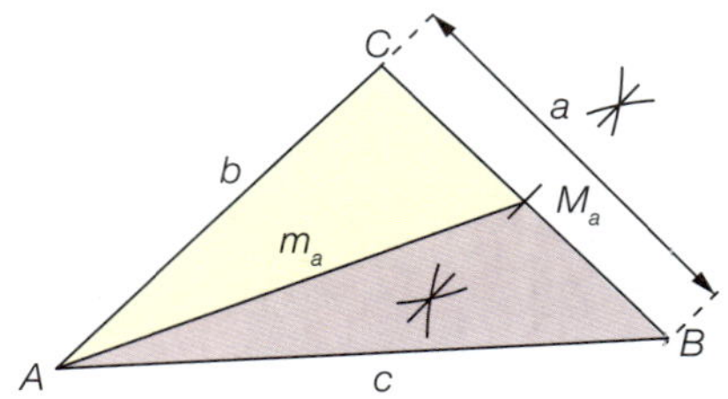

$\overline{AM_a}$ é a mediana relativa ao lado de medida *a*.

m_a é a medida da mediana $\overline{AM_a}$.

M_a é o pé da mediana $\overline{AM_a}$ (ponto médio do lado *a*).

Nota: O ponto de interseção das três medianas (baricentro) é o centro de gravidade do triângulo e situa-se a $\frac{1}{3}$ do comprimento da mediana a partir do ponto médio do lado correspondente a ela.

24. Traçado da circunferência circunscrita a um triângulo

Construa as mediatrizes dos lados do triângulo. O ponto de interseção delas (circuncentro *C*) é o centro da circunferência circunscrita ao triângulo.

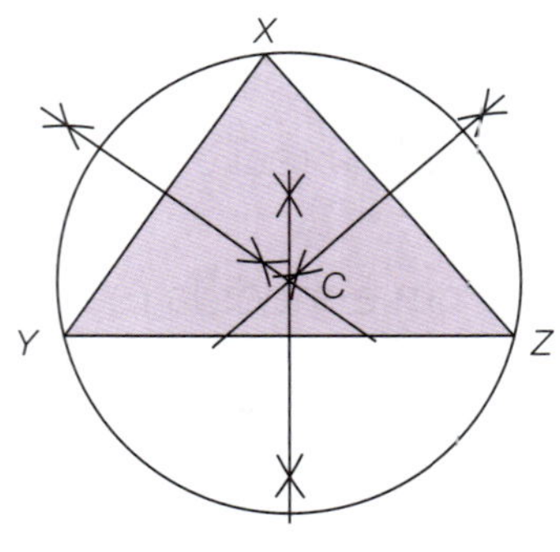

25. Traçado da circunferência inscrita em um triângulo

Construa as bissetrizes dos três ângulos internos do triângulo. O ponto de interseção delas (incentro) é o centro da circunferência inscrita ao triângulo.

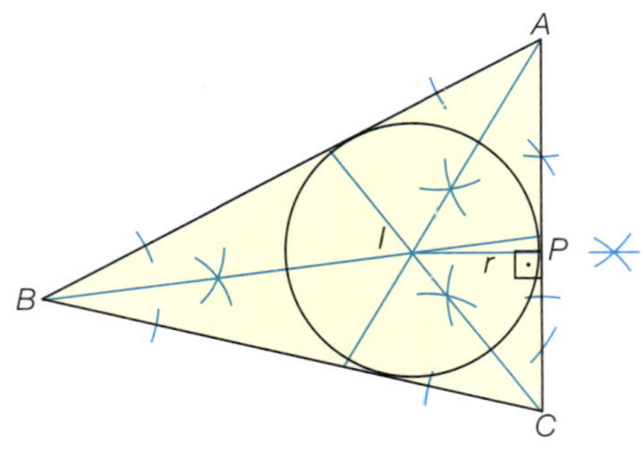

Escala

Escala numérica

escala $\frac{1}{n}$ (1 → desenho; n → real) ou escala $1 : n$ (1 → desenho; n → real)

O número 1 representa a menor das medidas.

Na escala $\frac{1}{10}$ a realidade é 10 vezes maior que o desenho.

Na escala $\frac{10}{1}$ o desenho é 10 vezes maior que a realidade.

Como calcular medidas

Dados: escala 1 : 50 e medida real 10 m (ou 1 000 cm)

$$\frac{1}{50} = \frac{x}{1000} \Rightarrow 50x = 1\,000 \text{ cm} \Rightarrow x = \frac{1\,000 \text{ cm}}{50} \Rightarrow x = 20 \text{ cm}$$

A medida do desenho é 20 cm.

Dados: escala 1 : 150 e medida do desenho 3,5 cm

$$\frac{1}{150} = \frac{3{,}5 \text{ cm}}{x} \Rightarrow x = 150 \cdot 3{,}5 \text{ cm} \Rightarrow x = 525 \text{ cm} = 5{,}25 \text{ m}$$

A medida real é 5,25 m.

Dados: medida do desenho 12,5 cm e medida real 50 m

$$\frac{1}{x} = \frac{12{,}5 \text{ cm}}{50 \text{ m}} \Rightarrow \frac{1}{x} = \frac{12{,}5 \text{ cm}}{5\,000 \text{ cm}} \Rightarrow 12{,}5x = 5\,000 \Rightarrow x = \frac{5\,000}{12{,}5} \Rightarrow x = 400$$

A escala é 1 : 400.

Dados: medida do desenho 4 cm e medida real 2 mm

$$\frac{x}{1} = \frac{4 \text{ cm}}{2 \text{ mm}} \Rightarrow \frac{x}{1} = \frac{40 \text{ mm}}{2 \text{ mm}} \Rightarrow 2x = 40 \Rightarrow x = 20$$

A escala é 20 : 1.

Escala gráfica

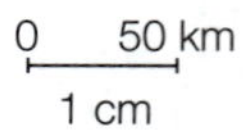

Cada 1 cm no desenho equivale a 50 km na realidade.

Lugares geométricos

LG-1: Circunferência

O LG-1 é uma circunferência, e todos os seus pontos têm uma mesma distância conhecida de um ponto conhecido.

LG-1 → ⊗ (*O*, *r*)

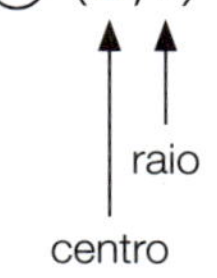

Construção:

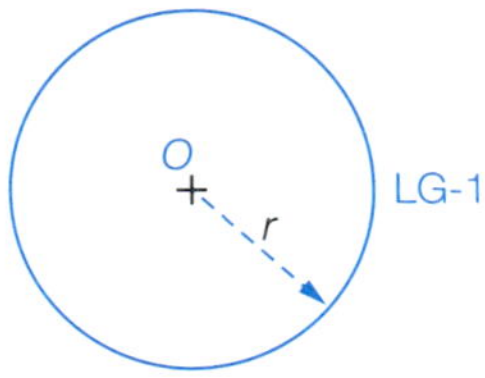

LG-2: Par de retas paralelas

O LG-2 é um par de retas paralelas, e todos os seus pontos conservam uma mesma distância (*r*) de uma reta conhecida (*x*).

LG-2 → // (*x*, *r*)

Construção:

a) com régua e compasso:

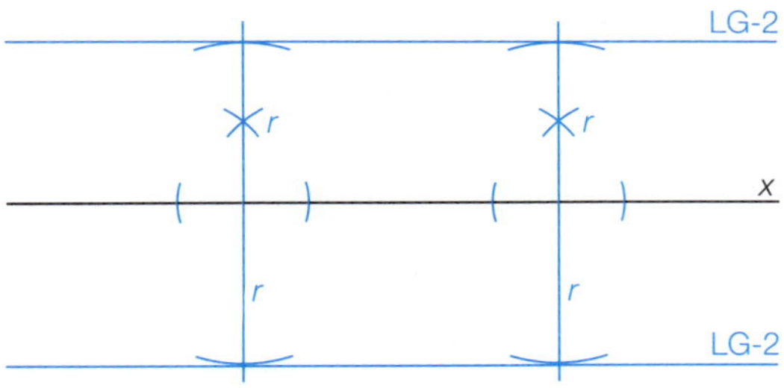

b) com o par de esquadros:

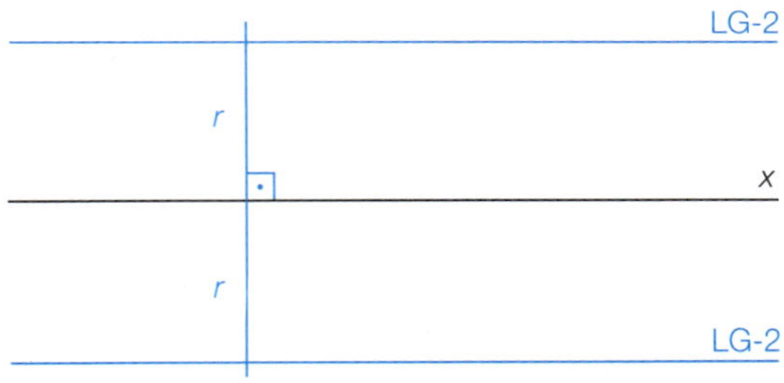

LG-3: Reta mediatriz

O LG-3 é uma reta mediatriz cujos pontos são equidistantes de dois pontos conhecidos.

LG-3 → mtz ($\overline{AB}$)

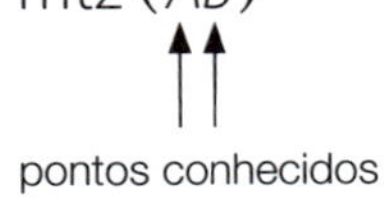

Construção:

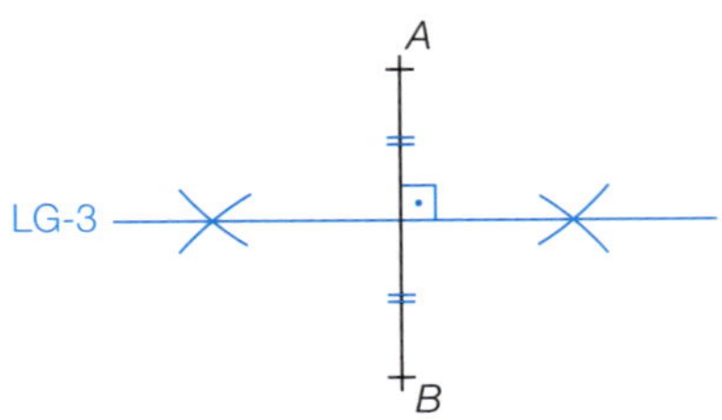

LG-4: Equidistância de duas retas

O LG-4a é um par de bissetrizes cujos pontos são equidistantes de duas retas concorrentes conhecidas.

$$\text{LG-4a} \rightarrow \text{btz}\,(\underset{\text{retas conhecidas}}{\underbrace{ab}})$$

Construção:

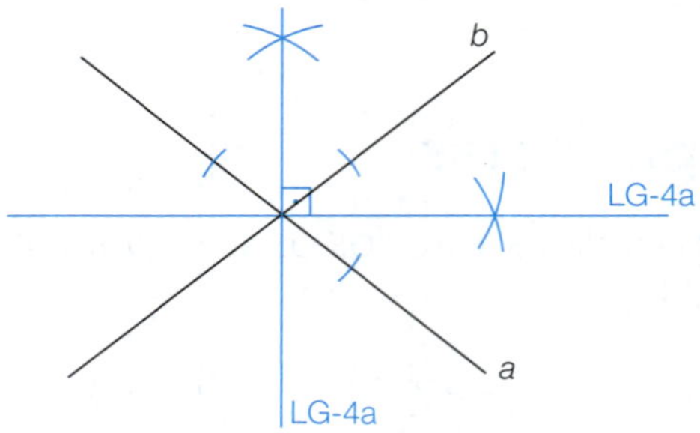

O LG-4b é a reta paralela cujos pontos são equidistantes de duas retas paralelas conhecidas.

$$\text{LG-4b} \rightarrow \text{mtz}\left(\overline{AB}\right)\text{, com } AB = \text{d}(\underset{\text{retas conhecidas}}{\underbrace{a, b}})$$

Construção:

a) com régua e compasso:

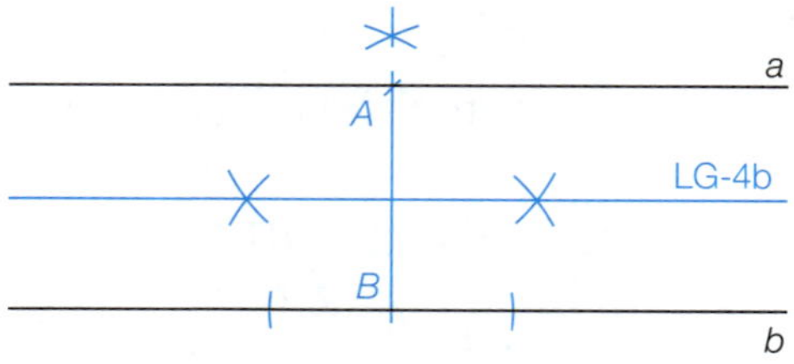

b) com o par de esquadros:

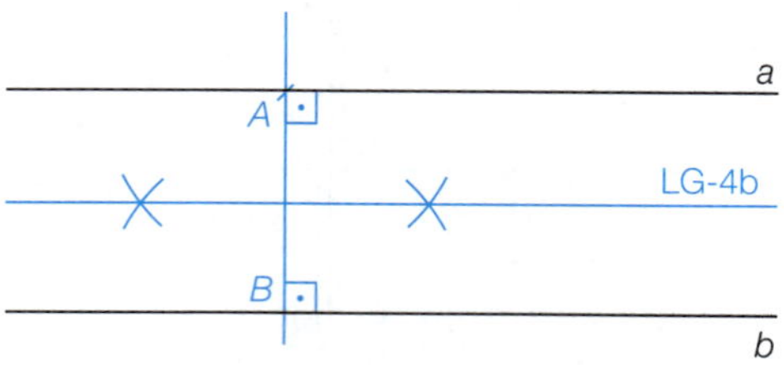

Resolução de problemas

Um método eficiente para a resolução de problemas em Desenho Geométrico é composto das seguintes etapas:

1ª) Interpretação e análise:

a) Leitura atenta de **todo** o enunciado (texto e figura).

b) Análise e compreensão do problema, identificação dos pontos-chave e estudo das informações sobre esses pontos.

2ª) Roteiro:

Plano esquematizado no qual se indicam, para cada elemento procurado, os lugares geométricos ou as figuras aos quais o elemento pertence.

3ª) Construção:

Execução do que é pedido com o auxílio dos instrumentos de desenho, atentando para que sejam construídas todas as respostas possíveis.

Exemplo:

Construa a reta *x* determinada pelos pontos *P* e *A*, sabendo que o ponto *A* é dado e está distante 3 cm do ponto *P*. A distância do ponto *P* ao ponto *B*, também dado, é de 2 cm.

Resolução:

1ª etapa: **Interpretação e análise**

Esboço

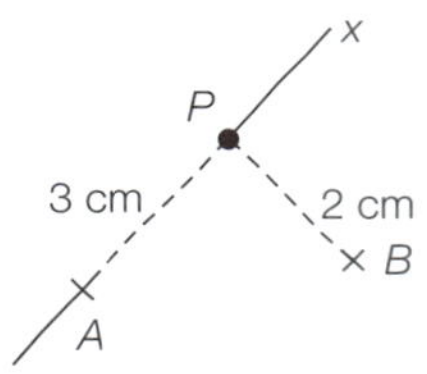

O que o problema pede? A reta *x*.

Qual é o ponto-chave a procurar? O ponto *P*.

Quais são as informações sobre o ponto-chave? As distâncias do ponto *P* aos pontos *A* e *B*.

Elas são características de lugares geométricos? Sim, do LG-1 (distância de ponto a ponto).

O que devo construir? Dois LG-1 (duas circunferências).

2ª etapa: **Roteiro**

$$P\begin{cases}\text{LG-1} \rightarrow \otimes\ (A, 3\text{ cm})\\ \text{LG-1} \rightarrow \otimes\ (B, 2\text{ cm})\end{cases}$$

3ª etapa: **Construção**

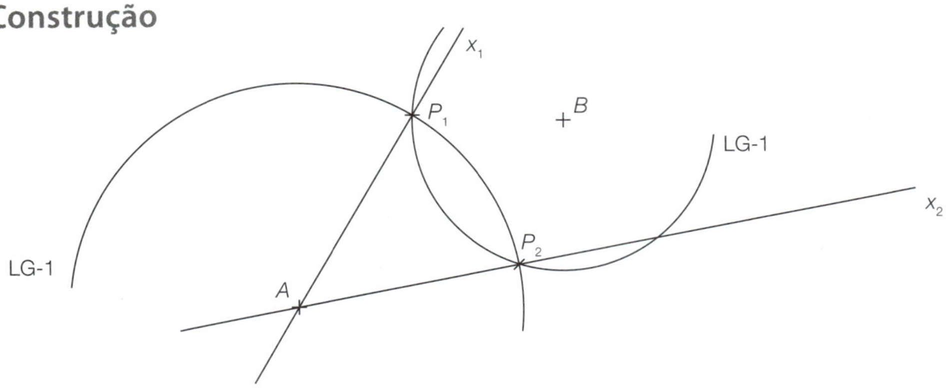

Glossário

Símbolo	Significado
$A, B, C...$	Pontos (qualquer letra maiúscula).
$a, b, c...$	Retas (qualquer letra minúscula).
$\alpha, \beta, \gamma...$	Planos (qualquer letra grega minúscula).
$\overleftrightarrow{AB}$	Reta que passa pelos pontos *A* e *B*.
$\vec{A}$	Semirreta de origem no ponto *A*.
$\overrightarrow{AB}$	Semirreta de origem no ponto *A* e que passa por *B*.
$\overline{AB}$	Segmento de reta com extremidades nos pontos *A* e *B*.
$m(\overline{AB})$ ou AB	Medida do segmento de reta com extremidades em *A* e *B*.
$\hat{A}$	Ângulo com vértice no ponto *A*.
$B\hat{A}C$	Ângulo com vértice em *A* e lados *AB* e *AC*.
$\hat{a}m$	Ângulo determinado pelas retas ***a*** e *m*.
$m(B\hat{A}C)$	Medida do ângulo com vértice em *A* e lados *AB* e *AC*.
$\alpha = 60°$	A medida do ângulo, representada por α, é 60 graus.
$0° < \gamma < 90°$	A medida γ é maior que 0° e menor que 90°.
$d(A, B)$	Distância entre os pontos *A* e *B*.
$d(A, r)$	Distância do ponto *A* à reta *r*.
$d(r, s)$	Distância entre as retas *r* e *s*.
mtz	Mediatriz.
btz	Bissetriz.
$P \in r$	O ponto *P* pertence à reta *r*.
$P \notin m$	O ponto *P* não pertence à reta *m*.
$a \subset \beta$	A reta ***a*** está contida no plano β.
$a \not\subset \varphi$	A reta ***a*** não está contida no plano φ.
$\exists \| r$	Existe uma única reta *r*.
$\hat{A} \cong \hat{O}$	O ângulo *A* é congruente ao ângulo *O*.
$\hat{A} \not\cong \hat{E}$	O ângulo *A* não é congruente ao ângulo *E*.
$r \mathbin{/\mkern-5mu/} s$	A reta *r* é paralela à reta *s*.
$s \mathbin{/\mkern-5mu/} (f, r)$	A reta *s* é paralela à reta *f* com distância *r*.
$\mathbin{/\mkern-5mu/} (\overleftrightarrow{BJ})$	Reta paralela à reta que passa pelos pontos *B* e *J*.
$r \times t$	A reta *r* é concorrente com a reta *t*.
$m \perp b$	A reta *m* é perpendicular à reta *b*.
$d \angle f$	A reta *d* é oblíqua à reta *f*.
$h = g$	A reta *h* é coincidente com a reta *g*.
$\triangle ABC$	Triângulo com vértices nos pontos *A*, *B* e *C*.
$\otimes (O, r)$	Circunferência de centro em *O* e com raio de medida *r*.
$\otimes (C, CA)$	Circunferência de centro em *C* e com raio de medida *CA*.
$\widehat{AB}$	Arco de extremidades nos pontos *A* e *B*.
a.c.	Arco capaz.
tg	Tangente.
t tg $\otimes (C, CP)$	A reta *t* é tangente à circunferência de centro em *C* e com raio de medida *CP*.
$\widehat{MPN}$	Arco de extremidades em *M* e *N* e que passa por *P*.
$\measuredangle$	Ângulo.
⦜	Ângulo reto (90°).
$\{P\}$	Conjunto dos pontos *P*.
$\{\ \}$ ou $\varnothing$	Conjunto vazio.
u	Unidade de medida.
$=$	Igual.
$\neq$	Diferente.
$>$	Maior que.
$<$	Menor que.
$\geqslant$	Maior ou igual a.
$\leqslant$	Menor ou igual a.
/	Tal que.
$\Rightarrow$	Implica.
$\cap$	Intersecção.
$\cup$	União.
$\sim$	Semelhante.
$\simeq$	Aproximadamente.
$\equiv$	Equivalência.

Equivalência de medidas

- De comprimento:

1 mm = 0,001 m	1 dam = 10 m
1 cm = 0,01 m	1 hm = 100 m
1 dm = 0,1 m	1 km = 1 000 m

- De ângulos:

  1° (um grau) = 60' (sessenta minutos)

  1' (um minuto) = 60" (sessenta segundos)

- Em escala:

  Escala 1 : 5 000 000
  1 cm : 5 000 000 cm
  1 cm : 50 km (1 cm no desenho equivale a 50 km na realidade)

Lugares geométricos

LG-1	$\rightarrow \otimes (O, r)$	Circunferência de centro em O com raio de medida r.
LG-2	$\rightarrow /\!/ (a, d)$	Par de paralelas à reta a com distância d.
LG-3	$\rightarrow$ mtz $(\overline{AB})$	Mediatriz do segmento de extremidades em A e B.
LG-4a	$\rightarrow$ btz $(\hat{am})$	Par de bissetrizes dos ângulos formados pelas retas a e m.
LG-4b	$\rightarrow$ mtz $(\overline{RS})$	Mediatriz de $\overline{RS}$, segmento-distância entre duas retas paralelas.
LG-5	$\rightarrow$ a.c. $(\overline{AB}, \alpha)$	Arco capaz de ver o segmento $\overline{AB}$ segundo um ângulo de medida α.

Letras gregas

Maiúsculas	Minúsculas	Nome
Α	α	alfa
Β	β	beta
Γ	γ	gama
Δ	δ	delta
Ε	ϵ	épsilon
Ζ	ζ	dzeta
Η	η	eta
Θ	θ	theta
Ι	ι	iota
Κ	κ	kapa
Λ	λ	lâmbda
Μ	μ	mi
Ν	ν	ni
Ξ	ξ	ksi
Ο	ο	ômicron
Π	π	pi
Ρ	ρ	rô
Σ	σ	sigma
Τ	τ	tau
Υ	υ	ípsilon
Φ	φ	fi
Χ	χ	khi
Ψ	ψ	psi
Ω	ω	ômega

Atividades para revisão

Testes

1 O LG-5 do ângulo reto é uma circunferência de centro no ponto médio de um segmento e raio de medida igual à metade da medida do referido segmento. A afirmação está:

a) totalmente errada.

b) totalmente certa.

c) está errada porque o LG-5 é uma semicircunferência.

d) está parcialmente certa porque o centro do LG-5 não é o ponto médio do segmento.

2 Assinale a alternativa falsa.

a) O ângulo inscrito mede a metade do ângulo central correspondente.

b) O ângulo central tem vértice no centro da circunferência.

c) O ângulo de segmento tem um lado secante e o outro tangente à circunferência.

d) A medida do ângulo de segmento é a metade do ângulo inscrito no mesmo arco de circunferência.

3 Pode haver tangência entre:

I – uma circunferência e uma reta.

II – uma circunferência e várias retas.

III – várias circunferências.

IV – várias retas.

a) I, II e III estão certas.

b) Todas estão certas.

c) I e II estão certas.

d) Todas estão erradas.

4 Quando uma reta e uma circunferência são tangentes:

a) o centro dista da reta duas vezes a medida do raio.

b) o centro e o ponto de tangência estão numa perpendicular à reta.

c) o centro e o ponto de tangência estão numa paralela à reta.

d) a reta normal é a que contém os dois pontos de tangência.

5 A circunferência (C, m) é tangente interna à circunferência (O, r). Então:

a) a distância entre C e O é igual a $m + r$.

b) a distância entre C e O é maior que $m + r$.

c) a distância entre C e O é igual a $m - r$.

d) a distância entre C e O é menor que $m - r$.

6 Existe aplicação de concordância:

a) nas circunferências concêntricas.

b) nos polígonos e arcos.

c) nas espirais e ovais.

d) nas figuras semelhantes e homotéticas.

7 Se duas figuras têm a mesma forma e medidas proporcionais, elas são:

a) congruentes.

b) semelhantes.

c) simétricas.

d) homotéticas.

8 Assinale a alternativa certa.

a) A expressão $x^2 = a^2 + b^2$ é explicada com base nas propriedades do triângulo equilátero.

b) O teorema que diz que um feixe de retas paralelas, ao intersectar um feixe de retas transversais, determina segmentos proporcionais foi formulado por Pitágoras.

c) A média geométrica é a expressão da forma $x^2 = a + b$.

d) A terceira proporcional é o quarto termo de uma proporção contínua.

9 Considere as seguintes afirmações:

I – A medida da fronteira de uma figura chama-se perímetro.

II – A medida do conjunto total da figura (fronteira e região interna) é a sua área.

III – Figuras equivalentes são as que têm as mesmas medidas.

IV – Dois triângulos são equivalentes quando têm a mesma base e a mesma altura.

Estão certas:

a) todas.

b) I, II e IV.

c) I, II e III.

d) nenhuma.

Desafio

A charada de Einstein

Parodiando uma charada do gênio da Física, Albert Einstein, há cinco casas de cores diferentes. Em cada casa há um grupo de figuras geométricas, a saber:

Simétricas – Homotéticas – Tangentes – Proporcionais – Equivalentes

Vamos colocar esses grupos em suas respectivas casas?

1. As figuras tangentes estão na casa vermelha.
2. Na casa roxa estão figuras de tamanhos iguais e posições diferentes.
3. As figuras proporcionais têm a mesma razão.
4. As figuras da casa verde têm a mesma área.
5. As figuras que têm um ponto comum têm centros colineares.
6. As figuras da casa amarela têm a mesma forma.
7. Na casa do meio existem retas e circunferências.
8. A casa das figuras de medidas proporcionais fica ao lado da casa das figuras de lados proporcionais.
9. As figuras simétricas ficam ao lado da casa verde.
10. Dois círculos de mesmo raio estão na casa verde.
11. Na casa amarela ficam as figuras de lados correspondentes paralelos.
12. Vizinhas das figuras homotéticas ficam as figuras que seguem o teorema de Tales.
13. As figuras da casa roxa podem ter posições determinadas por eixos.
14. As figuras que sofrem transformações estão ao lado da casa das figuras de mesma área.
15. Ao lado da casa vermelha estão figuras de forma e tamanho diferentes.

"Educação é tudo aquilo que fica depois que você esquece o que a escola ensinou."

Albert Einstein

Referências bibliográficas

ADONIAS FILHO. *Leonardo da Vinci*: o homem da Renascença. São Paulo: Ediouro, s/d. (Coleção Os grandes personagens e a História).

BARBOSA, Ruy Madsen. *Descobrindo padrões em mosaicos*. São Paulo: Atual, 1993.

BECK, Sergio. *O livro de estrelas do excursionista sonhador*. São Paulo: Edição do Autor, 2001.

BIENBENGUT, Maria Salett. *Número de ouro e secção áurea*. Blumenau: FURB, 1996.

_______; SILVA, Viviane Clotilde da; HEIN, Nelson. *Ornamentos × criatividade*: uma alternativa para ensinar geometria plana. Blumenau: FURB, 1996.

BONGIOVANNI, Vincenzo Campos; SADDO, Tânia M. M. Almouloud. *Descobrindo o Cabri-Gèométre*. São Paulo: FTD, 1997.

BOYER, C. *História da Matemática*. São Paulo: Blucher, 2010.

BRASIL. Ministério da Educação. Secretaria de Educação Básica. Diretoria de Currículos e Educação Integral. *Diretrizes Curriculares Nacionais da Educação Básica*, Brasília: MEC/SEB/Dicei, 2013.

_______. Ministério da Educação. *Base Nacional Comum Curricular*. Brasília, DF: 2017. Disponível em: <http://basenacionalcomum.mec.gov.br/abase>. Acesso em: 29 mar. 2019.

CÂNDIDO, Suzana Laino. *Formas num mundo de formas*. São Paulo: Moderna, 1997.

COLL, Cesar; TEBEROSKY, Ana. *Aprendendo personagens*. São Paulo: Ática, 2000.

DUARTE, Ruth de Gouvea. *A água nossa de cada dia*. São Paulo: Ícone, 1998. (Coleção Voando alto).

FILHO, Adonias. *Leonardo da Vinci*: o homem da Renascença. São Paulo: Ediouro, s/d. (Coleção Os grandes personagens e a História).

FORSLIND, Ann. *Desenhos* – jogos e experiências. São Paulo: Callis, 1998.

FUNARI, Raquel dos Santos. *O Egito dos faraós e sacerdotes*. São Paulo: Atual, 2001. (Coleção A vida no tempo).

HOWARD, Eves. *Tópicos da história da Matemática para uso em sala de aula* – Geometria. São Paulo: Atual, 1996.

IMENES, Luiz Márcio Pereira; JAKUBO, José; LELLIS, Marcelo Cestari Terra. *Geometria*. São Paulo: Atual, 1992. (Coleção Pra que serve a Matemática?).

IMENES, Luiz Márcio Pereira. *Geometria das dobraduras*. São Paulo: Scipione, 1992.

_______. *Semelhança*. São Paulo: Atual, 1992. (Coleção Pra que serve a Matemática?).

_______. *Proporções*. São Paulo: Atual, 1992. (Coleção Pra que serve a Matemática?).

MACHADO, Nílson José. *Polígonos, centopeias e outros bichos*. São Paulo: Scipione, 1994. (Coleção Vivendo a Matemática).

_______. *Medindo comprimentos*. São Paulo: Scipione, 1994. (Coleção Vivendo a Matemática).

_______. *Semelhança não é mera coincidência*. São Paulo: Scipione, 1999. (Coleção Vivendo a Matemática).

PUTNOKI, José Carlos. *Geometria e Desenho Geométrico*. São Paulo: Scipione, 1991.

SMOLE, Katia; DINIZ, M. Ignez. *O conceito de ângulo e o ensino da Geometria*. São Paulo: IME/USP, 1996.

SMOOTHEY, Marion. *Atividades e jogos com círculos*. São Paulo: Scipione, 1998.

_______. *Atividades e jogos com ângulos*. São Paulo: Scipione, 1997.

_______. *Atividades e jogos com triângulos*. São Paulo: Scipione, 1997.

_______. *Atividades e jogos com quadriláteros*. São Paulo: Scipione, 1997.

_______. *Atividades e jogos com formas*. São Paulo: Scipione, 1997.

_______. *Atividades e jogos com escalas*. São Paulo: Scipione, 1998.

ZASLAVSKY, Claudia. *Jogos e atividades matemáticas do mundo inteiro*. Porto Alegre: Artmed, 2000.